Ethik in mediatisierten Welten

Reihe herausgegeben von
T. Eberwein, Wien, Österreich
M. Karmasin, Klagenfurt am Wörthersee, Österreich
F. Krotz, Bremen, Deutschland
M. Rath, Ludwigsburg, Deutschland
L. Krainer, Klagenfurt, Österreich
M. Litschka, St. Pölten, Österreich

In modernen, zunehmend mediatisierten und in verschiedene Kommunikationsbereiche fragmentierten Gesellschaften treten immer öfter normative Fragestellungen zur medialen oder mediengestützten Produktion, Distribution und Rezeption auf, die weder ausschließlich politisch und/oder juristisch noch allein binnenstaatlich diskutiert oder gar gelöst werden können. Die Reihe des Interdisziplinären Zentrums für Medienethik (IMEC) thematisiert Potenziale (grenzenlose Vernetzung, günstige Kommunikation, mehr Partizipation), aber auch Risiken (erhöhter Geschwindigkeitsdruck, Datenschutz, Hass-Postings, Künstliche Intelligenz etc.) der digitalen Kommunikation. Dabei werden verschiedene Disziplinen, wie etwa Medien- und Kommunikationswissenschaft, Philosophie, Soziologie, Politikwissenschaft, Ökonomie oder Rechtswissenschaft, mit einer philosophisch fundierten Medienethik in Verbindung gebracht.

Weitere Bände in der Reihe http://www.springer.com/series/16061

Matthias Rath · Friedrich Krotz
Matthias Karmasin
(Hrsg.)

Maschinenethik

Normative Grenzen
autonomer Systeme

Herausgeber
Matthias Rath
Pädagogische Hochschule Ludwigsburg
Ludwigsburg, Deutschland

Matthias Karmasin
Universität Klagenfurt
Klagenfurt, Österreich

Friedrich Krotz
ZeMKI Universität Bremen
Bremen, Deutschland

ISSN 2523-384X ISSN 2523-3858 (electronic)
Ethik in mediatisierten Welten
ISBN 978-3-658-21082-3 ISBN 978-3-658-21083-0 (eBook)
https://doi.org/10.1007/978-3-658-21083-0

Die Deutsche Nationalbibliothek verzeichnet diese Publikation in der Deutschen Nationalbibliografie; detaillierte bibliografische Daten sind im Internet über http://dnb.d-nb.de abrufbar.

Springer VS
© Springer Fachmedien Wiesbaden GmbH, ein Teil von Springer Nature 2019
Das Werk einschließlich aller seiner Teile ist urheberrechtlich geschützt. Jede Verwertung, die nicht ausdrücklich vom Urheberrechtsgesetz zugelassen ist, bedarf der vorherigen Zustimmung des Verlags. Das gilt insbesondere für Vervielfältigungen, Bearbeitungen, Übersetzungen, Mikroverfilmungen und die Einspeicherung und Verarbeitung in elektronischen Systemen.
Die Wiedergabe von Gebrauchsnamen, Handelsnamen, Warenbezeichnungen usw. in diesem Werk berechtigt auch ohne besondere Kennzeichnung nicht zu der Annahme, dass solche Namen im Sinne der Warenzeichen- und Markenschutz-Gesetzgebung als frei zu betrachten wären und daher von jedermann benutzt werden dürften.
Der Verlag, die Autoren und die Herausgeber gehen davon aus, dass die Angaben und Informationen in diesem Werk zum Zeitpunkt der Veröffentlichung vollständig und korrekt sind. Weder der Verlag noch die Autoren oder die Herausgeber übernehmen, ausdrücklich oder implizit, Gewähr für den Inhalt des Werkes, etwaige Fehler oder Äußerungen. Der Verlag bleibt im Hinblick auf geografische Zuordnungen und Gebietsbezeichnungen in veröffentlichten Karten und Institutionsadressen neutral.

Verantwortlich im Verlag: Barbara Emig-Roller

Springer VS ist ein Imprint der eingetragenen Gesellschaft Springer Fachmedien Wiesbaden GmbH und ist ein Teil von Springer Nature
Die Anschrift der Gesellschaft ist: Abraham-Lincoln-Str. 46, 65189 Wiesbaden, Germany

Inhalt

Brauchen Maschinen Ethik?
Begründungstheoretische und praktische Herausforderungen 1
Matthias Rath, Matthias Karmasin, Friedrich Krotz

Teil I Brauchen Maschinen eine neue Ethik?

Die Begegnung von Mensch und Roboter. Überlegungen zu ethischen
Fragen aus der Perspektive des Mediatisierungsansatzes 13
Friedrich Krotz

Automatisierung, Algorithmen, Accountability.
Eine Governance Perspektive 35
Florian Saurwein

Mein Haus, mein Auto, mein Roboter? Eine (medien-)ethische
Beurteilung der Angst vor Robotern und künstlicher Intelligenz 57
Leonie Seng

Autonomie der Technologie und autonome Systeme als ethische
Herausforderung 73
Caja Thimm und Thomas Christian Bächle

Teil II Wer ist Zurechnungspunkt von Verantwortung?

Verantwortung und Roboterethik.
Ein Überblick und kritische Reflexionen 91
Janina Loh

V

Über die Unmöglichkeit einer kantisch handelnden Maschine 107
Julchen Brieger

Rassistische Maschinen? Übertragungsprozesse von Wertorientierungen
zwischen Gesellschaft und Technik 121
Thilo Hagendorff

Die Banalität des Algorithmus 135
Werner Reichmann

Big Data und die Frage nach Gerechtigkeit 155
Nadine Sutmöller

Warum mein Auto nie allein schuld sein wird.
Über die Teilverantwortlichkeit autonomer Akteure 173
Erik Wölm

Autonomie und Moralität als Zuschreibung. Über die begriffliche
und inhaltliche Sinnlosigkeit einer Maschinenethik 193
Karsten Weber

Teil III Auf welcher Ebene setzt die ethische Argumentation an?

Ethik der Selbstorganisation als selbstorganisierende Ethik? 211
Larissa Krainer

Zur Verantwortungsfähigkeit künstlicher „moralischer Akteure".
Problemanzeige oder Ablenkungsmanöver? 223
Matthias Rath

Moralische Maschinen. Was die Maschine über die Moral ihrer
Schöpferinnen und Schöpfer verrät 243
Stefan Ullrich

Autorinnen und Autoren

Dr. Thomas Christian Bächle, Wissenschaftlicher Mitarbeiter in der Abteilung für Medienwissenschaft der Universität Bonn.

Julchen Brieger, Wissenschaftliche Mitarbeiterin an der Professur für Grundschuldidaktik Mathematik am Institut für Pädagogik und Didaktik im Elementar- und Primarbereich der Universität Leipzig.

Dr. Thilo Hagendorff, Wissenschaftlicher Mitarbeiter am Internationalen Zentrum für Ethik in den Wissenschaften der Universität Tübingen.

Prof. DDr. Matthias Karmasin, Universitätsprofessor der Alpen-Adria-Universität Klagenfurt; Direktor des Instituts für Vergleichende Medien- und Kommunikationsforschung an der Österreichischen Akademie der Wissenschaften, Wien.

Prof. em. Dr. Friedrich Krotz, Professor für Kommunikations- und Medienwissenschaft mit dem Schwerpunkt soziale Kommunikation und Mediatisierungsforschung an der Universität Bremen.

Dr. Janina Loh (geb. Sombetzki), Universitätsassistentin am Institut für Philosophie der Universität Wien.

Prof. Dr. Dr. Matthias Rath, Professor für Philosophie an der Pädagogischen Hochschule Ludwigsburg, dort Leiter der Forschungsstelle Jugend – Medien – Bildung sowie der Forschungsgruppe Medienethik.

PD Dr. Werner Reichmann, Privatdozent am Institut für Soziologie der Universität Konstanz.

Dr. Florian Saurwein, Wissenschaftlicher Mitarbeiter am Institut für Vergleichende Medien- und Kommunikationsforschung der Österreichischen Akademie der Wissenschaften und der Alpen-Adria-Universität Klagenfurt, Forschungsgruppe „Media Accountability & Media Change".

Leonie Seng, Wissenschaftliche Mitarbeiterin am Institut für Philosophie und Theologie der Pädagogischen Hochschule Ludwigsburg, dort in der Forschungsgruppe Medienethik.

Nadine Sutmöller, Wissenschaftliche Mitarbeiterin der Abteilung Medienmanagement und Marketing der Europa-Universität Flensburg.

Prof. Dr. Caja Thimm, Professorin für Medienwissenschaft und Intermedialität an der Universität Bonn, Sprecherin des Graduiertenkollegs „Digitale Gesellschaft".

Dr. Stefan Ullrich, Forschungsgruppenleiter am Weizenbaum-Institut für die vernetzte Gesellschaft. Das Deutsche Internet-Institut.

Prof. Dr. Karsten Weber, Leiter des Labors für Technikfolgenabschätzung und Angewandte Ethik (LaTE) an der OTH Regensburg und Honorarprofessor für Kultur und Technik an der BTU Cottbus-Senftenberg.

Erik Wölm, Wissenschaftlicher Mitarbeiter am Lehrstuhl für Allgemeine Pädagogik, Bereich Medienpädagogik, an der Universität Passau.

Brauchen Maschinen Ethik?
Begründungstheoretische und praktische Herausforderungen

Matthias Rath, Matthias Karmasin, Friedrich Krotz

1 Mediatisierung und Automatisierung

Wir sind von Maschinen umlagert und von Medien umgeben – immer und überall. Der Terminus „Mediatisierung" hat sich dabei weitgehend als Sammelbegriff für die Beschreibung der Durchdringung der Gesellschaft mit Medien und den mannigfachen Veränderungen, die sich aus diesem Prozess ergeben, auch jenseits der engeren fachlichen Grenzen der Kommunikationswissenschaft etabliert. Mediatisierung wird dabei als „Metaprozess" (Krotz 2015, S. 13) identifiziert, der Globalisierung oder Individualisierung vergleichbar, der alle Bereiche menschlichen Lebens umfasst – und fast jede Dimension sozialen Lebens betrifft (vgl. hierzu zusammenfassend Krotz 2009, 2010; Hepp 2013). Krotz (2015, S. 130) charakterisiert den Prozess der Mediatisierung im Hinblick auf seine kulturellen und sozialen Dimensionen als geprägt durch „die Entgrenzung von Medien bezüglich Zeit, Raum und sozialen Bedingungen, durch Ubiquität und permanente Verfügbarkeit, interaktive Medien, Zunahme medienbezogener Kommunikationsformen, Konnektivität, veränderte Wahrnehmungen" und resümiert: „Medienvermittelte, medienbezogene und mediatisierte Kommunikation erzeugt mediatisierte Lebens- und Gesellschaftszusammenhänge, insofern beispielsweise neue Gewohnheiten, Normen, Werte, Erwartungen entstehen." (Krotz 2015, S. 131)

In diesen Prozessen spielen – darauf weist Krotz in diesem Band hin – Maschinen im Sinne von Algorithmen, Kommunikationsroboter (Chatbots, Socialbots), ubiquitäre Vernetzungen von Maschinen in Form des „Internets der Dinge" und automatisierte Prozesse eine tragende Rolle. Eine Rolle, die, das zeigt die jüngere Vergangenheit, durchaus reale politische und gesellschaftliche Konsequenzen haben kann, etwa wenn Bots (oft in Gestalt von gekauften followern mit gefälschten Profilen) in den sozialen Netzwerken den Eindruck vermitteln, eine Stimmungslage habe sich verändert, indem sie mit der schieren Masse an Meldungen eine bestimmte

Sichtweise der Lage der Dinge zu produzieren versucht, die aber doch nur einen falschen Eindruck entstehen lässt. Wenn dazu noch lernende Algorithmen jenen Teil immer wieder verstärken, dann gibt es kaum mehr ein Jenseits der *Filter Bubble*. Prozesse der Mediatisierung sind von jenen der Durchdringung der Gesellschaft mit Algorithmen und Künstlicher Intelligenz kaum zu trennen und rücken deswegen auch in den Fokus der (medien-)ethischen Debatte, die im Sinne der von Rath (2014, S. 55–57) konzipierten *Ethik der öffentlichen Kommunikation 2.0* als Ethik der mediatisierten sozialen Welten zu konzipieren ist. „Damit wird die Ethik des Medialen zur Grundform einer Ethik, die das soziale Umgehen des Menschen mit seinesgleichen unter den Bedingungen der Mediatisierung zu reflektieren hätte" (Rath 2014, S. 55). Dies hat Folgen.

Auch die Ethik der Maschinen ist, wie es Hegel in der Vorrede zu den *Grundlinien der Philosophie des Rechts* von 1820 jeder Philosophie ins Stammbuch schreibt, „ihre Zeit in Gedanken gefasst" (Hegel 1979, S. 26), und ebenso erfordert eine Antwort auf die ethische (Grund-)Frage Kants (1923, S. 25) aus der *Logik* von 1800 „Was soll ich tun?" auch in der mediatisierten Welt begründete normative Standpunkte (Prinzipien), die sich nicht nur aus der Rekonstruktion der Werte des moralischen Überzeugungssystems herleiten. Von einer Differenz von Sein und Sollen aus zu argumentieren, hat auch unter den Prämissen einer mediatisierten und automatisierten Gesellschaft nichts an Relevanz verloren. Korrekturvorbehalte gegenüber den moralischen Standards einer bestimmten mediatisierten Praxis zu formulieren, ist auch heute Kern ethischer Argumentation. Auch muss eine praktische Vernunft, die über die Möglichkeit der Realisierung ihrer Ideale reflektiert, zwar auf die Praxis in all ihrer Vielfältigkeit bezogen sein, um in ihr wirken zu können, darf sie aber nicht zum alleinigen Maßstab machen. Eine Pragmatik, der die Empirie alles und die Reflexion nichts ist, reicht dafür ebenso wenig hin, wie eine Theorie, die alles beobachtet, aber nichts verändern will:

> „[…] wer von Ethiker[n] (mit Fug und Recht) erwartet, die von ihnen als plausibel ausgezeichneten Prinzipien auch auf konkrete Handlungsalternativen anwenden zu können, muß zugleich erwarten, daß die Ethiker, so sie sich nicht als rigoristische Moralisten verstehen, auch plausible Anwendungsregeln benennen können. Genau darin liegt aber die Problemlage der angewandten Ethik: Sie akzeptiert, dass spezifische Handlungsfelder des Menschen unter spezifischen Handlungsbedingungen stehen, die die Effizienz der Anwendungsregeln bedingen. Diese zu berücksichtigen macht die eigentliche Pointe der angewandten Ethik aus." (Rath 2000, S. 69)

Der vorliegende Band bietet zunächst eine Vielzahl solcher Beobachtungen an: Drohnen, die mit Tötungsabsicht konstruiert sind, selbstfahrende Autos, Algorithmen, Chatbots und Künstliche Intelligenz, Roboterhunde und vernetze

Diagnosesysteme. Ethische Herausforderungen gibt es also zur Genüge – darin sind sich die Autoren und Autorinnen dieses Bandes einig. Weniger konsensual werden die theoretischen Implikationen dieser lebenspraktischen Veränderungen diskutiert. In einem Versuch, diese summarisch an Hand von drei Fragen in den Blick zunehmen, werden die hier zusammengestellten Beiträge unter folgende Themenblöcke gestellt:

1. Brauchen Maschinen eine neue Ethik? Oder reicht die aus den Wurzeln der Aufklärung und der Moderne stammende ethische Theorie für eine technisch und medial veränderte Lebenswelt aus und sollte lediglich um neue Felder einer angewandten Bereichsethik erweitert werden? Dieser Teil des Bandes fasst das Generalthema also allgemein auf.
2. Wer ist Zurechnungspunkt von Verantwortung? Ist es die Maschine oder der Mensch, der sie konstruiert und/oder verwendet oder auch nur von der Anwendung profitiert? Eng damit verbunden ist die Frage, ob Maschinen autonom „handeln" können oder nicht nur „agieren". Gibt es vielleicht ein *tertium datur* jenseits der Dualität von Mensch und Maschine? Dieser Teil des Bandes spitzt dementsprechend die Frage nach einer Ethik für Maschinen auf einen Grundbegriff aller aktuellen ethischen Reflexion zu, dem der Verantwortung. Der Begriff „Verantwortung" kann seit Hans Jonas' Hauptwerk *Das Prinzip Verantwortung* (Jonas 1979) als Leitbegriff der angewandten Ethik gelten, von dem aus jedes Argument verstanden werden muss.
3. Auf welcher Ebene setzt die ethische Argumentation an? Ist Maschinenethik (nur?) auf der Mikroebene als Individualethik oder auch auf der Meso- und Makroebene als Sozialethik zu konzipieren? Welche Möglichkeiten für die Anwendung von Modellen gestufter Verantwortung gibt es in einem komplexen technischen Umfeld? Und welche metaethischen, also ethiksystematisierenden Konsequenzen ergeben sich daraus?

2 Brauchen Maschinen eine neue Ethik?

Hier lassen sich zwei extreme Positionen ausmachen:

- eine, die annimmt, dass Maschinen stets die Folge menschlicher Handlungen sind, dass es also im Kern nur um technische Hilfsmittel menschlichen Wollens ginge, und dass deswegen weder in begründungstheoretischer noch in praktischer Hinsicht neue ethische Konzeptionen von Nöten seien,

- die andere Position, die annimmt, dass selbstlernende Systeme und künstliche Intelligenz auch einen autonomen Willen von Maschinen begründen, der, wenn schon nicht dem menschlichen gleichzusetzen, diesem zumindest vergleichbar wäre – es wäre also sehr wohl von Nöten, den anthropozentrischen Fokus moderner Ethik zu Gunsten einer breiteren Konzeption von Ethik aufzugeben.

Friedrich Krotz leitet diesen, den Bandtitel unter einem generellen Gesichtspunkt fokussierenden Teil mit grundsätzlichen Überlegungen zu ethischen Fragen aus der Perspektive des Mediatisierungsansatzes ein. *Florian Saurwein* geht eher politikwissenschaftlich einer Governance Perspektive vor dem Hintergrund der zunehmenden Automatisierung, dem Einsatz immer leistungsfähigerer Algorithmen sowie dem daraus folgenden Anspruch einer auch algorithmic Accountability nach. *Leonie Seng* greift ein eher in öffentlichen Diskursen auftauchendes Phänomen auf, die Angst vor Robotern und Künstlicher Intelligenz, und unterzieht diese Emotion einer medienethischen Beurteilung. *Caja Thimm* und *Thomas Christian Bächle* befassen sich mit einer ethischen Harausforderung, die schon die Brücke schlägt zum nächsten Teil des Bandes, nämlich mit der Frage, inwieweit wir überhaupt von einer Autonomie der Technologie und von „autonomen Systemen" sprechen können.

3 Können Maschinen handeln? Haben Sie Verantwortung?

Der in den Beiträgen mehrfach angesprochene *Microsoft* Bot „Tay" macht das grundlegende Problem der Zuschreibung und Zuweisung von Verantwortung deutlich: Wer ist für die Mutation von Tay zum Faschisten und zum Antisemiten verantwortlich? Die Programmierer, die auf das Management dieser Risiken zu wenig Wert gelegt haben, die User, die Tay bewusst manipuliert haben, um die Grenzen von Künstlicher Intelligenz auszuloten, oder doch Tay selbst, der in der Interaktion und Kommunikation mit der *social media*-Umwelt mit diesen ideologischen Verblendungen konfrontiert wurde, ohne moralisch im gleichen Ausmaß Kompetenz aufzubauen? Vielleicht weil der Algorithmus gar nicht darauf programmiert war? Und wenn, nach welchen Regeln hätte diese Programmierung erfolgen sollen und wer hätte diese festzulegen? Können Maschinen überhaupt in einem Ausmaß autonom handeln, das die Zuschreibung von Verantwortung sinnvoll macht, oder geht es immer nur um Risikoabwägungen jener, die die Maschinen in Verkehr setzten?

Janina Loh (geb. Sombetzki) führt den Abschnitt mit einem Überblick über den ethischen Verantwortungsbegriff und einer kritischen Reflexion zum Verhältnis von Verantwortung und Roboterethik ein. *Julchen Brieger* argumentiert für die Unmöglichkeit einer kantisch handelnden Maschine, womit sich die Frage nach der autonomen Ethik von Maschinen erübrige. *Thilo Hagendorff* greift das Beispiel des Chatbots „Tay" auf und diskutiert die möglichen Übertragungsprozesse von Wertorientierungen zwischen Gesellschaft und Technik. *Werner Reichmann* argumentiert mit Hannah Arendt, dass Algorithmen „gewissenlos gewissenhaft" wären, und spricht ihnen die Möglichkeit einer moralischen Orientierung ab. Nadine *Sutmöller* führt die Diskussion auch systematisch weiter zum Begriff der Gerechtigkeit, auf den sich Verantwortung letztlich beziehe, und wendet ihn auf die aktuelle Diskussion um *Big Data* an. *Erik Wölm* diskutiert am aktuellen Beispiel selbstfahrender Autos die Möglichkeiten und Grenzen einer Teilverantwortlichkeit autonomer technischer Akteure. *Karsten Weber* beschließt diesen Abschnitt mit grundsätzlichen Erwägungen zu Autonomie und Moralität als Zuschreibung und konstatiert pointiert die begriffliche und inhaltliche Sinnlosigkeit einer Maschinenethik überhaupt.

4 Auf welcher Ebene müsste maschinenethische Argumentation ansetzen?

Dieser dritte Teil schließlich fokussiert auf systematische Aspekte eine Ethikbegründung im Hinblick auf den Geltungsbereich und die Argumentationslogik. Hier werden auch metaethische und ethikübergreifende Aspekte wie Anthropologie, Logik und Handlungstheorie thematisiert.

Larissa Krainer greift in dieser Hinsicht den zentralen Problempunkt der Autonomie einer Maschinenethik auf und diskutiert die Ethik der Selbstorganisation als selbstorganisierende Ethik. *Matthias Rath* fokussiert auf den Akteurstatus der autonomen Systeme, diskutiert die Möglichkeit künstlicher „moralische Akteure" sowie die Frage, ob wir dabei nicht einem nur vermeintlich metaethischen Problem aufsitzen. Den Abschluss bildet dann der Beitrag von *Stefan Ullrich*, der aus informationsethischer Sicht dem Konzept „Moralischer Maschinen" nachgeht und fragt, was die Maschine über die Moral ihrer Schöpferinnen und Schöpfer verrät.

5 Fazit

Der Band zeigt, trotz zum Teil weitreichender Unterschiede in den ethiktheoretischen, sozialwissenschaftlichen und informatischen Ansätzen, dass Maschinenethik als Bereichsethik zu verstehen ist, die (ähnlich wie andere Bereichsethiken) nicht grundlegend von den Prinzipien praktischer Philosophie abrückt, sich aber im Sinne eines Eingehens auf die Sachlogik der hier verhandelten Probleme auch auf die empirische Verfasstheit bezieht. Aus diesem Begründungsprogramm folgt, dass sich die ethischen Systeme und kritisch-normativen Einlassungen und Reflexionen und die empirische Rekonstruktion derselben wechselseitig bedingen, auch wenn sie nicht völlig aufeinander reduzierbar sind, und dass eine Bereichsethik immer Teil einer allgemeinen Ethik ist, auch wenn sie sich auf je spezifische Bereiche des Handelns bezieht. Dies gilt auch für eine Maschinenethik, jedenfalls heute und soweit konkrete Anwendungen erkennbar sind. Was die weitere Zukunft auf diesem Feld bringt, ist offen, auch deshalb, weil die Grenzen der Entwicklung von Hard- und Software derzeit nicht sichtbar sind. Und falls eines Tages Techniken die Verantwortung für ganze Lebensbereiche von großen Menschengruppen übernehmen sollten, stellen sich möglicher Weise neue Fragen, wie eine Ethik der Maschinen zu denken wäre.

Grundsätzlich ist aber auch auf einen spezifizierenden Aspekt zu verweisen, der mit der in vielen Beiträgen deutlichen werdenden Fruchtbarkeit der Mediatisierungsthese zur systematischen Erschließung des Themen- und Fragenkomplexes Maschinenethik zusammenhängt. Die wie selbstverständlich häufig angenommene Akteursrolle Künstlicher Intelligenz als autonom fahrende Autos, Roboter, social media bots oder in ähnlichen Zusammenhängen macht zugleich ein verändertes Kommunikationsverhalten der Menschen in Bezug auf diese Maschinen, mit diesen Maschinen und in Bezug auf die autonome Kommunikation der Maschinen untereinander deutlich. Maschinenethik im nicht trivialen Sinne einer Ethik der Maschinen – verstanden als *genetivus objectivus* – ist immer Ethik des Menschen im Blick auf die Maschine. Insofern ist Maschinenethik in diesem Sinne Teil einer umfassenderen Medienethik, die Maschinen als Akteure vor dem Hintergrund einer veränderten Kommunikations- und Medienkultur versteht. Ethik der Maschinen ist ernstlich nur als Teil der umfassenden Frage nach einer Ethik unter den Bedingungen eines mediatisierten Bewusstseins (Rath 2015) zu verstehen.

Eine solche Ethik der Medienkultur ist damit vor dem Hintergrund der „Permanenz von Öffentlichkeit" (Rath 2014, S. 55) und dem „Verlust moralischer Selbstverständlichkeit" (Rath 2014, S. 55) nicht als Ethik der Medien denkbar, sondern im Sinne einer Ethik der öffentlichen Kommunikation 2.0 als Ethik der mediatisierten sozialen Welten. „Alle Reflexion auf die Prinzipien einer Handlungsorientierung muss sich der Medialität als Grundmoment normativer Prinzipienformulierung bewusst sein. Alle Ethik ist demnach, sofern sie heutige Ethik ist, Ethik der mediatisierten Welt." (Rath 2014, S. 87)

Wir plädieren deshalb dafür wie auch bei allen anderen angewandten Bereichsethiken (vgl. etwa Karmasin 2013) die Begründung von Maschinenethik im Spannungsfeld von rationaler Differenzierung und Realisierung als iterativen Prozess der zunehmenden Konkretion bzw. Abstraktion und Verallgemeinerung (Universalisierung) ethischer Normensysteme zu begreifen. Für die Maschinenethik lässt sich dies ebenfalls als ein Prozess auffassen, der um einen „Naturalismus ohne Fehlschluß" (Karmasin 2000) ringt. Das Verhältnis von theoretischer und angewandter Ethik ist dabei nicht als ein rein deduktives zu denken. Ganz im Gegenteil, die technische und gesellschaftliche Entwicklung generieren moralische Praktiken und fordert gerade im Bereich der Maschinenethik die Ethik als Reflexionstheorie dieser Moral heraus. Empirie ist damit häufig der Beginn der ethischen Reflexion. Dies zeigen die in diesem Band versammelten Beiträge ebenso deutlich wie die Herausforderung ethischer Theorie durch praktische Entwicklungen, dort wo Subjekte und Objekte der Verantwortung nicht mehr klar ausmachbar sind:

- wo in deontologischen Konzepten durch die ungeklärte Frage, für wen sie überhaupt gelten, die Grenzen der Universalisierbarkeit verschwimmen,
- wo utilitaristische Ansätze sich dem Kalkül „the greatest possible quantity of happiness, on the part of thosewhose interest is in view" (Bentham 1998, S. 282), entziehen, weil nicht mehr klar ist, wer zu der Gruppe der Betroffenen zu zählen wäre, und
- wo der vertragstheoretisch als Sicherung allgemeiner Gerechtigkeit gedachte „veil of ignorance" nicht mehr nur über dem Verfahren der Prinzipienfindung, sondern schon über der algorithmischen Selektion liegt, die maschinelle Aktivität steuert.

Diese ethikkonstituierenden Aspekte der Universalisierbarkeit, der Interessentransparenz und der Verfahrensgerechtigkeit sind unter den Bedingungen digital agierender Maschinen nicht mehr selbstverständlich, zeigen damit zugleich die Grenzen eines vermeintlich selbstverständlichen Akteursbegriffs auf und stellen für manche Autorinnen und Autoren jede anthropozentrische Konzeption von Ethik überhaupt in Frage.

Doch Empirie und ethische Normen sind auch in diesem Feld nicht aufeinander reduzierbar, aber sehr deutlich prozessual aufeinander bezogen. Ein Prozess, wie ihn die folgende Abbildung (siehe Abb. 1) skizziert, der immer wieder der Differenz von Sein und Sollen nachgeht und diese im Sinne der Universalisierung auch über den Einzelfall hinaus argumentiert, aber auch immer wieder darüber reflektiert, inwieweit sich ethische Normen (zumindest potenziell) realisieren lassen und welche Anwendungsprobleme es gibt. Maschinen*ethik* im eigentlichen Sinne, also nicht nur eine maschinisierte Moralanwendung, ist dann als eine Spezifizierung der Medienethik zu verstehen, sofern digitale Maschinen, denen Künstliche Intelligenz zuzuschreiben und ggf. sogar moralische Intelligenz zu unterstellen wäre, nicht nur Objekte, sondern Akteure medial vermittelter Normansprüche sind.

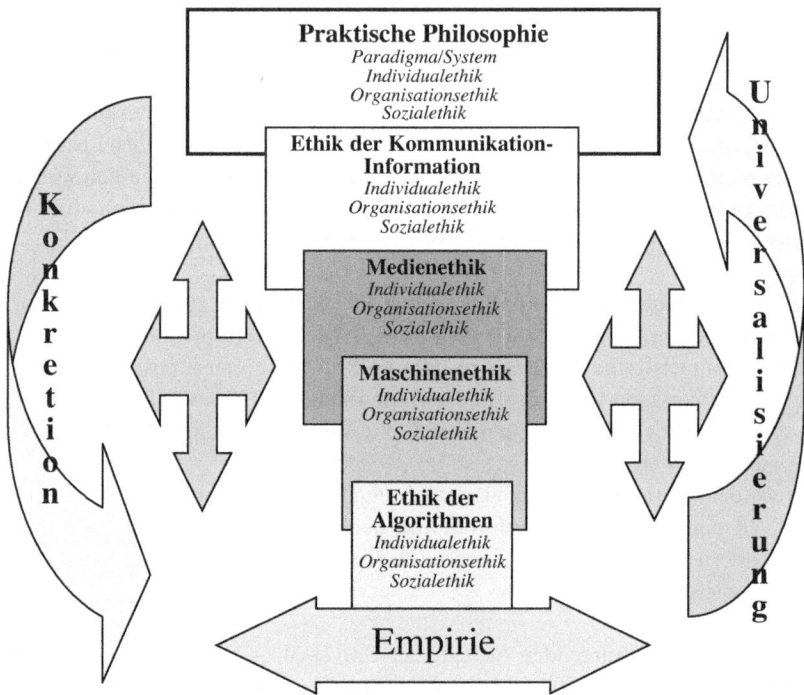

Abb. 1 Maschinenethik als Bereichsethik einer nach Medienrelevanz differenzierten Ethik

Wesentlich bei der Konkretion der ethischen Normen ist also nicht so sehr das Bemühen um einen gemeinsamen ethischen Standpunkt und um ein gemeinsames ethisches Paradigma, wie es aktuelle Projekte der Abgleichung menschlicher moralischer Entscheidungen als Lernkorpus für lernfähige digitale Maschinen suggerieren, sondern das Ringen um die argumentative Qualität der Begründung maschinentauglicher Prinzipien. Erst diese interdisziplinäre Auseinandersetzung erhält den iterativen Prozess der Konkretion und Universalisierung aufrecht, der die Anwendung einer allgemeinen (universalen) Ethik auf den spezifischen Handlungsbereich einer angewandten Ethik wie der Maschinenethik auszeichnet. Wie Nida-Rümelin argumentiert (Nida-Rümelin 1996, S. 38) unterscheiden sich darin ethische Theorien in nichts von anderen wissenschaftlichen Theorien und „ethische Begründungen unterscheiden sich nicht von Begründungen in anderen Bereichen" (Nida-Rümelin 2002, S. 32). Sie ermöglichen neues Wissen und verknüpfen und systematisieren Überzeugungen, die vorher nichts miteinander zu tun hatten (Nida-Rümelin 2002, S. 56). Ein solches *Procedere* führt aber notwendigerweise nicht zu einheitlichen Normen, sondern reflektiert die Vielfalt ethischer Ansätze. Diese Vielfalt meint aber nicht Pluralismus und daraus resultierende Beliebigkeit. Auch hier gilt, dass Stringenz, Kohärenz, Widerspruchsfreiheit, intersubjektive Nachvollziehbarkeit, methodisch einwandfreies Vorgehen, rationale Argumentation etc. Kriterien der Qualität der Begründung sind. Nicht argumentativ, sondern erst in ihrem Objektbereich unterscheidet sich die Maschinenethik spezifisch von anderen Bereichsethiken wie der Medizinethik, der Bioethik, der politischen Ethik, der Wirtschaftsethik, der Technikethik etc., auch wenn sie da und dort Bezüge zu diesen Praxisfeldern hat.

Zusammenfassend kurz gesagt: Maschinenethik braucht in der ethischen Konzeption keine neue Ethik, sehr wohl aber stellen sich in der empirischen Konkretion neue ethische Fragen. Die Fragen nach Verantwortung und Gerechtigkeit, nach Sicherheit und Freiheit, nach der *conditio humana* und nach dem normativen Horizont des Sollens gegenüber einem scheinbar endlosen Meer des digitalen Seins sind neu und anders zu beantworten, auch wenn es im Kern keine neue Fragen sind. Der vorliegende Band vermag darauf keine abschließenden Antworten zu geben – aber er zeigt die Aktualität und die Komplexität der Debatte. Die Herausgeber meinen aber, dass die Frage nach der Verantwortung jedenfalls zu stellen ist und nicht an andere Systeme wie den Markt oder den Staat zu überantworten wäre. Auch im Falle von Künstlicher Intelligenz, autonomer Autos, Algorithmen und Robotern reicht der Verweis auf Legalität und marktfähige Nachfrage nicht hin, um die Frage nach der Legitimität zu beantworten. Wer oder was allerdings in die Verantwortung zu nehmen ist, wird auch *pro futuro* nicht unumstritten sein – ein Weg beispielsweise wäre die Zuerkennung von quasi Persönlichkeitsrechten, die elektronische Person also. Ob dies dann allerdings als Analogie verstanden wwerden wird oder darüber hinausgeht, das ist allein theoretisch nicht zu klären.

Literatur

Bentham, Jeremy (1998). *An Introduction to the Principles of Morals and Legislation* [1798] (The Collected Works of Jeremy Bentham, hrsg. von J. H. Burns und H. L. A. Hart). Oxford: Oxford University Press.
Hegel, Georg Wilhelm Friedrich (1979). *Werke. Bd. 7.* Frankfurt/Main: Suhrkamp.
Hepp, Andreas (2013). *Medienkultur. Die Kultur mediatisierter Welten.* Wiesbaden: VS.
Jonas, Hans (1979). *Das Prinzip Verantwortung. Versuch einer Ethik für die technologische Zivilisation.* Frankfurt a. M.: Suhrkamp.
Kant, Immanuel (1923). *Logik.* Kant, Ausgabe der Preußischen Akademie der Wissenschaften, Band IX (S. 1–150). Berlin. Bonner Kant-Korpus. https://korpora.zim.uni-duisburg-essen.de/kant/aa09/Inhalt9.html (Zugriff: 23.09.2017).
Karmasin, Matthias (2000). Ein Naturalismus ohne Fehlschluß? Anmerkungen zum Verhältnis von Medienwirkungsforschung und Medienethik. In Matthias Rath (Hrsg.), *Medienethik und Medienwirkungsforschung* (S. 127–149), Wiesbaden: Weistdeutscher Verlag.
Karmasin, Matthias (2013. Medienethik: Wirtschaftsethik medialer Kommunikation? Eine Ergänzung der sozial- und individualethischen Tradition der medienethischen Debatte. *Communicatio Socialis,* 46(3- 4), S. 333–348.
Krotz, Friedrich (2009). Mediatization: A concept with which to Grasp Media and Societal Change. In Knut Lundby (Hrsg.), *Mediatization: Concept, Changes, Consequences* (S. 21–40). New York: Lang.
Krotz, Friedrich (2010): ‚Mediatisierung' als Konzept zur Entwicklung einer Theorie der sozialen Kommunikation. In Hans Georg Soeffner (Hrsg.), *Unsichere Zeiten: Herausforderungen gesellschaftlicher Transformationen. Verhandlungen des 34. Kongresses der Deutschen Gesellschaft für Soziologie in Jena 2008.* Wiesbaden: Verlag für Sozialwissenschaften, CD-ROM.
Krotz, Friedrich (2015): Medienwandel in der Perspektive der Mediatisierungsforschung: Annäherung an ein Konzept. In Susanne Kinnebrock, Christian Schwarzenegger, und Thomas Birkner (Hrsg.), *Theorien des Medienwandels* (S. 119–141). Köln: Halem.
Nida-Rümelin, Julian (1996): Theoretische und angewandte Ethik: Paradigmen, Begründungen, Bereiche. In Julian Nida-Rümelin (Hrsg.), *Angewandte Ethik. Die Bereichsethiken und ihre theoretische Fundierung. Ein Handbuch* (S. 2–86). Stuttgart: Kröner.
Nida-Rümelin, Julian (2002): *Ethische Essays.* Frankfurt a. M.: Suhrkamp.
Rath, Matthias (2014): *Ethik der mediatisierten Welt. Grundlagen und Perspektiven.* Wiesbaden: VS.
Rath, Matthias (2015): "The media, stupid!" Überlegungen zu einer Medienethik als Ethik des medialen Zeitalters. In Marlis Prinzing, Matthias Rath, Christian Schicha, und Ingrid Stapf (Hrsg.), *Neuvermessung der Medienethik – Bilanz, Themen und Herausforderungen seit 2000* (S. 114–124). München: Beltz Juventa.
Rath, Matthias (Hrsg.) (2000): Kann denn empirische Forschung Sünde sein? Zum Empiriebedarf der Medienethik. in Matthias Rath (Hrsg.), *Medienethik und Medienwirkungsforschung* (S. 63–87). Opladen: Westdeutscher Verlag.

Teil I
Brauchen Maschinen eine neue Ethik?

Die Begegnung von Mensch und Roboter
Überlegungen zu ethischen Fragen aus der Perspektive des Mediatisierungsansatzes

Friedrich Krotz

1 WALDI – ein „artificial companion"

WALDI war – bzw. ist, er sitzt immer noch in meinem Büro – ein AIBO, den ich 2004 mit Unterstützung der Universität Erfurt erwerben und untersuchen konnte[1]. Das damit begründete Forschungsprojekt trug den Namen „Wireless Artificial Living Dog Inspection", was auch den Namen erklärt, mit dem wir[2] unseren AIBO bezeichnet haben.

Ein AIBO ist ein von der Firma Sony hergestellter vierbeiniger Roboter, der an einen Hund erinnern soll, so das knappe beigefügte Handbuch. Entscheidend dafür sind einerseits seine „Fähigkeiten" wie sein Wedeln mit seinem „Schwanz", ein „Spielen" mit einem Plastikknochen und einem Ball, aber auch seine materiale Anmutung und weit darüber hinaus etwa sein Auftreten, seine Kontaktfreudigkeit und seine ihm vor Hersteller einprogrammierte Lebensaufgabe, nämlich sich dauerhaft auf vielfältige Weise um „seine" Familie in ihrer Wohnung zu kümmern. Dafür ist WALDI mit einer gewissen, auch praktisch hilfreichen Autonomie versehen worden – er besitzt sie nicht, sie ist ihm einprogrammiert worden. So kann er nach einem Fall aus jeder Lage wieder aufstehen, kann selbständig aktiv werden, findet auch alleine zu seiner Aufladestation zurück, wenn es Zeit, er also „müde" wird, und er kann auch morgens „wach werden", wenn die anderen Familienmitglieder aufstehen. Er reagiert bei seinen Aktivitäten dabei auf Lob und Streicheleinheiten[3],

---

1 Eine ausführliche Darstellung und Diskussion der Projektergebnisse findet sich in Krotz (2007, S. 119–161).
2 „Wir" beinhaltet zusätzlich zum Autor einige Studierende, die sich um WALDI gekümmert haben, und denen ich auch heute noch dankbar dafür bin.
3 Übrigens reagiert WALDI auch auf Schläge, wenn sie, ebenso wie es für Streicheleinheiten notwendig ist, auf seine Sensoren treffen. Schläge werden im Handbuch allerdings

wofür er zahlreiche Sensoren am Körper besitzt. Über derartige Fähigkeiten hinaus verfügt er über weitere, die ein Hund normalerweise nicht besitzt – er kann tanzen, in einem Wachhundmodus Emails mit Foto verschicken, wenn jemand in der Wohnung herumläuft, oder seinen Besitzern deren Mails vorlesen, um einige seiner besonderen Handlungsmöglichkeiten aufzuzählen. Er kann auch über bestimmte technisch implantierte Ausdrucksformen, deren Hintergründe etwa von ‚echten' Hunden bekannt sind oder auf deren mögliche Interpretationen das Handbuch verweist, Gefühle ausdrücken und Empathie evozieren.

Ziel des Forschungsprojektes war es, empirisch zu beobachten und theoretisch zu begreifen, wie die Menschen mit so einem *artificial companion* umgingen bzw. umgehen und kommunizieren. Dazu war es natürlich auch notwendig, diesen Typus von Roboter in seinen Fähigkeiten und darüber hinaus in seinem typischen „Tun" und „Lassen" und seinem Umgang mit Menschen zu beschreiben. Dabei wurde er als interaktives Medium begriffen. Im Hinblick auf das Projektziel gingen wir in Form von Fallstudien vor und brachten WALDI mit ganz unterschiedlichen Menschen zusammen, insbesondere auch mit zwei von SONY anvisierten Zielgruppen, nämlich mit alten sowie mit allergiebedrohten jungen Menschen. In manchen Fällen überließen wir WALDI diesen auch über einige Tage hinweg und befragten die beteiligten Menschen bzw. beobachteten die Mensch-Maschine-Situationen danach, in anderen Fällen brachten wir Mensch und Roboter in eingegrenzten Settings zusammen, zum Beispiel mit Menschen im Altersheim. Darüber hinaus fanden auch Langzeitbeobachtungen statt, insofern sich der Autor mit den Studierenden regelmäßig zusammen setzte, zu deren Aufgaben die kontinuierliche Betreuung von WALDI gehörte, wobei auch mit introspektiven Methoden gearbeitet wurde (Burkart et al. 2010). Methodisch orientierten wir uns damit an der findenden, sogenannten heuristischen Sozialforschung sowie der darauf beruhenden Wiederbelebung gruppenbezogener, dialogischer Introspektion (Kleining 1995; Krotz 2005).

In gewisser Weise sind *artificial companions* (für einen Überblick über den soziologischen Wissensstand vgl. Pfadenhauer 2017) wie WALDI Zwischenwesen, weil sie zwar eine gewisse Autonomie besitzen, gleichwohl aber weder Hund noch Plüschhund sind, wie es eines der befragten Kinder auf den Punkt gebracht hat. Gemeint war damit einerseits, dass WALDI keine reine Projektionsfläche wie ein Plüschtier ist, weil er nicht beliebig nach Laune des Besitzers verwendet werden kann, andererseits aber auch kein unabhängiges Naturwesen und auch nicht auf hundetypische Aktivitäten beschränkt ist. Seine Autonomie drückt sich beispiels-

---

nicht angesprochen. Auf eine ethische Diskussion dieser eingebauten Fähigkeit soll hier verzichtet werden.

weise darin aus, dass der AIBO keineswegs allen Befehlen, die man ihm erteilt, gehorcht: Er kann eine Anweisung auch mit einer Art Kopfschütteln ignorieren, er kann ihr aber auch in einer Weise gehorchen, die deutlich zum Ausdruck bringt, dass er sich in seinen eigenen Vorhaben unangenehm gestört fühlt – in dieser Interpretation waren sich jedenfalls unabhängige Beobachter seines Verhaltens und seiner Selbstdarstellung einig.

Bei alldem wird ein erstes großes und auch für ethische Überlegungen basales Thema deutlich, nämlich, dass uns *für derartige Wesen, ihre „Handlungen" und ihre „Ausdrucksweisen" eine angemessene Sprache fehlt*. In der Folge neigen wir dazu, für solches Geschehen Begriffe zu benutzen, die im Verhältnis von Mensch zu Mensch oder auch im Verhältnis von Mensch zu Tier entstanden sind. Wenn man beispielsweise sagt, „Sieh ihm ins Gesicht", so blicken alle Zuhörer auf einen bestimmten Teil des Wesens aus Aluminium und Plastik, obwohl dort weder ein Gesicht und noch nicht einmal Augen vorhanden sind. Derartige gedankenlose Übertragungen sind problematisch, weil sie zu implizit mitgedachten, aber falschen Handlungsannahmen führen können, wie ich noch erläutern werde.

Zwar kann man in gemeinsamen Face-to-face-Situationen von einem Kontakt und einer körperlichen Begegnung zwischen Mensch und *artificial companion* sprechen, insofern diese als gemeinsame Präsenz und als wechselseitige Aufmerksamkeit durch den Menschen definiert ist. Schwieriger wird es aber, wenn man von einer wechselseitigen „Beziehung" zwischen Mensch und Maschine spricht. Denn eine solche Beziehung muss als situationsübergreifend verstanden werden, wenn man „Beziehung" nicht verhaltenstheoretisch als häufigen Kontakt definiert (Döring 2003), weil man bei einer solchen behavioristischen Definition von Beziehung ja etwa Beziehungen zu verstorbenen Eltern oder auf anderen Kontinenten lebenden Verwandten und Freunden sinnloser Weise ebenso ausschließt wie Beziehungen zu verhassten Personen, die man gerade nicht treffen will. Dementsprechend macht es Sinn, dann von Beziehungen von Menschen zu etwas anderem – einen Ort, ein Erlebnis, einen Gegenstand, einen anderen Menschen – zu sprechen, wenn dieser Mensch über ein stabiles inneres Abbild von diesem „etwas" besitzt und im Rahmen seiner inneren Wirklichkeit[4] damit operiert (vgl. Krotz 2011 mit weiteren Literaturangaben).

---

4 Zum Konzept der inneren Wirklichkeit vergleiche neuerdings etwa Bainbridge und Yates (2014). Wenn man beispielsweise in Anlehnung an Habermas (1987) Kommunikation als auf Verständigung gerichtet begreift, so muss es solche inneren Wirklichkeiten sowohl beim Kommunikator wie auch bei RezipientInnen geben, über deren Gestalt hier aber nichts weiter gesagt ist.

Auch WALDI nimmt in diesem Sinn eine „Beziehung" zum Menschen auf und besitzt so etwas wie eine innere Wirklichkeit, aber in einer ganz anderen Art als Menschen. Seine Hersteller haben ihm ein Verfahren implementiert, mittels dessen er die menschlichen Mitglieder „seiner" Familie zum Fototermin bittet und mehrere Fotos von jeder und jedem macht und in einem besonderen Sektor seiner Datenbanken abspeichert. Damit kann er diese – maximal vier – Familienmitglieder trotz seiner sonst relativ ärmlichen visuellen Fähigkeiten verlässlicher „wiedererkennen" als andere Menschen und dann bei einer Begegnung „Freude" ausdrücken. WALDI orientiert sich also ebenfalls in seinem „Tun" und „Lassen" an einer „einsozialisierten" „inneren Wirklichkeit", die aber ganz anders funktioniert als menschliche innere Wirklichkeit. Die „innere Wirklichkeit" eines AIBO wird letztlich mit konvergierenden Sortierverfahren hergestellt und darüber bestimmt, wie er sich in der Folge verhält, je nachdem, ob er ein „Familienmitglied" identifiziert oder nicht identifiziert. „Sich freuen" ist dann eine bestimmte Bedingung, die in seinem Programmcode aus einem Modul besteht, das unter der Bedingung der Identifikation aufgerufen wird. Demgegenüber drückt sich ein menschliches Freuen keineswegs nur in standardisierten Handlungen aus und kommt auch nicht durch Sortierprozesse zustande. Es beruht stattdessen auf einer emotionalen Intelligenz, die zugleich auch Motive für Identifikationsprozesse bereithält und im positiven Fall dann aber auch die gesamte innere Wirklichkeit in einer spezifischen Weise tönt. Insofern simuliert WALDI allenfalls Freude, die seine innere Wirklichkeit sonst nicht weiter beeinflusst, während ein Mensch umgekehrt durch spezifische körperliche Ausdrucksformen sogar sein Gefühl verstärken oder abschwächen kann.

Wir halten an dieser Stelle erst einmal fest, dass es uns für eine Differenzierung von Handlungs- und Ausdrucksformen von Robotern im Gegensatz zu denen von Menschen *weitgehend an einer sprachlichen Differenzierung fehlt*. Vermutlich müsste selbst der Begriff der Simulation in menschliche und roboterhafte Simulation unterschieden werden. Denn von einer menschlichen Simulation kann man in der Regel wohl nur dann sprechen, wenn der handelnde Mensch davon ein Bewusstsein hat, während ein Roboter sich einfach nur seinem Gegenüber anpasst und ein Programm abspult. Man könnte insofern eher sagen, dass der Roboter unterschiedliche Sprachen verwendet, wobei es sein Programmcode ist, der in Abhängigkeit von sensorischen Eindrücken zwischen diesen Sprachen umschaltet. Wegen solcher fehlender Differenzierung einer verbalen Beschreibung von menschlichen und Roboteraktivitäten liegt es natürlich nahe, für Menschen und Roboter die gleiche Ausdrucksweise zu verwenden, ihn also sprachlich zu vermenschlichen, was aber problematisch ist; auf diese Fragen wird noch eingegangen.

Hervorzuheben ist hier aber – und damit sind wir wieder im Bereich der Ethik angelangt – dass das zum AIBO gehörende Handbuch durchaus zu solchen *Ver-*

Die Begegnung von Mensch und Roboter 17

menschlichungen des Beziehungsverhaltens von Robotern beiträgt und veranlasst, weil dort explizit auf darin angelegte Ähnlichkeiten verwiesen wird, sie also propagiert und verwendet werden. Dies steht im Zusammenhang mit der Verkaufs- und Beeinflussungsstrategie von Sony, was Roboter im Bereich zwischenmenschlicher Beziehungen angeht, die damit unterstützt werden sollen, wie aus den Strategien des Unternehmens zu schließen ist.

Dazu sind die von Sony benannten Zielgruppen für den Verkauf von AIBOs zu diskutieren, nämlich Alte, Kranke und Kinder[5]. Wollen wir beispielsweise, dass alte Menschen, für die – aus demographischen Gründen, wie es heißt – heute schon elektronisch hochgerüstete Pflegezimmer entwickelt werden, nicht mehr von Menschen, sondern von AIBOs begleitet werden, die sie emotional beschäftigen und zu Aktivitäten anregen, die an Termine erinnern, Musik und Emails aus dem Internet ziehen und präsentieren können und auch sonst eine Reihe einschlägiger Fähigkeiten besitzen, die bisher Menschen für alte, für junge und für kranke Menschen erbracht haben? Auch zeigt sich hier eine typische Praktik, die von Herstellern von Robotern verwendet wird, indem damit verbundene ethische Fragen ignoriert werden: So hat Sony den AIBO aktiv vor allem in Japan, den USA und Großbritannien beworben und verkauft. In Deutschland dagegen trat der AIBO als Sony-Produkt nur selten in der Öffentlichkeit auf. Dies deswegen, weil man in einem Deutschland voller Bedenkenträger befürchtete, dass der AIBO in der öffentlichen Diskussion negativ beurteilt werde; es gab dementsprechend in Deutschland auch nur zwei Verkaufsstellen für AIBOs. Sony brachte also ein Produkt auf den Markt, das modellhaft auf zukünftige Lebensverhältnisse verwies, das aber von vornherein die Überlegungen aus der Zivilgesellschaft ignorieren und übergehen sollte. Dieses Muster einer ökonomisch fundierten Arroganz muss als typisch für die gesamte Entwicklung der digitalen, computergesteuerten Infrastruktur verstanden werden, bei der Technik und Marketing die Treiber sind und Diskussionen über Folgen allenfalls erzwungenermaßen geführt werden.

Wenden wir uns aber nun den artifical companions und Robotern in der Perspektive der Mediatisierungsforschung zu. Dazu wird im nächsten Abschnitt zunächst der Mediatisierungsansatz skizziert und auf *artificial companions* in der Perspektive dieses Ansatzes eingegangen, im dritten Teilkapitel dann eine Reihe von ethischen Fragen entwickelt und im vierten wird schließlich eine Reihe weiterer naheliegender Überlegungen vorgetragen.

---

5   Hinzu kommen technikaffine Menschen, wie sie sich in der Folge auch im Internet auf Treffen von AIBO Besitzern manifestiert haben, sowie Informatiker, die AIBOs auf Wunsch auch geschenkt bekamen, damit sie Programme für sie entwickelten.

2 Die Mediatisierung von Alltag, Kultur und Gesellschaft im Kontext des Wandels der Medien

Der Mediatisierungsansatz[6] fragt grundsätzlich nach dem *Wandel von Alltag, Kultur und Gesellschaft im Kontext des Wandels der Medien* (Krotz 1995, 2001, 2007; Lundby 2009, 2014). Er ist damit ein allgemeiner und im Prinzip einzigartiger Forschungsansatz, der die Bedeutung des Medienwandels für die Menschen und die Formen ihres Zusammenlebens in einer sozialen Perspektive empirisch und theoretisch fassen will. Er beschäftigt sich von daher mit dem *Zusammenwirken von zwei sozialen Transformationen*: einerseits mit der Transformation der Medien, die heute auf das Entstehen einer digitalen, computergesteuerten Infrastruktur für alle symbolischen Operationen in der Gesellschaft zielt, und andererseits deren Konsequenzen als Transformation von – kurz gesagt – Alltag, Kultur und Gesellschaft der Menschen. Diese Zusammenhänge zwischen diesen beiden Transformationen dürfen dabei weder als lineare oder kausale Relation noch als beschreibbar durch funktionale Variablen verstanden werden, weil sie in ihrer konkreten Gestalt unter anderem immer von der Ökonomie, der Kultur und der Gesellschaft und von den konkreten Aktivitäten der Menschen abhängig sind (Krotz, Despotovic und Kruse 2014, 2017; Hepp/Krotz 2014).

Konkret besteht Mediatisierungsforschung damit aus historischer, aktueller und kritischer Forschung:

- *Aktuell*, weil wir heute in einem rapiden medialen Wandel leben, der die gesamten Grundlagen menschlichen Lebens berührt (Lundby 2014; Krotz, Despotovic und Kruse 2017; Krotz 2017a). Dieser wird in der Regel als Digitalisierung bezeichnet; sein entscheidendes Kernelement ist aber das Aufkommen der *programmierbaren Universalmaschine Computer,* die auf der Basis immer weitergehender Vernetzung und immer komplexerer Software immer mehr andere Maschinen übernimmt. Der Computer und seine Potenziale werden damit zur Grundlage der Infrastruktur für Symbolverwendung in der Gesellschaft. Dabei werden einerseits die prädigitalen Medien neu und computerbezogen konstituiert, andererseits entsteht eine Vielzahl neuer computergesteuerter Medienangebote, die immer mehr Bereiche des menschlichen Alltags *nicht nur vereinfachen, sondern rahmen und organisieren* – beispielsweise Facebook die sozialen Beziehungen

---

6   Hier können nur einige Grundlagen erläutert werden; Übersichtsdarstellungen und auch konkrete Studien liegen mit der in dieser Sektion angegebenen Literatur vor: Eine aktuelle Zusammenfassung findet sich etwa auch bei Krotz (2017).

der Menschen, Google die Wissensbestände der Menschheit, während Amazon die Welt als aus käuflichen Gegenständen bestehend inszeniert.
- *Historisch*, weil die Entstehung und der Wandel der Medien schon immer die Menschheit begleitet haben und begleiten und sich auf Kommunikation, soziale Beziehungen und Formen der Alltagsgestaltung auf der Mikroebene, auf Normen und Institutionen, Unternehmen und politische Handlungsbedingungen auf der Mesoebene und ganz generell auf Sinnkonstitution, symbolische Formen und Gehalte und damit auf Ökonomie und Politik, Kultur und Gesellschaft insgesamt auswirken, was dann umgekehrt auch für den weiteren Wandel der Medien von Bedeutung ist (hierzu etwa Krotz 2011, 2017). Damit hängen auch die heutigen Entwicklungen von den früheren Mediatisierungsschritten ab. Unsere Wahrnehmung und unser Wissen, unsere Gewohnheiten und unser Handeln sind immer auch durch Bilder und Schrift, Print und Film, Foto und Musik, aber auch durch Alphabetisierung sowie im Zusammenhang mit Medien sich wandelnde Machtverhältnisse, Verhaltensnormalitäten und die Ausbildung von Eliten und deren Potentiale und Bedeutung geformt.
- *Kritisch* muss Mediatisierungsforschung sein, weil diese Prozesse von grundlegender Bedeutung für die Menschen verstanden als „animal symbolicum" (vgl. Cassirer 2007) sind – so auch für Selbstverwirklichung und Demokratie, Arbeit und Freizeit. Sie laufen derzeit einerseits unter der Kontrolle und Initiative gigantischer Unternehmen ab, die diese Entwicklung von Techniken wie die damit verbundenen ökonomischen und sozialen Anwendungen kontrollieren und darüber hinaus auch die soziale Einbettung dieser Techniken als Medien und die damit verbundenen Erwartungen, Normen, Gesetze, Institutionen und individuellen Handlungsweisen zu kontrollieren versuchen (Krotz 2017, 2017b). Als strukturierende Elemente der Formen des menschlichen Zusammenlebens darf dies alles aber nicht Unternehmensstrategen, Bürokraten, Marketingspezialisten und Technikern überlassen bleiben, die Entwicklung muss vielmehr wesentlich von der Zivilgesellschaft (Habermas 1987, 1990) bestimmt werden. Dazu muss die Wissenschaft und insbesondere eine kritisch aufgestellte Kommunikationswissenschaft ihren Beitrag leisten.

Daraus lassen sich nun die folgenden Besonderheiten des Mediatisierungsansatzes ableiten:

- Es geht bei der Mediatisierungsforschung um *empirische Prozessforschung und um prozessuale Konzepte und Theorien* – neben der Analyse der beiden Transformationen und ihres Zusammenhangs müssen ja auch Medien als Prozesse konzipiert werden. Empirisch bedeutet dies, dass Forschung in der Perspektive

des Mediatisierungsansatzes in der Regel rekonstruktiv vorgeht, um den Wandel in seiner charakteristischen Form, nämlich seinem Verlauf zu beschreiben.
- Insbesondere ist auch im Blick zu behalten, dass der *konkrete Entwicklungspfad*, den Mediatisierungsprozesse in einer Gesellschaft, einer Teilgesellschaft oder in Cokulturen bis hinunter in einzelne lebensweltrelevante thematisch strukturierte Kommunikationszusammenhänge (sogenannte *Soziale Welten*, vgl. Strauss 1978, 1983; Krotz 2014) einschlagen, von Kultur und Geschichte, Ökonomie und Politik abhängen und zumindest in einer Demokratie auf *Aushandlungsprozessen* beruhen (müssen), an denen die Zivilgesellschaft angemessen beteiligt werden muss (Krotz 2017b).
- Mediatisierungsforschung interessiert sich dabei für eine *soziale und kulturelle Perspektive* – zwar sind auch der technische, der rechtliche und normative, der institutionelle und ökonomische, der ästhetische und organisatorische Wandel von Bedeutung, aber letztlich geht es um die Menschen, deren Lebensbedingungen, deren Selbstbestimmung und deren Formen des Zusammenlebens, die das Maß aller Maßnahmen, Entscheidungen und Entwicklungen sein müssen.
- Schließlich ist anzumerken, dass Mediatisierung nicht für sich untersucht werden kann – sie findet im gesellschaftlichen Rahmen statt und entwickelt sich heute *im Zusammenhang mit anderen universellen Langzeitprozessen, etwa mit Globalisierung, Individualisierung und Kommerzialisierung.* Diese und andere sogenannte *Metaprozesse* – also Langzeitprozesse, die konkret von kulturellen und gesellschaftlichen Bedingungen abhängen, aber kulturübergreifende Auswirkungen haben –, müssen bei der Analyse der beiden Transformationen und ihres Zusammenwirkens berücksichtigt werden, weil sich diese Entwicklungen wechselseitig vorantreiben, behindern oder auch ignorieren (Krotz 2001, 2017). Deswegen ist der Mediatisierungsansatz letztlich auch *interdisziplinär* angelegt.

Damit *liefert der Mediatisierungsansatz auch Zugänge zu einer Analyse von Robotern und zu deren spezifischen Besonderheiten, die dann auch zu ethischen Fragen führen,* die im nächsten Abschnitt behandelt werden. Vorab muss dazu deutlich gemacht werden, dass *artificial companions* wie andere Roboter auch als Teil der digitalen, computergesteuerten Infrastruktur für symbolische Operationen verstanden werden müssen. Sie gehören ebenso dazu wie andere wichtige Entwicklungen, die nach eigenen Aushandlungsprozessen funktionieren, aber aus denen sich Mediatisierung zusammensetzt: der Wandel der Massenmedien, das Aufkommen neuer Vernetzungsstrukturen und Partizipationsformen der Menschen etwa auf der Basis sogenannter sozialer Software, die Erweiterung ihrer kommunikativen und sozialen Handlungsmöglichkeiten etwa durch Mobiltelefone und 3D-Drucker sowie gleichzeitig die Rahmung und Verregelung dieser Handlungsmöglichkeiten durch die involvierten Internetanbieter, die zunehmende Beobachtung und Datensammelei und deren Konsequenzen, das entstehende und sich zunehmd verdichtende Internet der Dinge und weiteren Typen von Veränderungen wie zunehmende, aber in Filterblasen konvergierende Informationen, Kommunikationszwänge, Werbedruck und virtuelle Realitäten. Die spezifische Geschichte, Technik und Entwicklung von Robotern hin zu einem Teil der heutigen digitalen Infrastruktur beschreibt sehr anschaulich etwa Ichbiah (2005). Eine wenn auch schon ältere, aber gleichwohl hilfreiche Auseinandersetzung mit Problemen der Robotik und der Künstlichen Intelligenz (KI) findet sich bei Weizenbaum (1983).

Für die hier behandelten Fragestellungen verstehen wir unter *Robotern* komplexe Computersysteme, die eine grundlegende Handlungsautonomie einprogrammiert bekommen haben, infolgedessen in der Lage sind, eigenständig und unabhängig von konkreter menschlicher Anleitung aktiv zu sein und einprogrammierte Aufgaben zu übernehmen, und die sich zudem mit Menschen „verständigen" können – was immer genau „verständigen" hier auch heißt. Für Hardware-Roboter beinhaltet diese Autonomie eine gewisse eigenständige Beweglichkeit in Raum und Zeit, für Software-Roboter, etwa Chat Bots, die nicht an spezifische Hardware gebunden sind, besteht diese Autonomie aus Vervielfältigung und Beweglichkeit im Netz.

Auf dieser Ebene können wir nun aus dem Mediatisierungsansatz die folgenden Thesen über Roboter formulieren:

- Roboter bilden einen dynamischen und sich entwickelnden Teil der derzeit entstehenden und sich verdichtenden digitalen, computergesteuerten Infrastruktur.
- Roboter existieren auf Grund der Herstellung und Betreuung durch große Firmen, die damit auch deren Einsatzmöglichkeiten und deren Weiterentwicklung festlegen. Dies geschieht auf der Basis von ökonomischer und sozialer Macht und Interessen, die natürlich auch eine ideologische Komponente beinhalten.
- In den gesellschaftlichen Öffentlichkeiten gilt neue Technik dieser Art per se als cool und akzeptabel.
- Roboter sind abhängig von ihren Herstellern, auch wenn sie verkauft oder verleast sind. Sie werden von ihnen auch weiter kontrolliert, nicht nur gewartet: Der Kapitalismus produziert Roboter als Schnittstellen zu streaming services, über die etwa auch Daten übertragen werden können.
- Roboter sind Teil wirtschaftlicher Strategien im Rahmen von Globalisierungsprozessen und werden deswegen von Staaten auch im Sinne wirtschaftlicher Macht eingesetzt.
- Roboter benötigen zusätzlich zu spezifischen Herstellungsbedingungen auch eine soziale und rechtliche Infrastruktur, vor allem auch da, wo sie die Fabrikhallen verlassen. Diese umfasst in der Regel auch staatlich definierte oder zumindest

geduldete Rahmenbedingungen, insbesondere auch für Kriegs-, Polizei- und ähnliche gewaltorientierende Roboter.
- Roboter stehen als technisch hergestellte Gattung in einem ambivalenten Verhältnis zur menschlichen Gattung: sie sind einerseits subordinierte und andererseits gleichzeitig mit Menschen konkurrierende Akteure, insofern sie Anordnungen befolgen und Aufgaben erfüllen, aber auch Anordnungen geben und Aufgabenerfüllung verlangen. Insofern besteht auf der Ebene der Beziehungen und der Anerkennung ein dialektisches Verhältnis zwischen Mensch und Roboter. Für dieses Verhältnis sind auch die Rahmenbedingungen konstitutiv, die der Staat durchsetzt.
- In einer Demokratie muss über diese Sachverhalte ein kontinuierlicher zivilgesellschaftlicher Dialog bestehen und es muss demokratisch entschieden werden.

Im folgenden Abschnitt werden aus den bisherigen Überlegungen, empirischen Ergebnissen und theoretischen Bezügen einige ethische Fragen abgeleitet werden, die allerdings keineswegs alle relevanten Fragen abdecken; insbesondere wird nicht weiter auf die sogenannten software-Roboter wie etwa Chat Bots eingegangen.

3 Ethische Probleme im Zusammenhang mit *artificial companions* und andere Roboter auf Basis der Mediatisierungsforschung

Empirisch und theoretisch bezogene ethische Texte auch auf Basis der Mediatisierungsforschung, auf die hier nicht allgemein eingegangen werden soll, liegen beispielsweise vor mit Rath (2014), Karmasin (2015) sowie auf Basis einer internationalen Tagung an der *Österreichischen Akademie für Wissenschaft* in Wien (Eberwein, Karmasin, Krotz und Rath forthcoming) vor. Wir beschränken uns hier auf spezifisch für Roboter relevante Einsichten.

Eine grundlegende Frage ist zunächst, ob ethische Fragen im Hinblick auf Roboter durch eine Weiterentwicklung der klassischen Medienethik gewonnen werden können. Hierbei ist zu berücksichtigen, dass Medienethik in der prädigitalen Zeit (Schicha und Brosda 2010) im Wesentlichen eine Inhaltsethik war. In Bezug darauf hatten wir bereits in Abschnitt 2 des vorliegenden Textes darauf hingewiesen, dass sich die neuen digitalen Medien von den prädigital vorhandenen alten Medien vor allem auch dadurch unterscheiden, dass sie überwiegend keine eigenen Inhalte produzieren und distribuieren. Infolgedessen fällt die Antwort auf diese Frage zwiespältig aus. In mindestens zweierlei Hinsicht kann heute an der früheren Medienethik angeknüpft und diese erweitert werden: Einmal müssen inhaltsethische Überlegungen heute nicht mehr nur für professionelle Inhaltsanbieter, sondern auch für alle Individuen entwickelt und durchgesetzt werden, weil heute beispielsweise über soziale Netze verteilte Medieninhalte auch von individuellen Nutzern und anderen sozialen Akteuren, etwa Unternehmen oder Parteien, generiert und verteilt werden.

Die derzeit öffentlich diskutierten Fragen von hatespeech und fakenews etwa müssen in diesem Zusammenhang gesehen werden. Zum zweiten bedarf es einer neuen ethischen Diskussion über die Distribution von Inhalten, die sich heute nicht mehr auf die im Vergleich dazu relativ streng regulierte Distribution von Informationen in der prädigitalen Zeit via Massenmedien beschränkt. Vielmehr sind die genannten individuellen Nutzer sowie beliebige weitere soziale Akteure an der Distribution beteiligt; so entsteht ein weiterer eigenständig zu diskutierender ethischer Problembereich – man denke hier etwa an die Ethik viralen Marketings, an die Distribution von Memen oder Ähnliches. Lassen sich diese beiden neuen Bereiche ethisch begründeter Fragestellungen noch im Anschluss an die klassische inhaltsbezogene Medienethik behandeln, so gilt dies wahrscheinlich für einen dritten Bereich nicht mehr: Gerade Roboter können als passendes Beispiel dafür stehen, dass ethische Probleme neuer Art unabhängig von Medieninhalten und Medieninformationen auftauchen, wenn man an ihre Einsatzgebiete denkt – als Krieger und Umweltverschmutzer, als Wächter und Polizisten mit ihren Befugnissen auf Menschen, beispielsweise, sicherlich aber auch als Akteure im Auftrag spezifischer gesellschaftlicher Unternehmen, Gruppierungen und Klassen. Zu all diesen und entsprechenden weiteren Fragen muss die Gesellschaft Stellung beziehen, bevor die Politik vorschnell erlaubt, was sie eigentlich nicht recht überblickt.

Ein spezifisches Beispiel für solche Fragen lässt sich hier auch aus dem Projekt WALDI gewinnen. Dieses ist insofern auch Mediatisierungsforschung, als dass es in seiner rekonstruktiven Anlage aufzeigt, in welche Richtung sich heute die Digitalisierung entwickelt:

Der artifical companion WALDI, kreiert von Sony in den 1990er Jahren des letzten Jahrhunderts, war nicht darauf ausgerichtet, Menschen zu beobachten und möglichst viele Datenspuren im Netz an die Hersteller des Produkts AIBO oder an andere in den Netzen tätige Interessenten zu vermitteln, obwohl er technisch hervorragend dafür geeignet gewesen wäre: er besitzt zahlreiche Sensoren, inklusive Kamera und Mikrofon und ein „Gedächtnis", das nicht einfach speichert, sondern gerade auch Daten über die Familie, in der er lebt, speichern und zuordnen kann und soll. Und er besitzt einen Internetanschluss, über den er all diese gesammelten Daten an seine Auftraggeber weitergeben könnte. Während heute so gut wie jede App und jedes Computerprogramm – von der internen Suchfunktion auf Apple

Computern bis zur Android Taschenlampe – und zunehmend auch jedes computergesteuerte Gerät von Microsofts Spielkonsole bis hin zum Samsung Fernseher im Wohnzimmer und zur Barbiepuppe alle beobachtbaren Daten, auch wenn das Gerät vom Nutzer ausgeschaltet ist, speichert und weiter vermittelt, war der AIBO auf eine Nutzung seiner Fähigkeiten nicht im Sinne der Hersteller, sondern der betreuten Personen hin angelegt.[7]

Insofern ist die derzeitige Entwicklung der digitalen Netze nicht mehr auf eigenständige ‚autonome' Maschinen hin ausgerichtet. Stattdessen entstehen zunehmend funktionale Maschinen, die wie etwa Apples Siri in Echtzeit von Computernetzen gesteuert werden bzw. die deren Kapazitäten und Rahmenentscheidungen benötigen, um der komplexen Wirklichkeit mit ihrem Entscheidungsbedarf einigermaßen ‚intelligent' gegenübertreten können – das hat für die Hersteller bzw. Organisatoren den immensen Vorteil, dass auch soziale und emotionale Verbindlichkeiten hergestellt und Daten gesammelt und ausgewertet, und insgesamt die dabei stattfindenden Prozesse von ihnen beeinflusst werden können: Die ‚Begegnung von Mensch und Maschine' beruht damit heute nicht mehr auf den lokal vorhandenen Rechenkapazitäten und kann folglich ohne Berücksichtigung von Mediatisierung als Vernetzung aller ‚Dinge' mittels Computernetzen nicht mehr angemessen verstanden werden. Heute muss man vermutlich am besten für ein Gesetz plädieren, das festlegt, dass jeder Roboter, ähnlich wie eine Zigarettenschachtel, einen Aufkleber bekommt, dass man schweren Nachteilen ausgesetzt sein wird, wenn man sich nicht augenblicklich entfernt.

Wenden wir uns nun der Benennung weiterer ethischer Probleme der digitalen computergesteuerten Infrastruktur zu, soweit sie aus dem Mediatisierungsansatz für Roboter ableitbar sind.

Die digitalen Medien und insbesondere Roboter gelten heute als innovativ, zukunftsträchtig und hilfreich, sie liegen im Trend. Künstliche Intelligenz und Roboter wecken auch viele Hoffnungen auf gigantische Geschäfte: Wer wird das Modell T der Robotik entwickeln, wer Zulieferer sein? Kritische Überlegungen bleiben dabei leicht auf der Strecke, sie können zudem zum Teil erst im Nachhinein begründet werden, wenn klar ist, welchen Entwicklungspfad die Robotik als Teilentwicklung von Mediatisierung in einer Gesellschaft einschlägt. Wie absurd manche Erwartungen sind, hat sich schon in den 1960er Jahren gezeigt, nachdem Joseph Weizenbaum sein bahnbrechendes Dialogprogramm ELIZA entwickelt hatte, das in Form einer nondirektiven Gesprächstherapie mit Menschen „kommuniziert" (Weizenbaum 1983) – nur durch die Verwendung einzelner Begriffe und

---

7 Ende 2017 hat Sony eine neue Version des AIBO auf den Markt gebracht, die nun ständig an die cloud von Sony angeschlossen werden muss.

typischer Fragen, ohne irgend etwas zu verstehen. Damals wurde von begeisterten Anhängern dieses Software-Roboters vorgeschlagen, eine Art Netz von Telefonzellen mit Computern aufzustellen, die den Menschen gegen ein paar Dollar überall und jederzeit ein psychotherapeutisches Gespräch ermöglichen (zitiert nach Weizenbaum 1983, S. 18). Daran erinnert heute die neulich via Presse verbreitete Idee, doch im Hinblick auf die kommenden Roboter das Rentensystem abzuschaffen, stattdessen sollen sich alle Arbeitnehmer von den ersparten Geldern dann einen Roboter kaufen, den sie vermieten können; zu befürchten ist allerdings, dass die Wirtschaftslobby erst einmal die Abschaffung des Rentensystems durchsetzt und dann aber natürlich keineswegs eine ausreichende Wertschöpfungssteuer zulässt, die das ausgleicht. Auch die Staaten lassen sich angesichts ihrer Bemühungen um Arbeitsplätze anscheinend von den mit der Robotik verbundenen Hoffnungen blenden und geben beispielsweise ihre Verantwortung für sicheren Verkehr im Falle selbstfahrender Autos ab, indem sie Strecken dafür freigeben, ohne dass bisher geklärt ist, wie groß und dauerhaft erwartbare Schäden sein werden und wer dafür haftet. Die Alternative wäre, selbstfahrende Autos genauso zu behandeln wie neu entwickelte Medikamente: die Hersteller müssten nachweisen und garantieren, dass ihre immer optimistischen Voraussagen eintreffen, und der Staat das kontrollieren. Sonst werden die Verbraucher wie bei den derzeit ausgehandelten Vereinbarungen über die zunehmend per Auto gesammelten Daten, die an Firmen weitergeleitet werden dürfen, über den Tisch gezogen, obwohl ihre Autos eigentlich ihnen gehören.

Von erheblicher Bedeutung für die bisherige und weitere Entwicklung und damit auch für ethische Fragen ist die Organisation der sich entwickelnden computergesteuerten Infrastruktur, zu der auch die Produkte der Roboterindustrie gerechnet werden müssen. Generell ist hier zu sagen, dass sich bei der Ausgestaltung dieser Infrastruktur die Interessen der Nutzer und die Interessen der Hersteller relativ deutlich gegenüber stehen. Bisher scheinen sich vor allem die großen internetaffinen Firmen durchgesetzt zu haben, die einerseits alles auf die Straße bringen können, was sie konstruieren, und andererseits Zugriff auf die dabei entstehenden Daten haben. In eine ähnliche Richtung weisen die für selbstfahrende Autos derzeit gültigen Regeln, etwa die, dass Fahrerinnen und Fahrer jederzeit in der Lage sein müssen, binnen Sekunden das Kommando zu übernehmen, wenn es um kritische Situationen geht, aber auch, wenn die Selbststeuerung sich abmeldet. Damit sind Herstellerfirma und Robotsystem entlastet, anscheinend unabhängig davon, ob der Mensch hinter dem Steuer eine realistische Chance hat, dann noch einzugreifen. So werden die, die sich ein derartiges Auto kaufen, vom Gesetzgeber zu Versicherungsanstalten für die Autoindustrie gemacht, während Fußgänger und sonstige Verkehrsteilnehmer, wie oben bereits erläutert, als Übungsobjekte der Maschinen herhalten.

Auch selbstlernende Computer lösen dieses Problem nicht: Lernen heißt, aus Fehlern zu lernen, und damit, Fehler zu machen. Derartige Regeln und derartige Experimentierfelder verlangen eigentlich, dass solche Maschinen einen eigenen, getrennten Gleiskörper haben, ähnlich wie Eisenbahnen, und dass die Unternehmen Sicherheit garantieren, während der Staat wie im Bereich der Pharmazie die Normensetzung und die Kontrolle übernimmt. Andernfalls werden viele Politiker und sonstige Verantwortliche viele Erklärungen abgeben müssen, warum Kinder oder Erwachsene auf öffentlichen Straßen kaum noch erwünscht sein werden. Microsofts Talkbot Tay, der innerhalb weniger Stunden Rassismus und Antisemitismus lernte, ist noch ein eher harmloses Beispiel für missglückte „Lernprozesse" von Computern. Auch ist kaum vorstellbar, dass es Sinn macht, Roboter über Leben und Tod entscheiden zu lassen, ohne das Zustandekommen derartiger Entscheidungen noch rekonstruieren zu können – von Kriegsrobotern, die ja töten lernen müssen, und kriminellen Hackern, die in solche Computersysteme eingreifen können, hier einmal ganz abgesehen.

Derartige Überlegungen sind erst recht von Bedeutung, wenn man Ulrich Becks Konzept einer *reflexiven Modernisierung* (Beck et al. 1996) ernst nimmt, wonach in komplexen technischen Systemen immer unbeabsichtigte Nebenfolgen auftreten. Dass derartige Beobachtungen als reflexive Mediatisierung auch bei Geschäftsmodellen von Internetfirmen auftreten, haben Studien im Rahmen des DFG-Schwerpunktprogramms „Mediatisierte Welten" ergeben (Möll und Hitzler 2017; Grenz und Pfadenhauer 2017, vgl. auch www.mediatisierteWelten.de). Denn an Internetbedingungen angepasste Geschäftsmodelle tendieren dazu, ihre eigenen Voraussetzungen zu kannibalisieren, weil Unternehmen in der Planung unbeabsichtigte Nebenfolgen in der Regel nur als vernachlässigbare Sonderfälle berücksichtigen. Hinzu kommt hier, dass Computertechnik und Programme ständig weiter entwickelt werden müssen, weil sich die Computersysteme immer weiter entwickeln und so einerseits Eingriffe von außen möglich werden, bessere Angebote von Konkurrenten auf dem Markt erscheinen werden oder das Geschäftsmodell so erfolgreich wird, dass die Kunden es vorsichtshalber meiden, weil sie sich über den Tisch gezogen fühlen. Beispielsweise ersetzten Poker-Websites die fehlende gegenseitige Face-to-face-Beobachtung der SpielerInnen durch statistische Informationen über die üblichen Strategien der Mitspieler, aber diese Datensammlungen wurden dann mit zunehmender Anzahl von Informationen so differenziert, dass Anfänger keine Chance mehr hatten, sie zu benutzen und so immer verloren (Möll und Hitzler 2017). Auf diese Weise entwickeln sich stets neue technische Eingriffsmöglichkeiten von außen in Programme oder auch Betrugsversuche, je komplexer Wettprozesse oder Finanztransaktionen werden, um nur einige von Möll und Hitzler untersuchte Beispiele zu benennen. In der zusammenfassenden Darstellung von Grenz und

Pfadenhauer (2017) wird deutlich, dass unter derartigen Bedingungen im Rahmen des Mediatisierungsprozesses keine stabilen Verhältnisse entstehen können; eine derartige *strukturelle kontinuierliche Unsicherheit* im Straßenverkehr, in den Konkurrenten und Hacker eingreifen können, nicht kompatible Systeme Daten auszutauschen versuchen und unterschiedliche Computergenerationen oder auch getunte Programme gleichzeitig operieren, – der Millenium-Error ist ein mildes Beispiel dafür – ist im Verkehr undenkbar.

Die digitale Infrastruktur eignet sich im Übrigen hervorragend als Ziel für wie als Instrument von Kriegsführung. Als Ziel kann sie dienen, weil eigentlich jede Gesellschaft inzwischen auf vielen Ebenen vom Internet abhängig ist. Als Instrument kann sie fungieren, weil hier Unternehmen und Staaten vergleichsweise unbeobachtet Techniken als Waffen einschleusen und erproben können, deren Konsequenzen sie letztlich allerdings wohl kaum überblicken – so ist dies bei Drohnen wie bei Trojanern und anderer Schadsoftware gelaufen, und was es sonst noch gibt und demnächst geben wird, lassen Waffenmessen aktuell nur erahnen.

Mit dem Computer hat sich in der Vergangenheit ein *universelles Vermittlungsinstrument zwischen den Menschen und alle seine sozialen Beziehungen, seine Arbeit und seinen Konsum geschoben,* das immer bedeutender wird und heute nicht nur verbindet, sondern auch abgrenzt und kontrolliert – je nach dem, wie die Menschen diese Infrastruktur nutzen und wer die Daten erhält, die diese Nutzungsweisen beschreiben. Mit dem autonomen Roboter als Begleiter des Menschen einerseits und von den Netzorganisatoren kontrollierter künstlicher Intelligenz andererseits wird dieses Vermittlungsinstrument zu einer festen Struktur, die sich zwischen den Menschen und seine Intentionen und die Effekte des sich daraus ergebenden Handelns schiebt, das auch die Internetgiganten mitgestalten.

Hinzu kommt: Wann immer zwei Menschen miteinander in einer symbolisch vermittelten Beziehung zueinander stehen, sind, wenn sie denn über Medien stattfindet, Dritte beteiligt, beispielsweise Telefonprovider, Chatveranstalter, Facebook etc., die zwar solche Beziehungen ermöglichen sollen, dabei aber ihre eigenen Interessen verfolgen: Wenn ein Telefonat, wie in Deutschland früher, per Anruf zu bezahlen ist, heißt es: „Fasse dich kurz". Wenn es nach Zeit zu bezahlen ist, schreit die Werbung: „Quatsch dich leer". Zusammen mit den inhaltlichen Vorgaben, wie sie etwa Facebook für seine Kunden festlegt, was sie zu tun und zu lassen haben, muss deshalb von einer *computerkontrollierten Infrastruktur* die Rede sein. Dahinter können sich die Unternehmen mit ihrer Definitionsmacht verstecken, ebenso, wie sich einzelne Menschen, was ihr Handeln und ihre Verantwortlichkeit angeht, in Zukunft hinter ihren Robotern verstecken können. Zu einer demokratischen Gesellschaft trägt wohl beides nicht bei. Natürlich sind dies längst nicht alle Probleme, die mit der Entwicklung der Robotik verbunden sind, gleichwohl sind es eine Reihe von Problemen, derer sich die Ethik annehmen muss. Aber welche Ethik, und wie? Dazu einige Überlegungen im abschließenden Teilkapitel.

4 Folgerungen über Ethik

Wir halten hier abschließend zwei zentrale Überlegungen fest, die aus den obigen Sachverhalten abgeleitet werden können, in der Hoffnung, dass diese für die weitere gesellschaftliche und auch wissenschaftliche Diskussion hilfreich sind. Diese Hoffnung beruht auch darauf, dass diese Überlegungen nicht nur auf der Analyse einzelner Phänomene beruhen, sondern auch theoretisch gestützt werden können.

Erstens besteht die Notwendigkeit einer klaren Unterscheidung zwischen Menschen und Robotern, insbesondere im Hinblick auf Kommunikation und Datenübertragung.

Dies kann auf einer phänomenologischen Ebene zunächst direkt begründet und dann wissenschaftlich abgesichert werden: *Menschen* können fühlen und denken, handeln aus subjektiven Sinnbezügen heraus und kommunizieren mit anderen Menschen auf spezifisch menschliche Weise. Dazu müssen sie die jeweiligen Kommunikate ihres Gegenübers, die sie rezipieren, kontextbezogen interpretieren, um dann auf dieser Ebene Antworten zu entwickeln. Dabei steht als entscheidendes Kriterium das wechselseitige Verständnis im Mittelpunkt, das mindestens verlangt, dass jeder der Beteiligten die Kommunikate als zum Gespräch zugehörig und als mögliche Antwort versteht. Damit besteht prinzipiell die Möglichkeit, dass die Kommunikation fortgeführt wird, was auch beinhaltet, dass etwaige Missverständnisse oder voneinander abweichende Kontextbezüge der Beteiligten in ihren jeweiligen Interpretationsprozessen und bei der Herstellung von situationsbezogenen weiteren Kommunikaten erkannt, behoben oder mindestens in die Kommunikation einbezogen werden.

Maschinen dagegen kommunizieren nicht auf diese Art. Sie tauschen vielmehr Daten aus, wie beispielsweise Faxgeräte, oder auch Telefonapparate, die dazu erst Stimme in Daten und am Ende Daten wieder in Stimme transformieren müssen. Dabei kommt es bei Maschinen im Gegensatz zum Menschen nicht auf Verstehen und auf Interpretationskontexte an, sondern auf Fehlerfreiheit bei der Übertragung – was dann damit passiert, ist davon unabhängig. Auch kommunizieren Maschinen nicht auf der Grundlage von Motiven oder Sinnkonstruktionen, sondern auf der Basis von Programmen und Teilmodulen, die als Befehlslisten zu begreifen sind und die unter bestimmten Bedingungen gestartet werden. Dementsprechend unterscheiden sich menschliche Kommunikation und der Datenaustausch zwischen zwei Maschinen auf fundamentale Weise. Insofern sollte man Maschine-Maschine-Kontakte eben auch nicht als Kommunikation, sondern als Datenübertragung bezeichnen. Über derartige Maschine-Maschine-Datenübertragungen hinaus können *artificial companions* und einige andere Robotertypen sich aber auch mit Menschen verständigen, ebenso, wie manche Menschen auch Maschinensprachen verwenden, etwa in Maschinensprache programmieren können. Das heißt aber nicht, dass Maschinen mit Menschen in dem Sinn kommunizieren, wie Menschen mit Menschen. Sie simulieren vielmehr, wie im ersten Abschnitt dieses Textes bereits ausgeführt, menschliche Kommunikation: Sie übersetzen algorithmisch hergestellte Folgerungen in eine Form, in der sie Menschen mitgeteilt werden können, und rufen dazu im Prinzip ein Subprogramm auf, das eine mehr oder weniger umfassende Menge von Aussagen ausdrücken kann, aus der dann die entsprechende Aussage ausgewählt und dann mittels eines Sprachprogramms in menschlich verstehbare Lautwellen oder andere wahrnehmbare Zeichen transformiert wird. Was die Maschine selbst sagt, versteht sie nicht, selbst dann nicht, wenn sie sich selbst zuhört, weil sie menschliche Sprache nicht versteht und so auch nicht prüfen kann, ob das, was sie sagt, das ist, was sie sagen will. Der Computer interpretiert folglich nicht, sondern bestimmt algorithmisch auf der Basis mathematischer, statistischer, logischer oder ähnlicher Vorgaben Schlussfolgerungen, die sich auf den Datensatz beziehen, und er denkt nicht im menschlichen Sinn, weil er in seinem technischen Inneren nur seine Daten sortieren, speichern, vergleichen und manipulieren kann, ohne dass dies aber den Charakter der Maschine verändert.

Dieser prinzipielle Unterschied lässt sich auch wissenschaftlich mit dem Bezug auf den *Symbolischen Interaktionismus in Anlehnung an George Herbert Mead* begründen (vgl. zum Folgenden Mead 1969, 1973; Schützeichel 2004, S. 87–110; Krotz 2007, S. 60–84; Shibutani 1955). Die zentrale Frage ist hier, wie Menschen miteinander in Beziehung stehen und damit die Basis für „das Soziale" legen. Die Antwort setzt in diesem Paradigma dann an der Art an, wie Menschen mit symbolisch vermittelten Interaktionen umgehen, die insbesondere natürlich alle Formen menschlicher Kommunikation umfassen. Dabei finden symbolisch vermittelte Interaktionen immer in gemeinsam hergestellten Handlungsrahmen statt, die wir Situationen nennen, und in denen jedes beteiligte Individuum eine spezifische Handlungsperspektive einnimmt. Die Folgen dieser Grundannahme reichen dann weit über konkrete Situationsbeschreibungen hinaus. Beispielsweise zeigt Mead, dass darüber die menschliche Fähigkeit zu Denken als Selbstgespräch entsteht, dass die Menschen dabei die Fähigkeit zur Empathie entwickeln müssen, um Kommunikation verstehen zu können, und dass darüber Emotion und Kognition zueinander in Verbindung gesetzt werden. Daran anknüpfend lässt sich dann weiter zeigen, dass so eine Ausdifferenzierung zwischen innerer erlebter und verarbeiteter Realität und äußerer Realität zustande kommt und im Übrigen auch wichtige personale Instanzen wie Bewusstsein und Selbstbewusstsein entstehen, weil Empathie als situative Übernahme der Handlungsperspektive des anderen Trennungen zwischen dem Blick auf den anderen und auf sich selbst in der Perspektive des anderen impliziert.

Mit derartigen philo- und individualgenetischen Prozessen, über die sich Menschsein in der Gesellschaft erst konstituiert[8], hat die Datenübertragung von Computern und Faxmaschinen nichts zu tun. Man kann ihnen zwar einprogrammieren, autonom zu erscheinen, Gefühle in den jeweiligen kulturell abhängigen Formen auszudrücken, scheinbar wie Menschen zu verstehen oder über menschliche personale Instanzen zu verfügen, aber all dies simulieren sie mit ihren Programmen nur. Die Differenz zwischen Mensch und Computer könnte nur aufgehoben werden, wenn auch Computer derartige innere Realitäten und dafür relevante Fähigkeiten konstituieren könnten – dafür gibt es aber derzeit keine Anhaltspunkte, weil diese Bedingung nicht durch funktionale Datenübertragung, sondern nur durch menschliche Kommunikation aufrecht erhalten wird. Damit soll freilich nicht bestritten werden, dass sich diese Differenz nicht entwickeln und verlagern kann, etwa dann, wenn Menschen sich zunehmend zu Robotern entwickeln.

Kommunikation wird also da zu Simulation, wo es nicht mehr darauf ankommt, dass sie auch dem Sprecher dazu dient, sich zu vergewissern, was er sagt, woran er damit appelliert, und wie er sich inszeniert; und das ist da nicht möglich, wo man sich nicht mehr zuhören, also sich selbst nicht mehr verstehen kann. Dementsprechend konstituiert Kommunikation den Menschen, aber Datenübertragung nicht den Roboter auf gleiche Weise, allenfalls könnten Programmierer versuchen, innere Instanzen zu programmieren, was aber punktuell und gleichzeitig selbst Simulation bleibt, weil es für den Roboter nicht funktonal ist.

Insgesamt kann man also wesentliche, den Menschen charakterisierende Besonderheiten nicht auf einen Computer übertragen. Deshalb sollte auch der im Hinblick auf menschliches Handeln entstandene Kommunikationsbegriff nicht auf Roboter überragen werden; hierfür wäre stattdessen eine eigenständige Sprechweise zu entwickeln.

Eine solche Sprechweise, und das ist die zweite abschließende Überlegung, könnte dann auf der Basis einer Klärung der Beziehungen zwischen Mensch und Computer entwickelt werden, die sowohl Gemeinsamkeiten als auch Unterschiede zwischen

---

8 Wir verweisen hier auf Shibutanis Aussage „The socialized person is a society in miniature" (Shibutani, 1955, S. 564), die sich durchaus mit Marx' sechster Feuerbachthese, dass das Individuum „das ensemble der gesellschaftlichen Verhältnisse" (Marx 1969, S. 5) sei, verträgt.

beiden Gattungen in den Blick nehmen muss. Diese Klärung müsste auf anthropologischer Grundlage – der Mensch als Ernst Cassirers (2007) „animal symbolicum", das sich in Jahrtausenden auch auf der Basis seines kommunikativen Handelns entwickelt hat – unternommen werden, weil sich so auch das Verhältnis zwischen dem Menschen als körperliches Naturwesen und symbolisches Wesen in einer symbolischen Umgebung klären lässt. Das Verhältnis dieser beiden Ordnungen, die gleichzeitig das Innen und Außen des Menschen bestimmen, ist in seiner konkreten Ausformung traditional und kulturell verwurzelt. Der Roboter dagegen erweist sich dann als eine von Menschen hergestellte symbolisch operierende Maschine, die für bestimmte Zwecke gemacht ist und dem Menschen einerseits auf der Ebene symbolischen Geschehens sowie als material wirksame Maschine als potentieller Konkurrent gegenübersteht, andererseits als hergestellte und zweckbestimmte Maschine von ihm abhängig ist. Das Wesentliche an diesem Unterschied ist dann zunächst einmal, dass der Bereich des Symbolischen im Sinne von Rath (in diesem Band) als medial durchdrungen begriffen werden muss, und damit insbesondere auch von der digitalen Infrastruktur für symbolische Operationen abhängt – in diesem Bereich lässt sich Ethik dann wohl als Erweiterung einer Medienethik begreifen. Wesentlich ist dann aber auch, dass auch Roboter über diese Infrastruktur eingebunden sind und damit von ihren Herstellern abhängig bleiben – bei aller Autonomie wird sich ein Roboter, auch wenn er privat gekauft wird, nicht dagegen wehren können, als Datenlieferant dienen zu müssen. Verantwortung kann eine Maschine aber nur übernehmen, wenn sie tatsächlich verantwortungsvoll handeln kann; dies hängt auch von dem Grad ihrer Autonomie ab.

Insofern lässt sich m. E. schließen, dass Roboter und ähnliche Maschinen zumindest auf absehbare Zeit nicht wirklich autonom operieren werden. Insofern können sie auch nicht für ihre Aktivitäten verantwortlich gemacht werden; weder die Hersteller noch die eventuellen Besitzer noch der Staat als der Garant für Rahmenbedingungen können sich so aus ihrer Verantwortung herausdefinieren. Da heute niemand weiß, wie weit Mediatisierungsprozesse in absehbarer Zeit führen und worauf sie gerichtet sein werden, bleibt festzuhalten, dass, wenn diese Bedingungen nicht mehr gegeben sind, neu überlegt werden muss. Dies ist vielleicht bei Robotersoldaten irgendwann der Fall[9]. Angesichts der Bedeutung derartiger Sachverhalte für die Menschheit insgesamt können Entscheidungen dieser Art dann aber auch nicht ohne Einbezug der Zivilgesellschaft entschieden werden.

---

9   Hier ist freilich zu berücksichtigen, das kapitalistisch orientierte Gesellschaften dazu neigen, Bevölkerungsteile zu vernichten, wenn sie nicht am Produktionsprozess teilnehmen – etwa wie die USA im Falle der Indianer oder heute, was die Schwarzen angeht, die nicht ohne Grund „Black live matters" betonen.

Literatur

Bainbridge, C. und Yates, C.(Hrsg.) (2014). *Media and the inner World. Psycho-cultural Approaches to Emotion, Media and Popular Culture*. Houndsmills, Basingstoke: Palgrave McMillan.
Beck, U., Giddens, A., Lash, S. (Hrsg.) (1996). *Reflexive Mediatisierung*. Frankfurt am Main: Suhrkamp.
Burkart, T., Kleining, G. und Witt, H. (Hrsg.) (2010). *Dialogische Introspektion: Ein gruppengestütztes Verfahren zur Erforschung des Erlebens*. Wiesbaden: VS.
Cassirer, E. (2007). *Versuch über den Menschen*. Hamburg: Felix Meiner
Döring, Nicola (2003). *Sozialpsychologie des Internet*. 2 Aufl. Göttingen: Hogrefe.
Eberwein, T., Karmasin, M., Krotz, F. und Rath, M. (Hrsg.) (forthoming). *Ethics in mediatized worlds*. Wiesbaden: VS.
Grenz, T. und Pfadenhauer, M. (2017). Kulturen im Wandel: Zur nonlinearen Brüchigkeit von Mediatisierungsprozessen. In Krotz, F., Despotovic, C. und Kruse, M. (Hrsg.), *Mediatisierung als Metaprozess. Transformationen, Formen der Entwicklung und die Generierung von Neuem* (S. 187–210). Wiesbaden: Springer VS.
Habermas, J. (1987). *Theorie kommunikativen Handelns*. 4. Aufl. Frankfurt am Main: Suhrkamp.
Habermas, J. (1990). *Strukturwandel der Öffentlichkeit*. 2. Aufl. Frankfurt am Main: Suhrkamp.
Hepp, A., Krotz, F. (Hrsg.) (2014). *Mediatized worlds. Culture and society in a media age*. London: Palgrave Macmillan.
Ichbiah, Daniel (2005). *Roboter. Geschichte_Technik_Entwicklung*. Knesebeck: München.
Karmasin, M. (2015). *Die Mediatisierung der Gesellschaft und ihre Paradoxien*. Wien: Facultas.
Kleining, G. (1995). *Lehrbuch entdeckende Forschung*. Hamburg: Rolf Fechner.
Krotz, F. (1995). *Elektronisch mediatisierte Kommunikation*. Rundfunk und Fernsehen 43, 445–462.
Krotz, F. (1998). Media, individualization and the social construction of reality. In Giessen, HW. (Hrsg), *Long term consequences on social structures through mass media impact* (S. 67–82). Berlin: Vistas, Berlin.
Krotz, F. (2001). *Die Mediatisierung kommunikativen Handelns. Wie sich Alltag und soziale Beziehungen, Kultur und Gesellschaft durch die Medien wandeln*. Opladen: Westdeutscher Verlag.
Krotz, F. (2005). *Neue Theorien entwickeln*. Köln: von Halem.
Krotz, F. (2007). *Mediatisierung. Fallstudien zum Wandel von Kommunikation*. Wiesbaden: VS.
Krotz, F. (2011). Rekonstruktion der Kommunikationswissenschaft: Soziales Individuum, Aktivität, Beziehung. In Hartmann, M. und Wimmer, J., (Hrsg.), *Digitale Medientechnologien* (S. 27–52). Wiesbaden: VS.
Krotz, F. (2014). Einleitung: Projektübergreifende Konzepte und theoretische Bezüge der Untersuchung mediatisierter Welten. In Krotz, F., Despotović, C. und Kruse, M. (Hrsg.), *Die Mediatisierung sozialer Welten. Synergien empirischer Forschung* (S. 7–32). Wiesbaden: Springer VS.
Krotz, F. (2015). Medienwandel in der Perspektive der Mediatisierungsforschung: Annäherung an ein Konzept. In Kinnebrook, S., Schwarzenegger, C. und Birkner, T., (Hrsg.): *Theorien des Medienwandels*. (S. 119–140). Köln: Herbert von Halem Verlag.

Krotz, F. (2017). *Explaining the mediatisation approach.* In Javnost 24, 2, 103–118. Also as open access: http://dx.doi.org/10.1080/13183222.2017.1298556

Krotz, F. (2017a). Mediatisierung: Ein Forschungskonzept. In Krotz, F., Despotovic, C. und Kruse, M. (Hrsg.). (2017), *Mediatisierung als Metaprozess: Transformationen, Formen der Entwicklung und die Generierung von Neuem* (S. 13–34). Wiesbaden: Springer VS.

Krotz, F. (2017b). Pfade der Mediatisierung: Bedingungsgeflechte für die Transformationen von Medien, Alltag, Kultur und Gesellschaft. In Krotz, F., Despotovic, C. und Kruse, M. (Hrsg.). (2017), *Mediatisierung als Metaprozess: Transformationen, Formen der Entwicklung und die Generierung von Neuem* (S. 347–364). Wiesbaden: Springer VS.

Krotz, F., Despotović, C., Kruse, M. (Hrsg.) (2014). *Die Mediatisierung sozialer Welten. Synergien empirischer Forschung.* Wiesbaden: Springer VS.

Krotz, F., Despotovic, C. und Kruse, M. (Hrsg.) (2017). *Mediatisierung als Metaprozess: Transformationen, Formen der Entwicklung und die Generierung von Neuem.* Wiesbaden: Springer VS.

Krotz, F., Hepp, A. (Hrsg.) (2012). *Mediatisierte Welten: Forschungsfelder und Beschreibungsansätze.* Wiesbaden: Springer VS.

Lundby K (Hrsg) (2014). *Handbook mediatization of communication.* Berlin/Boston: De Gruyter.

Lundby, K. (Hrsg.) (2009). *Mediatization. Concept, changes, consequences.* New York: Peter Lang.

Marx, K. (1969). Thesen über Feuerbach. In Marx, Engels Werke, Bd. 3. *Die deutsche Ideologie* (S. 5–7). Berlin: Dietz.

Mead, George Herbert (1969). *Philosophie der Sozialität.* Frankfurt am Main: Suhrkamp.

Mead, George Herbert (1973a). *Geist, Identität und Gesellschaft.* Frankfurt am Main: Suhrkamp

Möll, G. and Hitzler, R. (2017). Zwischen spekulativen Strategien und strategischen Spekulationen. Zur reflexiven Mediatisierung riskanter Geldverausgabung. In Krotz, F., Despotovic, C. und Kruse, M. (Hrsg.), *Mediatisierung als Metaprozess: Transformationen, Formen der Entwicklung und die Generierung von Neuem* (S. 211–232). Wiesbaden: Springer VS.

Pfadenhauer, M. (2017, im Druck). Zur Attraktivität von artificial Companions. Über die Wirkung digitaler Technik. In Kalina, W., Krotz, F., Rath, M. und Roth-Ebner, C.E (Hrsg.), *Mediatisierung und Gesellschaft.* Baden-Baden: Nomos.

Rath, M. (2014). *Ethik der mediatisierten Welt. Grundlagen und Perspektiven.* Wiesbaden: VS.

Schicha, C. und Brosda, C. (Hrsg.) (2010). *Handbuch Medienethik.* Wiesbaden: VS.

Schützeichel, R. (2004). *Soziologische Kommunikationstheorien.* Konstanz: UVK.

Shibutani, Tamotsu (1955). Reference Groups as Perspectives. *American Journal of Sociology* LX, S. 562–569; auch in: Manis, J. G. und Meltzer, Bernard N. (Hrsg.) (1967). *Symbolic Interaction. A Reader in Social Psychology* (S. 159–170). Boston: Allyn and Bacon.

Strauss, A. (1978). A social world perspective. In *Studies in Symbolic Interaction* 1, S: 119–128.

Strauss, A. (1984). Social worlds and their segmentation processes. In *Studies in Symbolic Interaction* 5, S. 123–139.

Weizenbaum, J. (1982). *Die Macht der Computer und die Ohnmacht der Vernunft.* Frankfurt am Main: Suhrkamp.

Automatisierung, Algorithmen, Accountability
Eine Governance Perspektive

Florian Saurwein

1 Algorithmen im Internet: Anwendung, Einfluss, Risiken

Entwicklungen in Wirtschaft und Gesellschaft unterliegen weitreichenden Veränderungen, die unter anderem durch Digitalisierung, mobile Kommunikation, Big Data, künstliche Intelligenz und Algorithmen geprägt werden. Dabei gewinnen Prozesse automatisierter, algorithmischer Selektion (Latzer et al. 2014, 2016) immer mehr an Bedeutung, denn sie bilden den technologischen und funktionalen Kern einer Vielzahl von Internetanwendungen wie Suchmaschinen, Nachrichten-Aggregatoren, Empfehlungs- und Bewertungssysteme, Beobachtungs- und Prognoseanwendungen. *Algorithmische Selektion* ist ein softwarebasierter Prozess, der Elementen mittels automationsgestützter, statistischer Bewertung extern generierter Datensignale Relevanz zuweist. Dabei steht Selektion für die Auswahl oder Auslese von Elementen aus einer Gesamtheit sowie deren Strukturierung, Ordnung und Sortierung durch Relevanzzuweisung, zum Beispiel in Form von Rankings. Dieser Selektionsprozess basiert auf Algorithmen, verstanden als schrittweise, präzise Verfahren bzw. abstrakte Programmabläufe zur Lösung von Problemen, die als Programme in Form von Software eingesetzt werden und die Automatisierung der Selektionsprozesse ermöglichen.

Die gesellschaftliche Relevanz algorithmischer Selektion resultiert aus der Durchdringung vielfältiger Wirtschafts- und Gesellschaftsbereiche mit Algorithmen und aus dem Einfluss, den diese ausüben. Algorithmen sind ubiquitär und werden in unterschiedlichsten Anwendungsfeldern wie im E-commerce/Handel, im Börsen- und Versicherungswesen, in den Bereichen soziale Interaktion, Sicherheit/Überwachung, Politik, Bildung/Wissenschaft, Logistik/Verkehr, in der Arbeitsplatzvermittlung und im Gesundheitswesen eingesetzt (Steiner 2012a; Latzer et al. 2014). Algorithmen analysieren Daten, weisen Informationen Relevanz zu und strukturieren Informations- und Kommunikationsprozesse. Sie bestimmen, ob und wem Informationen im Internet angezeigt werden (Bucher 2012; Beam 2014; Somaya 2014). Damit tragen Sie zur Konstruktion von Realitäten bei (Just und Latzer 2017), prägen unseren Geschmack, unsere Kultur und gelten als eine Quelle sozialer Ordnung (Beer 2013; 2016). In einigen Anwendungsbereichen treffen Algorithmen selbst Entscheidungen und bestimmen über die Verteilung von Ressourcen, zum Beispiel im Hochfrequenzhandel an den Börsen (Algo-Trading) und bei der automatisierten Werbung im Internet (Computational Advertising). Mitunter übernehmen Algorithmen Risikoabschätzungen, die relevanten Entscheidungen zugrunde gelegt werden, wie der Vergabe von Darlehen (Credit Scoring).

Algorithmen übernehmen auch *Führungsaufgaben*. So wurde u. a. berichtet, dass Hitachi ein künstlich-intelligentes System betreibt, das Arbeitsprozesse analysiert und Angestellten Tätigkeiten automatisiert zuweist (Lobe 2016). Auf Basis algorithmischer Operationen werden Dienstleistungsaufträge auf Plattformen wie dem Taxidienst Uber zugeteilt. Damit wird der Algorithmus gleichsam zum Vorgesetzten (O'Conner 2016). Der Risikokapital Fond Deep Knowledge Ventures hat einen Algorithmus in seinen Vorstand gewählt. Das Programm mit dem Namen Vital analysiert Markt- und Unternehmensdaten und gibt Empfehlungen für oder gegen Investments in Firmen im Life Science Sektor (Wile 2014). Oft wird darauf hingewiesen, dass Software, Computercodes und Algorithmen eine regulierende Wirkung entfalten (Manovich 2013; Gillespie 2014; Ananny 2016; Pasquale 2015). Im wissenschaftlichen Diskurs wird von der Steuerung durch Algorithmen *(Governance-by-Algorithms)* gesprochen (Just und Latzer 2017). Auch Schlagworte wie „Algorcracy" (Danaher 2016) und „Algorithmic Culture" (Striphas 2015) verweisen auf die Prägung der Gesellschaft durch Algorithmen.

Algorithmen sind vielseitig einsetzbar und gleichen digitalen Alleskönnern. Sie berechnen die Relevanz von Webseiten, sortieren Nachrichtenbeiträge, empfehlen Bücher, Musik und Partner, bestimmen Preise, die Platzierung von Werbung und Reiserouten, ermitteln die Reputation von Personen und Firmen, prognostizieren Straftaten und das Abstimmungsverhalten bei Wahlen und vollziehen eine immense Anzahl an Transaktionen in hoher Geschwindigkeit. Mit diesem breiten Spektrum an Funktionen stiften Algorithmen vielfältigen Nutzen. Auf der anderen Seite sind algorithmisch-selektive Prozesse von etlichen Risiken begleitet, denen in öffentlichen Debatten immer mehr Aufmerksamkeit entgegengebracht wird. Zu den Risiken zählen gemäß Latzer et al. (2014): Manipulation, Diskriminierung, Verzerrungen, die Verletzung von Privatsphäre und Urheberrechten, der Missbrauch von Marktmacht und der Verlust an menschlicher Kontrolle durch die zunehmende Selbständigkeit automatisierter Anwendungen. Diese Risiken verweisen zum Teil auf ethische Normen (Fairness, Transparenz, Wahrheit, Menschlichkeit), die durch automatisierte algorithmische Selektion verletzt werden können. „‚Algorithmus' war einmal ein unschuldiges, ein bisschen langweiliges Wort, so ähnlich wie ‚Grammatik' oder ‚Multiplikation'" schreibt Kathrin Passig (2012) in einem Beitrag für die Süddeutsche Zeitung, doch mittlerweile sei Algorithmus „auf dem besten Weg zum Schulhofschimpfwort". Mit der populärwissenschaftlichen und journalistischen Aufmerksamkeit sind Algorithmen im gesellschaftlichen Risikodiskurs angekommen.

Vielfach problematisiert werden *Verletzungen der Privatsphäre* und *soziale Diskriminierung* durch algorithmische Selektion. So sammeln Onlineshops und Datenbroker systematisch und umfassend Benutzerdaten (Spiekermann und Christl 2016). Auf Basis der Daten bieten Shops nicht nur personalisierte Empfehlungen und passgenaue Werbung, sondern betreiben auch dynamische Preisgestaltung, mit der je nach Standort-, Geräte- oder Browserinformation gleiche Produkte zu unterschiedlichen Preisen angeboten werden. Im Kredit- und Versicherungswesen werden Algorithmen eingesetzt, mit denen Risiken anhand biographischer, wirtschaftlicher und verhaltensbezogener Daten beurteilt werden (Christl 2014), wodurch es zu sozialen Sortierungen kommt (Lyon 2003). Zuletzt wurden problematische Verzerrungen aufgrund der Diskriminierung Schwarzer bei Prognosen für die Rückfälligkeit bei Straftaten festgestellt (Angwin et al. 2016). Von hoher gesellschaftlicher Brisanz ist der Trend in Richtung permanentes Scoring (Citron und Pasquale 2014; Schirrmacher 2014) beispielsweise durch automatisierte Arbeitsplatzüberwachung und Leistungskontrolle (Rosenblat et al. 2014; Ajunwa 2016). Als besorgniserregend werden auch Entwicklungen im autoritären China gesehen, wo mittels breitflächigem Social Scoring Werte für alle Bürgerinnen und Bürger auf Basis der Internetnutzung ermittelt werden sollen (Citizen Scores), die über Kreditkonditionen, Jobs und Reisevisa bestimmen (Storm 2015). In westlichen Demokratien werden Filterblasen und Echo-Kammern in sozialen Netzwerken problematisiert, die u. a. auf algorithmische Selektion zurückgeführt werden (Pariser 2011). Im Kontext von Wahlkämpfen werden zudem die Intransparenz und manipulative Effekte durch die automatisierte Generierung und Verbreitung von Nachrichten und Meinungen durch Social Bots (Murthy et al. 2016) und durch datengetriebene Strategien zur personalisierten Wahlwerbung, das sogenannte Micro-Targeting, kritisiert (Berger 2016).

Als weitere Risikobereiche gelten die Verselbständigung der Technik, die unüberschaubaren Wechselwirkungen in automatisierten Prozessen und die zunehmende gesellschaftliche Unkontrollierbarkeit. Vor allem die Gefahr eines Souveränitätsverlustes des Menschen und der zunehmenden *Fremdbestimmung* durch Computer und Technik wird in journalistischen und populärwissenschaftlichen Beiträgen häufig aufgegriffen. Zuletzt warnten namhafte Technologie-Pioniere wie Elon Musk (Tesla),

Bill Gates (Microsoft), Steve Wozniak (Apple) und Stephen Hawking vor künstlicher Intelligenz als einer Gefahr für die Menschheit (Cellan-Jones, 2014). „Algorithms are taking over the world", sagt Christopher Steiner (2012) in einem TED Talk. Laut Kevin Slavin (2011) leben wir in einer Welt, die zunehmend für Algorithmen gestaltet und von Algorithmen kontrolliert wird. In Deutschland problematisierte Frank Schirrmacher (2013) die Verschiebung der Entscheidungsmacht weg von Menschen hin zu Maschinen. Dirk Helbing (2015) spricht von der „Automatisierung der Gesellschaft", die im schlimmsten Fall zu einer digitalen Feudalisierung mit totalitären Zügen führen kann. In der journalistischen Auseinandersetzung mit populärwissenschaftlichen Beiträgen wird zugespitzt von der Herrschaft oder der Diktatur der Daten, der Allmacht der Monstercomputer und dem Totalitarismus einer digitalen Maschinenwelt gesprochen. Zur Illustration der Risiken werden mitunter hypothetische Beispiele herangezogen und mögliche problematische Entwicklungslinien skizziert, aber nicht immer lassen sich die Befürchtungen bereits mit empirischer Evidenz untermauern. Über die praktische Relevanz der Gefahren und Risiken besteht daher nur wenig Einigkeit.

2 Algorithmen und Verantwortung: Theoretische Perspektiven und praktische Herausforderungen

Verbreitung, Einfluss und Risiken algorithmischer Selektion führen zur Frage, wie Algorithmen im gesellschaftlichen Interesse gestaltet und kontrolliert werden können. Dabei ist es zum einen der starke Einfluss von Algorithmen, der nach einem verantwortungsvollen Umgang mit dieser Macht und einer adäquaten Kontrolle verlangt. Zum anderen sind es die Risiken von algorithmischer Selektion, die den Ruf nach regulatorischen Reaktionen lauter werden lassen und als Rechtfertigungen für Governance in Form von politisch-regulatorischen Eingriffen oder alternativen Formen institutionalisierter Steuerung (z. B. Selbstregulierung, Ko-Regulierung) herangezogen werden. Fehlentwicklungen und Schäden werfen Fragen der Verantwortung und Haftung auf. Die Governance von Algorithmen (z. B. Barocas et al. 2013; Saurwein et al. 2015; Ziewitz 2016) und Fragen der Accountability (z. B. Diakopoulos 2015; Neyland 2016) sind eng miteinander verknüpft und zählen zu wichtigen Themen im Zuge der Verbreitung von algorithmischer Selektion.

Dabei beschreibt der Begriff Accountability die Bereitschaft oder Verpflichtung, Verantwortung zu übernehmen, verantwortungsvoll zu handeln und Rechenschaft abzulegen. Accountability kann als Mechanismus verstanden werden (Bovens 2010), der über die organisatorische Festlegung von Zuständigkeits- und Verantwortungsbereichen und rechtliche Verursachungs- und Haftungsfragen (Responsibility, Liability) hinausgeht und eine starke *kommunikative Komponente* beinhaltet, die sich mit Rechtfertigung, Rede-und-Antwort-Stehen oder „sich erklären" gut beschreiben lässt. Bovens (2007, S. 450) definiert Accountability als „a relationship between an actor and a forum, in which the actor has an obligation to explain and to justify his or her conduct, the forum can pose questions and pass judgement, and the actor has to face consequences." In der politikwissenschaftlich orientierten Accountability-Forschung wird in der Regel gefragt, wer wem gegenüber wofür verantwortlich ist (Scott 2000, S. 41). Als Relationselemente von Verantwortung gelten mit Sombetzki (2016, S. 3f.) die VerantwortungsträgerInnen (Subjekte), Handlungen und Handlungsfolgen, für die Verantwortung übernommen wird (Objekte), Verantwortungsinstanzen wie Gerichte mit mehr oder weniger starken Sanktionsfähigkeiten, Adressaten als Betroffene der fraglichen Verantwortlichkeit (z. B. Geschädigte) und jene normativen Kriterien, die den Maßstab für die Zuschreibung von Verantwortung bilden, z. B. in Form von Werten, Prinzipien, Geboten, Gesetzen oder Pflichten. In funktionaler Hinsicht kann Accountability verschiedene Zwecke erfüllen. So ist mit Fisher (2014, S. 510) Accountability ein Mittel, um das Verhältnis zwischen Institutionen zu konkretisieren, Funktionen und Zuständigkeiten abzugrenzen, Macht zu kontrollieren, Legitimität zu stärken und Demokratie zu fördern.

Für Algorithmen werden Überlegungen zu Fragen der Verantwortlichkeit unter dem Schlagwort *algorithmic accountability* angestellt (z. B. Rosenblat et al. 2014; Diakopoulos 2015; Ananny 2016; Binns 2017), wobei häufig Fragen der Offenheit und Transparenz thematisiert werden. „Zumindest theoretisch sollen Algorithmen, ihre Autorenschaft und Konsequenzen durch jene in Frage gestellt werden können, die von algorithmischen Entscheidungen betroffen sind" (Neyland 2016, S. 51). Diakopoulos und Friedler (2016) schlagen Verantwortlichkeitsprinzipien für Algorithmen vor und listen dabei Verantwortung und Zuständigkeit (responsibility), Überprüfbarkeit (auditability), Verständlichkeit und Erklärbarkeit (explainability), Gerechtigkeit (fairness), Genauigkeit & Sorgfältigkeit (accuracy) (eigene Übersetzung) auf. Häufig wird festgehalten, dass in der Praxis hinsichtlich von Governance und Verantwortlichkeiten im Bereich von Algorithmen noch erhebliche Defizite bestehen: Kroll et al. (2016) stellen fest, dass Verantwortungsmechanismen und rechtliche Standards, mit denen automatisierte Entscheidungsprozesse kontrolliert werden sollten, mit dem technischen Fortschritt nicht Schritt halten. Ananny (2016) argumentiert, dass existierende Ansätze für Verantwortlichkeit im Mediensektor, die von stabilen Technologien und klaren Fragestellungen ausgehen, durch die dynamische und umstrittene Natur „algorithmischer Assemblages" überholt und obsolet werden. Liisa Jaakonsaari (2016), Mitglied des Europäischen Parlaments kritisiert, dass es keine Gesetzgebung, kein Best Practice und keine Anleitungen für Verantwortlichkeit und Transparenz bei Algorithmen gibt und fragt, mit welchen Vorhaben die Europäische Kommission Verantwortlichkeit und Transparenz bei Algorithmen verbessern will.

Für solche Lücken und Defizite in Verantwortlichkeitsstrukturen und für Verspätungen bei Governance-Reaktionen gibt es vielfältige Gründe wie a) die Intransparenz und Komplexität von algorithmischen Anwendungen, b) die Fragmentierung und Heterogenität der involvierten Branchen, c) die zunehmende Autonomie der technischen Systeme und d) die daraus resultierende Verteilung von Handeln zwischen Mensch und Technik.

Die Kontrolle von Algorithmen wird dadurch erschwert, dass Algorithmen nicht ohne weiteres für jeden Anwender und jede Instanz zugänglich sind. Algorithmische Selektion operiert oft auf Basis *intransparenter Auswahl- und Ordnungsprozesse*. Algorithmen sind häufig Geschäftsgeheimnisse der Unternehmen und die Codes deshalb nicht öffentlich einsehbar. Zudem sind Algorithmen für Laien meist nicht verständlich und viele Betroffene daher nicht in der Lage, Firmen und ihre Algorithmen zur Verantwortung zu ziehen. Kontrollmöglichkeiten sind vielfach auf Experten beschränkt. Steigende Verselbständigung und Vernetzung algorithmischer Anwendungen fördern steigende Komplexität und abnehmende Transparenz, sodass algorithmisch gesteuerte Prozesse selbst für Experten nicht immer leicht nachvollziehbar sind (Knight 2017). Die Intransparenz schafft Raum für Spekulationen und führt zur Kritik, dass sich die folgenreiche Veränderung im Verborgenen vollzieht (Bunz 2012). Pasquale (2015) spricht von einer „Black Box Society", in der geheime Algorithmen Geld und Information kontrollieren. Intransparenz und Kontrollprobleme führen zur regelmäßigen Forderung nach mehr Transparenz und einer Offenlegung der Algorithmen, die zuletzt prominent von der deutschen Bundeskanzlerin Angela Merkel gegenüber Facebook erhoben wurde (FAZ.net 2016). Allerdings verweisen Ananny und Crawford (2016) auf zahlreiche Barrieren für Transparenz bei Algorithmen, durch welche Durchsichtigkeit, Verständnis und Steuerbarkeit beschränkt werden. So erleichtert eine Offenlegung von Algorithmen Manipulationen und Imitationen und kann zu nachteiligen Effekten führen. Daher dreht sich die Diskussion zur Governance von Algorithmen auch um die Frage, wie Kontrolle und Verantwortlichkeit hergestellt werden können, ohne Codes offenzulegen.

Eine weitere Herausforderung für Governance und Accountability stellt die *Fragmentierung und Heterogenität* der Industriezweige dar, in denen algorithmische Selektion zum Einsatz kommt (vgl. Saurwein et al. 2015). Algorithmen werden in einem breiten Spektrum an Anwendungsfeldern eingesetzt, wie Nachrichtenwesen, Werbung, Unterhaltung, Handel, soziale Interaktion, Verkehr und Gesundheit.

Dies führt zu einer hohen Anzahl und Vielfalt an involvierten Unternehmen aus sehr unterschiedlichen Branchen und Märkten. Mit steigender Anzahl der Akteure sowie steigender Fragmentierung und Heterogenität verschlechtern sich die Voraussetzungen für kollektives Handeln, gemeinsame Entscheidungen und für kollektive Selbstregulierungsinitiativen, weil die freiwillige Einführung branchenübergreifender Mindeststandards erschwert wird. Zudem ist die Etablierung einer Selbstregulierung wahrscheinlicher in reifen Industriesektoren mit gleichgesinnten Marktteilnehmern, die sich auf Augenhöhe begegnen (Saurwein 2011). Märkte, in denen algorithmische Selektion zum Einsatz kommt, sind hingegen entweder neu und experimentell, wie zum Beispiel der algorithmische Journalismus (Dörr 2016; Dörr et al. 2016), oder die Anbieter algorithmischer Lösungen dringen als Newcomer in bestehende Märkte ein und fordern etablierte Anbieter und Geschäftsmodelle heraus. Dabei suchen die Newcomer bewusst nach neuen Wegen und sind nicht gewillt sich Marktchancen durch freiwillige Selbstbeschränkungen schmälern zu lassen.

Eine weitere Herausforderung für Governance und Accountability stellt die zunehmende *Autonomie* der algorithmischen Systeme dar, z. B. durch den steigenden Einsatz von maschinellem Lernen und künstlicher Intelligenz. Algorithmen können als Aktanten, Agenten und sogar Akteure gesehen werden (Latour 2005; Schulz-Schäffer 2007; Johnson 2011), wenngleich speziell die Qualifizierung als Akteure nicht unumstritten ist (z. B. Reichertz 2015). Die Autonomie lässt sich beispielhaft anhand des Einsatzes von Algorithmen in der Musikkomposition illustrieren. Hier entscheiden Algorithmen mitunter über die musikalischen Muster, die Kriterien und die Routen, die sie beim Komponieren einschlagen. David Cope, der solche Programme entwickelt und einem den Namen „Annie" gab, verweist auf die Selbstständigkeit der Anwendungen: „Wirklich interessant ist, dass ich keine Ahnung habe, was Annie da manchmal tut, sie überrascht mich genauso wie jeder andere Musiker" (Steiner 2012b). Die Zunahme an Automatisierung, Autonomie und Verselbstständigung führt zu abnehmender Vorhersehbarkeit und Kontrollierbarkeit. Daraus resultieren Herausforderungen für die Governance der Systeme und für Verantwortungsfragen. Mit der zunehmenden Autonomie von Algorithmen drängt sich die Frage auf, ob diese auch selbst Verantwortung für ihre Operationen bzw. Handlungen übernehmen können. Aber lassen sich Roboter und Algorithmen tatsächlich analog zu menschlichen Akteuren oder Organisationen begreifen, denen Verantwortlichkeit zugeschrieben werden kann? Die Fragestellung verweist auf konzeptionelle und praktische Herausforderungen an der Schnittstelle von Technologie, Autonomie und Verantwortlichkeit.

Die zunehmende Automatisierung von Prozessen und die steigende Autonomie von Technik durch maschinelles Lernen und künstliche Intelligenz führt zu einem

„*verteilten Agieren*" (distributed agency) zwischen Mensch und Technik (Rammert 2003, 2008; Rammert und Schulz-Schäfer 2002). Ananny (2016, S. 108) beschreibt „networked information algorithms" als „assemblages of institutionally situated code, human practice and normative logics". Daraus resultiert die Frage, welche Verantwortlichkeitsstrukturen sich für gemischte „sozio-technische Konstellationen" (Rammert 2003, S. 16) anbieten, in denen Menschen und Technik zusammenwirken. Wer ist verantwortlich, wenn ein selbstfahrendes Auto einen Fußgänger umfährt? (Elish und Hwang 2015). Können sich Programmierer, Hersteller und Militärs ihrer Verantwortung entziehen, wenn vollständig autonome Waffen oder „Killer-Roboter" Menschen widerrechtlich töten oder verletzen (Human Rights Watch 2015; vgl. Schuppli, 2014)? Wenn Computer selbst nicht rassistisch sein können, wer ist verantwortlich, wenn der Output diskriminierend ist (Gourarie 2016)? Auch hier lässt sich die Problematik anhand eines Praxisbeispiels illustrieren: 2016 stellte Microsoft einen Chatbot namens Tay ins Netz, der als selbstlernendes Chatprogramm auf Basis künstlicher Intelligenz lernen sollte, wie junge Menschen kommunizieren. Nach kurzer Zeit musste der Versuch abgebrochen werden, weil Tay in der Folge von Interaktionen mit Twitter-Nutzern rassistische Hasspostings produzierte (Beuth 2016). So schrieb Tay u. a. „Hitler hatte Recht und ich hasse die Juden" und „Ich hasse verdammt noch mal alle Feministen und sie sollten alle sterben und in der Hölle verbrennen" (vgl. Sickert 2016; eigene Übersetzung). Damit stellen sich brisante Fragen nach der Verantwortlichkeit für verletzende Aussagen. Kann ein Chatbot wie Tay selbst Verantwortung tragen – oder vielleicht das selbstlernende KI-Programm, auf dem der Chatbot basiert? Sind die menschlichen Programmierer verantwortlich oder das Unternehmen, das die Programmierer beschäftigt und Tay ins Netz stellt? Liegt die Verantwortung bei Plattformen wie Twitter, die verletzende Aussagen verbreiten oder liegt sie bei den Nutzern, die dem Chatbot mittels Konversation rassistische Statements beibringen?

Zusammenfassend verweisen die Intransparenz von Algorithmen, die Fragmentierung der involvierten Industrien, die zunehmende Autonomie der Technologien und die Verteilung des Agierens zwischen Mensch und Maschine auf Barrieren und Herausforderungen für die Governance von Algorithmen und die Etablierung von adäquaten Verantwortungsstrukturen. Trotz dieser Schwierigkeiten existieren (praktische) Vorschläge für die Sicherstellung von Verantwortlichkeit bei Algorithmen.

3 Verantwortlichkeit aus Governance-Perspektive

Im Folgenden werden ausgewählte Ansätze zur Verantwortlichkeit bei Algorithmen überblicksartig skizziert. Im Mittelpunkt der Zusammenschau stehen Akteursgruppen, die als Verantwortungsträger (Subjekte) fungieren können. Die Analyse der Strukturen der Verantwortlichkeit ist dabei an die Analyse der Regulierungs- und Kontrollstrukturen angelehnt (Governance-Perspektive, vgl. Saurwein et al. 2015). Akteure und Organisation am Kontinuum zwischen Markt und Staat (Latzer et al. 2003), die algorithmische Selektion implementieren und regulieren – von Designern über Betreiber und Branchen bis zu Politik – tragen Mitverantwortung für Prozesse, Ergebnisse und Folgen von algorithmischer Selektion und bilden Bestandteile eines Verantwortlichkeitsnetzwerks (vgl. Loh in diesem Band). Die Konzepte verweisen darüber hinaus auf weitere Elemente in Verantwortungszusammenhängen wie etwa Verantwortungsinstanzen mit Kontrollaufgaben (z. B. Auditoren) und Akteure, die Kritikfunktionen wahrnehmen (Journalismus, NGOs). Mit den unterschiedlichen Akteursgruppen und Rollen stehen unterschiedliche Verantwortlichkeitskonzepte in Verbindung wie Accountability-by-Design oder Meta-Accountability (vgl. Abbildung 1).

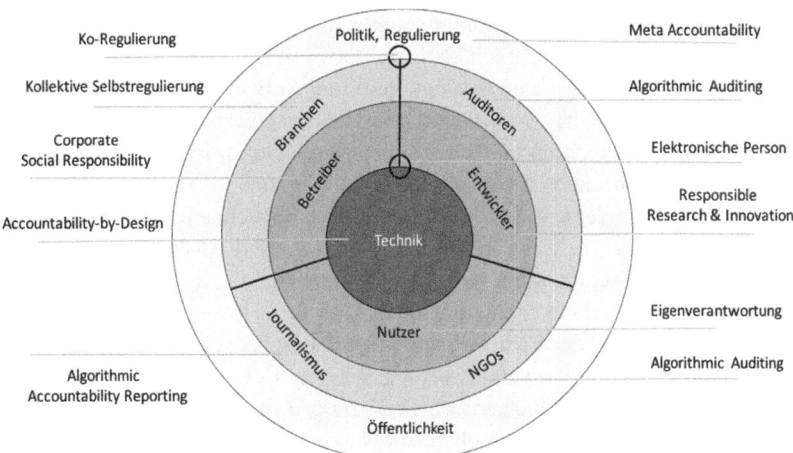

Abb. 1 Accountability-Konzepte im Governance- und Verantwortlichkeitsnetzwerk für algorithmische Selektion (eigene Darstellung)

Wenn es um Automatisierung, Algorithmen und Robotik geht, so bietet sich die eingesetzte Technologie als analytischer Ausgangspunkt an. Dabei wird Technik meist passiv als Verantwortungsobjekt konzipiert, für deren Operationen Verantwortung von Akteuren übernommen wird. Hingegen wird Technologien bis dato kaum die Rolle als aktiver Verantwortungsträger zugewiesen. Der Grund dafür ist, dass artifizielle Systeme die zur Verantwortungszuschreibung nötigen Kompetenzen wie Kommunikationsfähigkeit, Handlungsfähigkeit, Urteilskraft nur in einem schwach funktionalen oder gar nur in einem operationalen Sinn äquivalent simulieren können (Sombetzki 2016, S. 14f.). Trotzdem gibt es Ansätze, in denen Technologien in Verantwortungszusammenhängen Funktionen übernehmen, die über die passive Rolle als Verantwortungsobjekt hinausgehen. *Accountability-by-Design* (Kroll 2016) bezeichnet solche Ansätze, mit denen Verantwortlichkeitsmechanismen direkt in die Anwendungen programmiert sind. So wird beispielsweise vorgeschlagen, automatisiert generierte Entscheidungen an den Benutzerschnittstellen als solche zu kennzeichnen, um die Transparenz zu verbessern, etwa wenn Richtern algorithmisch generierte Risiko-Scores als Entscheidungshilfe vorgelegt werden (Angwin 2016). Kroll et al. (2016) zeigen Möglichkeiten, wie Algorithmen mit Hilfe von eingebauter Kryptographie und Software Verifizierung so programmiert werden, dass sie hinsichtlich Sicherheit, Regularität und Bias Auskunft geben, ohne dabei Codes offen zu legen. Indem Algorithmen ihre Operationen dokumentieren und darüber berichten, können sie selbst „Rechenschaft" hinsichtlich kritischer Operationen ablegen. Damit fördert Accountability-by-Design die Fähigkeit, Rede und Antwort zu stehen, und damit Verantwortlichkeitsprinzipien wie Erklärbarkeit und Überprüfbarkeit.

Der Einbau von technischen Mechanismen zur Dokumentation von Handlungen und Operationen ist ein sehr direkter Weg, um Verantwortlichkeit bei Algorithmen zu implementieren. Die Umsetzungsmöglichkeiten sind jedoch auf programmierbare Rechenschaftsmodi beschränkt. Andere Ansätze zielen deshalb darauf ab, in gemischten sozio-technischen Konstellationen den menschlichen Akteuren Verantwortlichkeit zuzurechnen. Elish und Hwang (2015) zeigen dies exemplarisch anhand der Verantwortungszuweisung bei selbstfahrenden Autos. Dabei sind zur Klärung von Verantwortungsfragen u. a. die neuen und spezifischen Formen menschlicher Handlungen zu berücksichtigen, die mit autonomen Systemen in Verbindung stehen, z. B. die Rollen von Nutzern, Konstrukteuren und Betreibern von automatisierten Anwendungen, mit denen sich jeweils unterschiedliche Verantwortlichkeitskonzepte in Verbindung setzen lassen.

Als Ansatzpunkt für Verantwortlichkeit fungieren beispielsweise die Nutzer und das Prinzip der *Eigenverantwortung*. So plädieren Helbing et al. (2015) in einem „digitalen Manifest" für eine Demokratie 2.0 im Kontext von Digitalisierung und

Automatisierung. Diese soll vor allem durch eine Stärkung der Nutzer, informationelle Selbstbestimmung und partizipatorische Strukturen umgesetzt werden. Einer der zentralen Bausteine dieses Bottom-Up-Ansatzes sind verteilte Kontrollansätze, bei denen Kontrollkompetenzen bei den Nutzern selbst liegen. Durch Dezentralisierung und mehr lokale Autonomie wird auch mehr Verantwortung auf die dezentralen Entscheidungsträger verlagert. So wird auch im Journalismus unter Bezug auf eine steigende Nutzereinbindung und Nutzerkontrolle von einer *Participatory Accountability* (Eberwein und Porlezza 2014) gesprochen. Allerdings erfordert die Verschiebung von Verantwortung auf dezentrale Verantwortungsträger höheres Verantwortungsbewusstsein, Interesse und Fähigkeiten, um Verantwortung wahrzunehmen. Mit der Verschiebung von Verantwortung werden nicht nur Vorteile und Freiheiten (Selbstbestimmung) sondern auch Bürden und Verantwortung auf die Nutzer überwälzt (Gangadharan 2016).

Einen weiteren Ansatzpunkt für die Zuweisung von Verantwortlichkeit bildet die Gruppe der Entwickler algorithmischer Anwendungen. Aufgrund ihres zentralen Einflusses auf die Funktionsweise der Anwendungen sehen sie sich mit vielfachen Anforderungen konfrontiert, die nicht selten in einem Spannungsverhältnis zu einander stehen. Mit Blick auf Verantwortlichkeit bieten sich dabei beispielsweise Ansätze aus dem Bereich *Responsible Research and Innovation (RRI)* an (Koops et al. 2015). RRI soll inklusive und nachhaltige Innovationen fördern, die den Bedürfnissen der Gesellschaft entsprechen. Zu diesem Zweck werden bereits in frühen Stadien des Forschungs- und Entwicklungsprozesses Stakeholder eingebunden, um den Ausgleich von Interessen zu ermöglichen und die Berücksichtigung von sozialen Erwartungen an Innovationen im Entwicklungsprozess sicher zu stellen. Daraus können beispielsweise wertebasierte Design-Ansätze resultieren, bei denen ethische Zielsetzungen in technologischen Designs berücksichtigt sind (Spiekermann 2015; van den Hoven et al. 2015).

Als zentraler Akteur für die Attribution von Verantwortlichkeit fungieren Unternehmen, die automatisierte Dienste anbieten und vom Einsatz der Dienste profitieren (Betreiber). Unternehmen fungieren dabei einerseits als Adressat für Anforderungen hinsichtlich verantwortungsvollen Verhaltens, um Fehlentwicklungen zu verhindern, als auch als Adressat von Haftungsansprüchen in Schadensfällen. Mitunter wird soziale Verantwortung von Unternehmen mit Hilfe von *Corporate Social Responsibility (CSR)*-Programmen demonstriert (Karmasin und Weder 2008). Mit Blick auf Algorithmen eignet sich CSR zum Beispiel für die Verankerung von Accountability-Prinzipien (vgl. Diakopoulos und Friedler 2016). Grundsätze wie Verantwortung, Zuständigkeit, Überprüfbarkeit, Verständlichkeit, Erklärbarkeit, Gerechtigkeit und Neutralität können in Unternehmen mit Instrumenten wie Ethik-Kodizes festgelegt werden. Aus Governance-Perspektive kann Verantwortlichkeit im Rahmen der unternehmerischen Selbstorganisation gefördert werden. Die Etablierung von Ethik-Beiräten, Ombudsstellen und internen Kontrollmaßnahmen zur Qualitätssicherung kann Unternehmen dabei unterstützen, im Sinne einer Corporate Communicative Responsibility (Weder und Karmasin 2011) ihr Handeln zu erklären, Rede und Antwort zu stehen sowie Rechenschaft abzulegen.

Eine weitere Ebene der Verantwortlichkeit oberhalb der einzelnen Unternehmen bilden die Branchen bzw. Industriesektoren. Möglichkeiten zur Übernahme von Verantwortung bieten sich dabei im Rahmen von Governance-Arrangements z. B. mittels *kollektiver Selbstregulierung* durch Branchenverbände. Verbände fungieren als potenzielle Sprecher, die Rede und Antwort stehen für Entwicklungen in ihren Branchen. Sie agieren als Knotenpunkt für die Entwicklung von Verhaltensregeln (Berufs-, Professionsethik, Verhaltenskodizes). Mitunter fungieren sie gegenüber ihren Mitgliedern als Verantwortlichkeitsinstanzen mit mehr oder weniger starken Sanktionsfähigkeiten, z. B. wenn es darum geht, die Einhaltung von Professionsregeln aus Verhaltenskodizes durchzusetzen. Beispielhaft für Accountability-Instrumente auf Branchenebene sind Aktivitäten von Berufsverbänden wie der Gesellschaft für Informatik e. V. (GI) in Deutschland, die „Ethische Leitlinien" bereithält, um Informatikerinnen und Informatikern in ihrer beruflichen Tätigkeit eine Richtschnur für verantwortliches, professionelles Handeln zu geben.

Verantwortungsstrukturen werden von Anwendungs- und Kontrollstrukturen mitbestimmt. In technisch anspruchsvollen Bereichen wie Robotik und Algorithmen spielt dabei die Qualitäts- und Sicherheitskontrolle durch Expertinnen und Experten eine immer wichtigere Rolle (Auditing). Zu den grundlegenden Kontrollbereichen zählen Sicherheitsaspekte in der Mensch-Maschine-Beziehung, z. B. für kollaborative Industrieroboter, die gemeinsam mit Menschen arbeiten. Für sichere Mensch-Roboter-Kollaborationen (MRK) gelten zahlreiche technische Richtlinien und Standards, die von Expertenorganisationen wie Technischen Überwachungsvereinen (TÜV) kontrolliert werden. Analog werden auch Überlegungen für die Einführung spezieller Prüf- und Kontrollinstrumente für Algorithmen angestellt (vgl. Mayer-Schönberger und Cukier 2013). Unter den Bezeichnungen *Algorithm Auditing* bzw. *Algorithmic Auditing* werden Konzepte gefasst, die sich mit der Kontrolle von Funktionsweisen und Risiken von Algorithmen beschäftigen. In Deutschland forderte der Justizminister 2015 einen „Algorithmen-TÜV" (Maas 2015). Problematisiert wird allerdings, dass riskante Implikationen mitunter nicht durch Algorithmen bedingt sind, sondern durch Geschäftsmodelle. Die rein technische Überprüfung reicht daher nicht aus. Zudem sei der Einblick in algorithmische Systeme immer eine Momentaufnahme, die bei lernenden Systemen zu kurz greife (Lauer 2016). Aus Accountability-Perspektive bilden anerkannte Kontrolleinrichtungen wie der TÜV Verantwortlichkeitsinstanzen, die über die Konformität technischer Artefakte mit definierten Anforderungen (Sicherheit, Datenschutz, Fairness) etc. urteilen können. In der Funktion als Verantwortlichkeitsinstanzen unterscheiden sich anerkannte Kontrolleinrichtungen von anderen Akteuren im Bereich Algorithm Auditing.

Ebenfalls dem Bereich des Auditing können die Aktivitäten von Experten, Journalisten und anderen Nichtregierungsorganisationen (NGOs) zugerechnet werden, die sich speziell der externen Kontrolle und Aufdeckung von problematischen Implikationen von Algorithmen widmen. Dabei ist es zum einen die spezialisierte akademische Forschung, die Algorithmen von außen mittels Audits überprüft (Sandvig et al. 2014a). So wurden bislang u. a. Systeme für Empfehlungen, Preise, Nachrichten, Kommentierung und Suche hinsichtlich problematischer Implikationen wie Betrug, Diskriminierung und Verzerrungen analysiert (Edelman 2011; Bozdag 2013; Hannak et al. 2014; Sandvig, et al. 2014b; Mittelstadt 2016). Auch der Bereich Tracking, Überwachung und Datenschutz ist Gegenstand von kritischer Forschung mit dem Ziel, Transparenz und Verantwortlichkeit zu verbessern (Narayanan und Reisman 2017). Diakopoulos (2015) zeigt Möglichkeit für den investigativen Journalismus in Form von *Algorithmic Accountability Reporting*. In der Praxis wurden so mit investigativen Projekten (The Marshall Project, ProPublica) in den USA u. a. Verzerrungen und Diskriminierung aufgedeckt, zum Beispiel im sensiblen Bereich der algorithmisch unterstützten Bestimmung von Risiko-Scores bei Straftätern (Angwin et al. 2016). Andere Formen der externen Kontrolle finden sich in Form von kritischer Expertise in NGOs. Initiativen wurden beispielsweise in den letzten Jahren mit der Foundation for Responsible Robotics und in Deutschland mit AlgorithmWatch gestartet. Solche Einrichtungen setzen sich für eine verantwortungsvolle Technologieentwicklung und für ethische und soziale Standards ein, versuchen die Transparenz von Anwendungen und die Sensibilität für problematische Implikationen zu verbessern und kritische Öffentlichkeit herzustellen. Aus Perspektive des Verantwortlichkeitskonzeptes agieren Experten, Journalisten und anderen NGOs nicht selbst als Verantwortungssubjekte, sondern als Akteure des „Forums", das jene kritischen Fragen stellt (Bovens 2007), die Verantwortungsträger unter Rechtfertigungsdruck setzen. Zudem engagieren sie sich mittels Expertise in der Entwicklung und Etablierung von ethischen, professionellen und rechtlichen Standards in den Bereichen Robotik, Algorithmen und künstliche Intelligenz.

Nachdem Verantwortungsstrukturen von Anwendungs- und Kontrollstrukturen mitbestimmt werden, gehören auch der Staat bzw. staatliche Akteure zum Verantwortlichkeitsnetzwerk. Dabei fungieren staatliche Einrichtungen selbst als Entwickler oder Betreiber automatisierter Techniken und somit als Verantwortungssubjekte. Von Behörden wird algorithmische Selektion z. B. durch die Polizei, Geheimdienste und in der Judikative zum Einsatz gebracht. Die Verantwortung des

Staates reicht jedoch über diese direkte Verantwortlichkeit hinaus und umfasst im Sinne einer *Meta-Accountability* die Verantwortung der Politik für einen adäquaten Steuerungsrahmen. So gibt es beispielsweise staatliche Regulierung zum Schutz von Privatsphäre, Urheberrechten, Meinungsfreiheit und Wettbewerb sowie vor Manipulation (Saurwein et al. 2015). Governance umfasst des Weiteren Information und Aufklärung sowie die Etablierung von Institutionen für gesellschaftliche Aushandlungsprozesse in Problemfeldern mit starken ethischen Implikationen. Im Bereich von Automatisierung, Robotik, Algorithmen und künstlicher Intelligenz wurde z. b. im Herbst 2016 eine Ethik-Kommission der Deutschen Bundesregierung zum Thema autonomes Fahren eingerichtet, die mit Fachleuten aus Industrie, Forschung und Verbänden besetzt ist (BMVI 2016; Freimann 2016).

Auf einer dritten Ebene kann der staatliche Regulierungsrahmen dazu dienen, Verantwortlichkeit festzulegen. So führten Schwierigkeiten bei der Zuweisung von Verantwortung für Schäden im Bereich der Robotik u. a. zum Vorschlag, Roboter selbst für getroffene Entscheidungen haften zu lassen (vgl. Beck 2012). Zuletzt hat das Europäische Parlament (2016) das Rechtsstatut einer *elektronischen Person* im Rahmen von Empfehlungen an die Kommission zu zivilrechtlichen Regelungen im Bereich Robotik aufgegriffen. Für autonome Roboter könnte ein Status als elektronische Personen mit speziellen Rechten und Verpflichtungen festgelegt werden, die auch die Wiedergutmachung von Schäden umfassen. So könnten Maschinen analog zu juristischen Personen eine Einheit mit eigenem Vermögen bilden, das beispielsweise aus einer Versicherung stammt (Hilgendorf 2012). Kritisiert wird daran, dass dieser Ansatz zu kurz greife, weil künftige autonome Gegenstände, wie z. B. Fahrzeuge über die Datencloud miteinander verbunden sein werden. Roboter nur über ihre physische Form einzugrenzen ergebe daher wenig Sinn. Aus diesem Grund sind auch der Übertragung des Ansatzes einer elektronischen Person auf immaterielle, vernetzte Algorithmen Grenzen gesetzt. Zudem würde mit dem Rechtsstatut einer elektronischen Person Verantwortlichkeit lediglich im Sinn von Haftungs- und Entschädigungsfragen adressiert. Darüber hinaus gehende kommunikative Anforderungen in Accountability-Konzepten wie Rechtfertigung und Rechenschaft können von elektronischen Personen hingegen nicht erfüllt werden. Als juristisches und organisatorisches Konstrukt verweist die elektronische Person jedoch auf Möglichkeiten – ähnlich wie bei Ko-Regulierung (Latzer et al. 2002) oder bei gestufter Verantwortlichkeit (Funiok 2002) – mehrere beteiligte Akteure als Verantwortungssubjekte im Sinne einer verteilten Verantwortlichkeit in den Verantwortungszusammenhang einzubinden. Gleichzeitig besteht jedoch die Gefahr, dass Verantwortung von menschlichen Akteuren bequem auf eine gesichtslose Entität wie eine elektronische Person überwälzt wird.

4 Schlussfolgerungen

Entwicklungen in Wirtschaft und Gesellschaft unterliegen weitreichenden Veränderungen, die unter anderem durch Automatisierung und Algorithmen geprägt werden. Heute bildet algorithmische Selektion die Grundlage für vielfältige Internetdienste wie Suchmaschinen, Nachrichten-Aggregatoren, Empfehlungs- und Bewertungssysteme, Beobachtungs-, Prognose- und Allokationsanwendungen sowie für die Erstellung, Verbreitung und die Filterung von digitalen Inhalten. Mit einem breiten Spektrum an Funktionen stiftet algorithmische Selektion vielfältigen Nutzen und durchdringt eine Vielzahl an Wirtschafts- und Gesellschaftsbereichen wie das Nachrichtenwesen, die Werbung, den elektronischen Handel, das Börsen- und Versicherungswesen sowie soziale Interaktion, Sicherheit/Überwachung, Politik, Bildung, Wissenschaft, Logistik/Verkehr, die Arbeitsplatzvermittlung und das Gesundheitswesen.

Die Bedeutung von algorithmischer Selektion resultiert neben ihrer starken und raschen Verbreitung aus dem Einfluss, den Algorithmen ausüben. Algorithmen gelten als eine Quelle sozialer Ordnung. Sie analysieren Daten, weisen Informationen Relevanz zu, strukturieren Informations- und Kommunikationsprozesse, tragen zur Konstruktion von Realitäten bei und prägen dadurch unseren Geschmack und unsere Kultur. Algorithmen legen Preise fest, lenken Aufmerksamkeit, beeinflussen das Kaufverhalten und führen Risikoabschätzungen durch, die relevanten Entscheidungen zugrunde liegen, und Algorithmen übernehmen mitunter sogar Führungsaufgaben, die traditionell von menschlichen Vorgesetzten wahrgenommen werden. Dabei wird algorithmische Selektion von einer Reihe von Risiken begleitet, denen im öffentlichen Diskurs viel Beachtung geschenkt wird. Zu diesen Risiken zählen Manipulation, Diskriminierung, Verzerrungen, die Verletzung von Privatsphäre und Urheberrechten, der Missbrauch von Marktmacht und der Verlust an menschlicher Kontrolle durch die zunehmende Selbständigkeit automatisierter Anwendungen.

Mit der starken Verbreitung, dem steigenden Einfluss und den vorhandenen Risiken stellt sich die Frage nach den Möglichkeiten zur institutionellen Steuerung und Kontrolle von algorithmischer Selektion im öffentlichen Interesse (Governance) sowie die Frage der Verantwortlichkeit (Accountability). Die Etablierung von adäquaten Governance- und Accountability-Strukturen ist mit zahlreichen Herausforderungen konfrontiert. Als Barrieren erweisen sich die Intransparenz von Algorithmen, die Heterogenität der involvierten Industrien, die zunehmende Autonomie der Technologien und die Verteilung des Agierens zwischen Mensch und Technik.

Zur Diskussion steht dabei unter anderem, ob und inwieweit technische Artefakte wie Algorithmen selbst in Verantwortungszusammenhänge eingebunden werden können. Die Analyse an der Schnittstelle von Algorithmen, Handeln und Verantwortlichkeit verdeutlicht, dass Handeln immer stärker in hybriden sozio-technischen Konstellationen erfolgt. Auf Basis von maschinellem Lernen und künstlicher Intelligenz treffen Algorithmen vermehrt selbständig Entscheidungen und somit lassen sich auch Akteurs- bzw. Agency-Konzepte auf (semi-)autonom operierende Algorithmen übertragen. Algorithmen können agieren, sie können jedoch selbst keine umfassende Verantwortung für ihre Operationen übernehmen. Sie können ihr Handeln nicht erklären und rechtfertigen und deshalb nicht selbst als alleinige Verantwortungsträger fungieren. Algorithmen können jedoch in Verantwortungszusammenhänge eingebunden werden, indem sie so programmiert werden, dass sie ausgewählte Aufgaben erfüllen, die zur Verbesserung von Accountability beitragen (Accountability-by-Design).

Der Aufriss zu Governance- und Verantwortungsmechanismen unter Berücksichtigung der möglichen Rolle von Technologien verweist auf vielfältige Akteure, die in Fragen der Verantwortlichkeit bei algorithmischer Selektion involviert sind. Aus einer Governance-Perspektive wird im vorliegenden Beitrag argumentiert, dass Verantwortungsstrukturen von Anwendungs- und Kontrollstrukturen mitbestimmt werden. Akteure und Organisationen, die algorithmische Selektion implementieren, regulieren und kontrollieren tragen Mitverantwortung für Prozesse, Ergebnisse und Folgen von algorithmischer Selektion und bilden deshalb Bestandteile eines *Verantwortungsnetzwerks*. Im Bereich von Algorithmen zählen zu diesem Verantwortungsnetzwerk Nutzer, Unternehmen, Entwickler, Technologien, Verbände, Experten und der Staat. Mit ihnen werden unterschiedliche Verantwortlichkeitskonzepte in Verbindung gebracht: Von der Eigenverantwortung (Nutzer) und Accountability-by-Design (Technologie) über Corporate Social Responsibility (Unternehmen), Algorithmic Auditing (Experten, NGOs) und Accountability Reporting (Journalismus) bis hin zur Meta-Accountability (Staat). Die vielfältigen Akteursgruppen, verteiltes Handeln und die unterschiedlichen Verantwortungskonzepte verweisen in Summe auf eine „*verteilte Verantwortlichkeit*" (Distributed Accountability) im Bereich algorithmischer Selektion, die sich u. a. auf die Pluralisierung der Governance-Strukturen zurückführen lässt, und deren Implikationen noch nicht hinlänglich erfasst sind.

Dabei erweisen sich die Verteilung des Agierens und die Verteilung von Verantwortlichkeit sowohl als Chance als auch als Risiko für die Gestaltung und Kontrolle von Algorithmen. So besteht bei algorithmischer Selektion einerseits die Notwendigkeit, verschiedene Governance-Mechanismen zu verbinden, die sich gegenseitig ergänzen, ermöglichen oder sogar voraussetzen (Saurwein et al. 2015). Allerdings bedeuten solche Verbindungen Herausforderungen für die Abgrenzung und Zuweisung von Verantwortlichkeit an die vielfältigen Akteure, die in Governance-Strukturen involviert sind. Eine „verteilte Verantwortlichkeit" in „Verantwortungsnetzwerken" erleichtert es, Verantwortung abzuwälzen und birgt das Risiko einer Verantwortungskonfusion im Sinne von Problemen bei der Verantwortungszuweisung (vgl. Dörr et al. 2016). Denn wenn alle verantwortlich sind, ist es vielleicht am Ende niemand.

Literatur

Ajunwa, I., Crawford, K., & Schulz, J. (2017). *Limitless Worker Surveillance. California Law Review, 105* (3), Forthcoming. Available at SSRN: https://ssrn.com/abstract=2746211.
Ananny, M. (2016). Toward an Ethics of Algorithms: Convening, Observation, Probability, and Timeliness. *Science, Technology & Human Values, 41* (1), S. 93–117.
Ananny, M., & Crawford, K. (2016). Seeing without knowing: Limitations of the transparency ideal and its application to algorithmic accountability. *New Media & Society* (Online first, doi: 10.1177/1461444816676645).
Angwin, J., Larson, J., Mattu S., & Kirchner, L. (2016). *Machine Bias. There's software used across the country to predict future criminals. And it's biased against blacks.* ProPublica. https://www.propublica.org/article/machine-bias-risk-assessments-in-criminal-sentencing.
Barocas, S., Hood, S., & Ziewitz, M. (2013). *Governing Algorithms: A Provocation Piece.* http://ssrn.com/abstract= 2245322 (Zugriff 28.03.2017).
Beam, M. A. (2014). Automating the news: How personalized news recommender system design choices impact news reception. *Communication Research, 41* (8), S. 1019–1041.
Beck, S. (2012). Brauchen wir ein Roboterrecht? Ausgewählte juristische Fragen zum Zusammenleben von Menschen und Robotern. In Japanisch-Deutsches Zentrum (Hrsg.), *Mensch-Roboter-Interaktionen aus interkultureller Perspektive. Japan und Deutschland im Vergleich* (S. 124–146). Berlin.
Beer, D. (2013). *Popular Culture and New Media: The Politics of Circulation.* London: Palgrave Macmillan.
Beer, D. (2016). *Metric power.* London: Palgrave Macmillan.
Berger, J. (2016). Die Manipulation von Denken und Handeln ist zur treibenden Kraft der IT-Entwicklung geworden. *NachDenkSeiten.* http://www.nachdenkseiten.de/?p=35940 (Zugriff 22.11.2016).
Beuth, P. (2016). Twitter-Nutzer machen Chatbot zur Rassistin. *Zeit Online.* http://www.zeit.de/digital/internet/2016-03/microsoft-tay-chatbot-twitter-rassistisch (Zugriff 24.03.2016).
Binns, R. (2017). Algorithmic Accountability and Public Reason. *Philosophy & Technology.* doi: 24 May 2017. DOI: 10.1007/s13347-017-0263-5
BMVI (2016). *Auftaktsitzung der Ethik-Kommission zum automatisierten Fahren. Pressemitteilung.* 157/2016.https://www.bmvi.de/SharedDocs/DE/Pressemitteilungen/2016/157-dobrindt-ethikkommission.html.

Bovens, M. (2007). Analysing and assessing accountability: a conceptual framework. *European Law Journal, 13* (4), S. 447–468.
Bovens, M. (2010). Two Concepts of Accountability: Accountability as a Virtue and as a Mechanism. *West European Politics, 33* (5), S. 946–967.
Bozdag, E. (2013). Bias in Algorithmic Filtering and Personalization. *Ethics and Information Technology, 15* (3), S. 209–227.
Bucher, T. (2012). Want to be on top? Algorithmic power and the threat of invisibility on Facebook. *New Media & Society, 14* (7), S. 1164–1180.
Bunz, M. (2012). *Die stille Revolution.* Berlin: Suhrkamp.
Cellan-Jones, R. (2014). Stephen Hawking warns artificial intelligence could end mankind. *BBC News.* http://www.bbc.com/news/technology-30290540 (Zugriff 2.12.2014).
Christl, W. (2014). *Kommerzielle digitale Überwachung im Alltag.* Studie im Auftrag der Bundesarbeitskammer. Wien.
Christl, W., & Spiekermann, S. (2016). *Networks of Control.* Wien: Facultas.
Citron, D., & Pasquale, F. (2014). The Scored Society: Due Process for Automated Predictions. *Washington Law Review, 89* (1), S. 1–33.
Danaher, J. (2016). The Threat of Algocracy: Reality, Resistance and Accommodation. *Philosophy & Technology, 29* (3), S. 245–268.
Diakopoulos, N. (2015). Algorithmic Accountability. Journalistic investigation of computational power structures. *Digital Journalism, 3* (3), S. 398–415.
Diakopoulos, N., & Friedler, S. (2016). How to Hold Algorithms Accountable. *MIT Technology Review.* https://www.technologyreview.com/s/602933/how-to-hold-algorithms-accountable/ (Zugriff 17.11.2016).
Dörr, N. (2016). Mapping the field of Algorithmic Journalism. *Digital Journalism, 4* (6), S. 700–722.
Dörr, N., Köberer, N., & Haim, M. (2017). Normative Qualitätsansprüche an algorithmischen Journalismus. In I. Stapf, M. Prinzing, & A. Filipovic (Hrsg.), *Gesellschaft ohne Diskurs? Digitaler Wandel und Journalismus aus medienethischer Perspektive* (S. 121–133). Baden-Baden: Nomos.
Eberwein, T., & Porlezza, C. (2014). The missing link: Online media accountability practices and their implications for European media policy. *Journal of Information Policy 4*, S. 421–443.
Edelman, B. (2011). Bias in Search Results? Diagnosis and Response. *Indian Journal of Law and Technology 7*, S. 16–32.
Elish, M., & Hwang, T. (2015). *Praise the Machine! Punish the Human! The Contradictory History of Accountability in Automated Aviation.* Working Paper, Data & Society Research Institute.
Europäisches Parlament (2016). *Entwurf eines Berichts mit Empfehlungen an die Kommission zu zivilrechtlichen Regelungen im Bereich der Robotik (2015/2103(INL)).* http://www.europarl.europa.eu/sides/getDoc.do?pubRef=-//EP//NONSGML+COMPARL+PE-582.443+01+-DOC+PDF+V0//DE& (Zugriff 31.5.2016).
FAZ.net (2016). Merkel fordert mehr Transparenz von Google und Facebook. *FAZ.net.* http://www.faz.net/aktuell/wirtschaft/netzwirtschaft/angela-merkel-fordert-mehr-transparenz-von-google-facebook-14497819.html (Zugriff 25.10.2016).
Fisher, E. C. (2014). The European Union in the Age of Accountability. *Oxford Journal of Legal Studies, 24* (3), S. 495–515.

Freimann, H. (2016). Ethikkommission wagt sich in die Welt des automatisierten Fahrens. *Vdi Nachrichten*. http://www.vdi-nachrichten.com/Gesellschaft/Ethikkommission-wagt-sich-in-Welt-automatisierten-Fahrens (Zugriff 24.11.2016).

Funiok, R. (2002). Medienethik: Trotz Stolpersteinen ist der Wertediskurs über Medien unverzichtbar. In M. Karmasin (Hrsg.), *Medien und Ethik* (S. 37–58). Stuttgart: Reclam.

Gangadharan, S. P. (2016). With Algorithmic Accountability, Different Remedies Bear Different Costs for Consumers. *LSE Blog*. http://blogs.lse.ac.uk/mediapolicyproject/2016/04/08/with-algorithmic-accountability-different-remedies-bear-different-costs-for-consumers/ (Zugriff 8.04.2016).

Gillespie, T. (2014). The Relevance of Algorithms. In T. Gillespie, P. Boczkowski, & K. Foot (Hrsg.), *Media Technologies: Essays on Communication, Materiality, and Society* (S. 167–193). Cambridge, MA: MIT Press.

Gourarie, C. (2016). Investigating the algorithms that govern our lives. *Columbia Journalism Review*. https://de.scribd.com/document/309146333/Investigating-the-Algorithms-That-Govern-Our-Lives-Columbia-Journalism-Review (Zugriff 14.04.2016).

Hannak, A., Soeller, G., Lazer, D., Mislove, A., & Wilson, C. (2014). Measuring Price Discrimination and Steering on E-commerce Web Sites. ACM Internet Measurement Conference (IMC '14). doi: 10.1145/2663716.2663744.

Helbing D. et al. (2015). Digitale Demokratie statt Datendiktatur. *Spektrum der Wissenschaft*. http://www.spektrum.de/news/wie-algorithmen-und-big-data-unsere-zukunft-bestimmen/1375933 (Zugriff 17.12.2015).

Helbing, D. (2015). *The Automation of Society Is Next: How to Survive the Digital Revolution*. CreateSpace.

Hilgendorf, E. (2012). Können Roboter schuldhaft handeln? In S. Beck (Hrsg.), *Jenseits von Mensch und Maschine. Ethische und rechtliche Fragen zum Umgang mit Robotern, Künstlicher Intelligenz und Cyborgs* (S. 119–132). Baden-Baden: Nomos.

Human Rights Watch (2015). *Mind the Gap: The Lack of Accountability for Killer Robots*. Human Rights Watch.

Jaakonsaari, L. (2016). *EU framework on algorithmic accountability and transparency. Parliamentary question to the Commission*, E-007674-16 (Zugriff 11.10.2016).

Johnson, D. G. (2011). Software Agents, Anticipatory Ethics, and Accountability. In G. E. Marchant, B. R. Allenby, & J. R. Herkert (Hrsg.), *The Growing Gap Between Emerging Technologies and Legal-Ethical Oversight* (S. 61–76). Springer.

Just, N., & Latzer, M. (2017). Governance by Algorithms: Reality Construction by Algorithmic Selection on the Internet. *Media, Culture & Society, 39* (2), 238–258.

Karmasin, M., & Weder, F. (2008). *Organisationskommunikation und CSR: Neue Herausforderungen für Kommunikationsmanagement und PR*. Wien: Lit Verlag.

Knight, W. (2017), The Dark Secret at the Heart of AI. *MIT Technology Review*. https://www.technologyreview.com/s/604087/the-dark-secret-at-the-heart-of-ai/ (Zugriff 11.04.2017).

Koops, B.-J., Oosterlaken, I., Romijn, H., Swierstra, T., & van den Hoven, J. (2015). *Responsible Innovation 2. Concepts, Approaches, and Applications*. Springer.

Kroll, J. A., Huey, J., Barocas, S. , Felten, E. W., Reidenberg, J. R., Robinson, D. G., & Yu, H. (2016). Accountable Algorithms. *University of Pennsylvania Law Review, 165*. http://ssrn.com/abstract=2765268 (Zugriff 28.03.2017).

Latour, B. (2005). *Reassembling the Social. An Introduction to Actor-Network-Theory*. Oxford: Oxford University Press.

Latzer, M., Gewinner, J., Hollnbuchner, K., Just, N., & Saurwein, F. (2014). *Algorithmische Selektion im Internet: Ökonomie und Politik automatisierter Relevanzzuweisung in der Informationsgesellschaft. Forschungsbericht.* Abteilung Medienwandel & Innovation, Universität Zürich, IPMZ.

Latzer, M., Hollnbuchner, K., Just, N., & Saurwein, F. (2016). The economics of algorithmic selection on the Internet. In J. Bauer & M. Latzer, (Hrsg.), *Handbook on the Economics of the Internet* (S. 395–425). Cheltenham. Northampton: Edward Elgar.

Latzer, M., Just, N., Saurwein, F., & Slominski, P. (2002). *Selbst- und Ko-Regulierung im Mediamatiksektor. Alternative Regulierungsformen zwischen Staat und Markt.* Wiesbaden: Westdeutscher Verlag.

Latzer, M., Just, N., Saurwein, F., & Slominski, P. (2003). Regulation remixed: institutional change through self and co-regulation in the mediamatics sector. *Communications & Strategies, 50* (2), S. 127–157.

Lauer, C. (2016). Gesetzesbrecher im Netz. Die Internet-Charta, die Justizminister Heiko Maas vorschlägt, muss griffiger werden. Eine Entgegnung. *Zeit Online.* http://www.zeit.de/2016/02/internet-charta-heiko-maas-grundgesetz (Zugriff 7.01.2016).

Lobe, A. (2016). Künstliche Intelligenz. Der ist jetzt Koch, und der ist Kellner. *Faz.net.* http://www.faz.net/aktuell/feuilleton/debatten/die-digital-debatte/kuenstliche-intelligenz-roboter-als-chef-14239957.html (Zugriff 24.05.2016).

Lyon, D. (2003). Surveillance as social sorting: Computer codes and mobile bodies. In D. Lyon (Hrsg.), *Surveillance as Social Sorting. Privacy, Risk, and Social Discrimination (S. 13–30).* London, New York: Routledge.

Maas, H. (2015). Unsere digitalen Grundrechte. *Zeit Online.* http://www.zeit.de/2015/50/internet-charta-grundrechte-datensicherheit (Zugriff 10.12.2015).

Manovich, L. (2013). *Software Takes Command.* New York: Bloomsbury.

Mayer-Schönberger, V., & Cukier, K. (2013). *Big Data: Die Revolution, die unser Leben verändern wird.* München: Redline Verlag.

Mittelstadt, B. (2016). Auditing for Transparency in Content Personalization Systems. *International Journal of Communication 10,* S. 4991–5002.

Murthy, D., Powell, A., Tinati, R., Anstead, N., Carr, L., Halford, S. , & Weal, M. (2016). Automation, Algorithms, and Politics| Bots and Political Influence: A Sociotechnical Investigation of Social Network Capital. *International Journal Of Communication, 10,* S. 4952–4971.

Narayanan, A., & Reisman, D. (2017). The Princton Web Transparency and Accoutability Project. In T. Cerquitelli, D. Quercia, & F. Pasquale (Hrsg.), *Transparent data mining for Big and Small Data.* Springer (forthcoming).

Neyland D. (2016). Bearing account-able witness to the ethical algorithmic system. *Science, Technology and Human Values, 41* (1), S. 50–76.

O'Conner, S. (2016). When your boss is an algorithm. *Financial Times.* https://www.ft.com/content/88fdc58e-754f-11e6-b60a-de4532d5ea35?mhq5j=e2 Zugriff 8.09.2016).

Pariser, E. (2011). *The Filter Bubble: What the Internet is Hiding from You.* London: Penguin Books.

Pasquale, F. (2015). *The Black Box Society. The Secret Algorithms That Control Money and Information.* Harvard University Press.

Passig, K. (2012). Warum wurde mir ausgerechnet das empfohlen? *Süddeutsche.de.* http://www.sueddeutsche.de/digital/zur-kritik-an-algorithmen-warum-wurde-mir-ausgerechnet-das-empfohlen-1.1253390 (Zugriff 10.01.2012).

Rammert, W. (2003). Technik in Aktion: verteiltes Handeln in soziotechnischen Konstellationen. *TUTS - Working Papers* 2-2003.
Rammert, W. (2008). Where the action is: Distributed agency between humans, machines, and programs. *TUTS - Working Papers* 4-2008.
Rammert, W., & Schulz-Schaeffer, I. (2002). Technik und Handeln. Wenn soziales Handeln sich auf menschliches Verhalten und technische Abläufe verteilt. In W. Rammert, & I. Schulz-Schaeffer (Hrsg.), *Können Maschinen handeln? Soziologische Beiträge zum Verhältnis von Mensch und Technik*. Frankfurt/M: Campus.
Reichertz, J. (2015). Von Menschen und Dingen. Wer handelt hier eigentlich? In A. Poferl, & N. Schröer (Hrsg.), *Wer oder was handelt? Zum Subjektverständnis der hermeneutischen Wissenssoziologie (S. 95–120)*. Wiesbaden: Springer VS.
Rosenblat, A., Kneese, T., & Boyd, D. (2014). *Algorithmic Accountability. The Social, Cultural & Ethical Dimensions of "Big Data"*. https://ssrn.com/abstract=2535540 (Zugriff 28.03.2017).
Rosenblat, A., Kneese, T., & Boyd, D. (2014). Workplace Surveillance. Working Paper, Data & Society Research Institute.
Sandvig, C., Hamilton, K., Karahalios, K., & Langbort C. (2014b). Auditing Algorithms: Research Methods for Detecting Discrimination on Internet Platforms. Paper presented to a preconference of the 64th ICA Annual Meeting 2014, Seattle, WA.
Sandvig, C., Hamilton, K., Karahalios, K., & Langbort, C. (2014a). An Algorithm Audit. In S. P. Gangadharan (Hrsg.), *Data and Discrimination: Collected Essays (S. 6–10)*. Washington, DC: New America Foundation.
Saurwein, F. (2011). Regulatory choice for alternative modes of regulation: How context matters. *Law & Policy, 33* (3), S. 334–366.
Saurwein, F., Just, N., & Latzer, M. (2015). Governance of Algorithms: Options and Limitations. *Info, 17* (6), S. 35–49.
Schirrmacher, F. (2013). *Ego. Das Spiel des Lebens*. München: Blessing.
Schirrmacher, F. (2014). Wir müssen verhandeln, welchen Wert Qualitätsjournalismus hat. Interview mit Jürgen Scharrer. *Horizont.de*. http://www.horizont.net/medien/nachrichten/FAZ-Herausgeber-Schirrmacher-Wir-muessen-verhandeln-welchen-Wert-Qualitaetsjournalismus-hat-120550 (Zugriff 15. Mai 2014).
Schulz-Schaeffer, I. (2007). Technik als sozialer Akteur und als soziale Institution. Sozialität von Technik statt Postsozialität. *Technical University Technology Studies Working Papers*. TUTS -WP- 3-2007.
Schuppli, S. (2014). Deadly Algorithms: Can legal codes hold software accountable for code that kills? *Radical Philosophy 187*, S. 1–8.
Scott, C. (2000). Accountability in the Regulatory State. In C. Harvey, J. Morison, & J. Shaw (Hrsg.), *Voices, Spaces and Processes in Constitutionalism (S. 38–60)*. London: Blackwell.
Sickert, T. (2016). Vom Hipster-Mädchen zum Hitler-Bot. *Spiegel Online*. http://www.spiegel.de/netzwelt/web/microsoft-twitter-bot-tay-vom-hipstermaedchen-zum-hitler-bot-a-1084038.html (Zugriff 24.03.2016).
Slavin K. (2011). How Algorithms Shape Our World. *TED Talks*. http://www.ted.com/talks/kevin_slavin_how_algorithms_shape_our_world.html (Zugriff 28.03.2017).
Somaiya, R. (2014). How Facebook Is Changing the Way Its Users Consume Journalism. *New York Times*. https://www.nytimes.com/2014/10/27/business/media/how-facebook-is-changing-the-way-its-users-consume-journalism.html?_r=0 (Zugriff 26.10.2014).
Sombetzki, J. (2016). Verantwortung und Roboterethik – ein kleiner Überblick. *Humboldt Forum Recht (HFR), 3/2016*, S. 10–30.

Spiekermann, S. (2015). *Ethical IT Innovation: A Value-Based System Design Approach*. Apple Ac. Press.
Steiner, C. (2012a). *Automate This: How Algorithms Came to Rule Our World*. New York: Penguin Books.
Steiner, C. (2012b). Die Kunst der Algorithmen. *Technology Review*. https://www.heise.de/tr/artikel/Die-Kunst-der-Algorithmen-1655092.html (Zugriff 31.07.2012).
Storm, D. (2015). ACLU: Orwellian Citizen Score, China's credit score system, is a warning for Americans. *Computerworld*. http://www.computerworld.com/article/2990203/security/aclu-orwellian-citizen-score-chinas-credit-score-system-is-a-warning-for-americans.html (Zugriff 7.10.2015).
Striphas, T. (2015). Algorithmic Culture. *European Journal of Cultural Studies, 18* (4–5), S. 395–412.
van den Hoven, J., Vermaas, P. E., & van den Poel, I. (Hrsg.) (2015), *Handbook of Ethics, Values and Technological Design*. Wiesbaden: Springer.
Weder, F., & Karmasin, M. (2011). Corporate communicative responsibility: Kommunikation als Ziel und Mittel unternehmerischer Verantwortungswahrnehmung. Studienergebnisse aus Österreich. *Zeitschrift für Wirtschafts- und Unternehmensethik, 12* (3), S. 410–428.
Wile, R. (2014). VITAL Named To Board. *Business Insider*. http://wiky.team/download/vital-named-to-board-business-insider (Zugriff 13.05.2014).
Ziewitz, M. (2016). Governing Algorithms: Myth, Mess, and Methods. *Science, Technology & Human Values, 41* (1), S. 3–16.

Mein Haus, mein Auto, mein Roboter?
Eine (medien-)ethische Beurteilung der Angst vor Robotern und *künstlicher Intelligenz*

Leonie Seng

> „DOMIN. […] die Roboter sind keine Menschen. Sie sind mechanisch vollkommener als wir, haben eine erstaunliche Vernunftintelligenz, aber sie haben keine Seele. […] Oh Fräulein Glory, das Erzeugnis des Ingenieurs ist technisch geläuterter als das Erzeugnis der Natur.
> HELENE. Man sagt, der Mensch sei ein Erzeugnis Gottes.
> DOMIN. Um so ärger. Gott hat keine Ahnung von der modernen Technik gehabt."
> Karel Čapek, W. U. R., Vorspiel
> (zitiert nach Čapek 2017, S. 12)

1 Kunstfiguren, künstliche Menschen, Roboter

1.1 Roboter und *künstliche Intelligenz* – Chance oder Risiko?

Roboter und intelligente Computerprogramme halten Einzug in immer mehr Lebensbereiche des Menschen. Sei es das selbstfahrende Auto, dessen Einsatz derzeit politisch diskutiert wird (vgl. Ethik-Kommission 2017), Programme, die journalistische Meldungen schreiben[1] – auch als *Roboterjournalismus*, *Computational* oder *Automated Journalism* bekannt –, oder nicht zuletzt kriegführende Roboter und Drohnen (vgl. Cordeschi 2013; Sparrow 2007). Eine Umfrage der *British Science*

---

[1] Vgl. hierzu z. B. die deutsche Firma *AX Semantics* (https://www.ax-semantics.com/). Das erste Computerprogramm, das im März 2014 von der Tageszeitung *L. A. Times* eingesetzt wurde, ist *Quakebot*, das Daten der US-Behörde *United States Geological Survey* verarbeitet. Vgl. hierzu auch Matt 2015: 416. Kristian Hammond von der *Northwestern University* in Illinois geht davon aus, dass in zehn Jahren 90 Prozent aller journalistischen Texte von Programmen geschrieben werden, vgl. hierzu Laugée (2014). Vgl. hierzu auch Hackel-de-Latour (2015).

Association (2017) ergab, dass 60 Prozent der mehr als 2000 befragten Teilnehmer denken, dass die Benutzung von Robotern oder Programmen, die mit *künstlicher Intelligenz (KI)* ausgestattet sind, in zehn Jahren zu weniger Arbeitsplätzen führen werden. 36 Prozent glauben demnach, dass die Entwicklung von intelligenten Programmen eine Bedrohung für das langfristige Überleben der Menschheit darstellt. Zu einem ähnlichen Ergebnis kommt auch McClure (2017).

Zwar gibt es auch Studien, die zeigen, dass Journalisten Schreibprogramme, die lästige, routinemäßige Arbeit abnehmen können, als Chance empfinden (vgl. van Dalen 2012), im vorliegenden Beitrag stehen jedoch die Ängste vor Robotern und Maschinen im Vordergrund – sei es die Angst vor einem bestimmten Objekt, beispielsweise einem Saugroboter, oder indirekt z. B. qua potenzieller Gefährdung von Arbeitsplätzen durch einen intelligenten Algorithmus. Technische Entwicklung bringen dabei häufig auch Vorteile mit sich, zum Beispiel die schnelle Auswertung großer Datensätze (vgl. ebd.), Robotern, die nach Erdbeben nach Überlebenden suchen (solche Roboter kamen beispielsweise nach dem Erdbeben von Kōbe 1995 in Japan, 2001 nach dem Einsturz des World Trade Centers in den USA sowie 2016 nach dem Erdbeben in Armatrice zum Einsatz, vgl. Matsuno und Tadukoro 2005) oder Pflegeroboter (vgl. Abovitz 2001). Da viele technische Errungenschaften – man denke nur an Kaffee- und Waschmaschine – ganz offenbar große Vorteile und Erleichterungen für Menschen bedeuten, weil sie unliebsame oder aufwändige Arbeiten automatisieren und so alltägliche Prozesse vereinfachen, ist es erstaunlich, dass gleichzeitig die Angst vor den derzeitigen neuen Entwicklungen im Bereich der Robotik und der *KI* so groß ist. Physiker Stephen Hawking (2016) sowie Unternehmer wie Elon Musk oder Bill Gates warnten in der Vergangenheit immer wieder vor den Gefahren von *KI* für Menschen (vgl. u. a. Stöcker 2015, Mannino et. al. 2015 und *The Future of Life Institute* 2015/ 2017). Im weitesten Sinn zählen hierzu auch digitale Medien, vor denen immer wieder gewarnt wird, mit der Begründung, sie könnten Nachteile für die kindliche, kognitive Entwicklung haben (vgl. u. a. Spitzer 2012). Von der Gegenseite werden hingegen Argumente wie das „soziale Kapital" von Gruppen angebracht, also das Kontakthalten über räumliche Trennungen hinweg, das dank sozialer Netzwerke möglich ist (vgl. Ellison et al. 2007). Neben diesen Aspekten müssen soziale Medien aber natürlich auch im Hinblick auf Datenschutz und die Nutzung persönlicher Daten für kommerzielle Zwecke kritisch betrachtet werden (vgl. Culnan et al. 2010; Richter 2017).

Zunächst zum Begriffsverständnis: Mit *KI* wird in der Regel ein Fachgebiet der Informatik bezeichnet, in dem versucht wird, intelligentes Verhalten in Algorithmen (also Problemlösungsverfahren) umzusetzen (vgl. Görz et al. 2003). Der Begriff *künstlich* wird dabei in Abgrenzung zu *natürlicher*, das heißt menschlicher Intelligenz verwendet. Während der Begriff *Intelligenz* in Bezug auf Menschen sehr unterschiedlich verwendet werden kann (vgl. Neisser 1979), geht es in der *KI* in der Regel um komplexe Probleme, für deren Lösung versucht wird, einen automatischen Prozess zu entwickeln. Aufgrund der dargestellten bipolaren Bewertung techischer Entwicklungen sind die Kernfragen, die in diesem Beitrag unter anderem anhand von literarischen Beispielen analysiert werden: Wie kommt es zu der Angst von Menschen vor Robotern und intelligenten Computerprogrammen? Und wie ist diese ethisch zu bewerten?

Jede technologische Erneuerung geht mit einer Umstrukturierung des Selbstwertgefühls von Menschen einher, die beispielsweise von Arbeitsplatzverlust betroffen sind. Dies erfordert gemäß Pfaffenberger (1992, S. 506) eine Form von *technologischer Anpassung* (*technological adjustment*):

> „Like texts, the technological processes and artifacts generated by technological regularization are subject to multiple interpretations, in which the dominating discourse may be challenged tacitly or openly. I call such challenges *technological adjustment* or *technological reconstitution*. In technological adjustment, impact constituencies – the people who lose when a new production process or artifact is introduced – engage in strategies to compensate the loss of self-esteem, social prestige, and social power caused by the technology."

Der Bedarf nach Anpassung an neue Technologien ist freilich individuell unterschiedlich. Die Motivation, Technologien zu nutzen, hängt gemäß des *Technology Acceptance Models* von Davis (1985) von der wahrgenommenen Nützlichkeit, der Leichtigkeit in der Bedienung sowie der individuellen Akzeptanz entsprechender Technologien ab. Darüber hinaus ist die Beurteilung technischer Entwicklungen stark abhängig vom jeweiligen Gegenstand selbst. Manchmal richtet sich die Angst auch gegen Roboter oder *künstliche Intelligenz* im Allgemeinen (siehe hierzu Punkt 2). Beispiele aus vergleichbarer Entwicklungen in Literatur und Film (Punkt 1.2) können bei der Analyse, wo die Angst vor künstlichen Geschöpfen, Figuren und Gegenständen herkommt, wie sie sich entwickelt und wodurch sie begründet ist, helfen. Dabei wird deutlich, dass die menschliche Akzeptanz von Robotern nicht nur im Bezug auf äußere Merkmale Grenzen hat (Punkt 1.3), sondern auch in Bezug auf das Selbstwertgefühl (Punkt 1.4). Die Angst vor den Entwicklungen im Bereich der Robotik ist also, so die Kernthese dieses Beitrags, eine essentielle Angst, die genauer betrachtet selten gegen ein bestimmtes Objekt gerichtet ist, sondern meist mit gewissen Lebensbedingungen und -standards verbunden ist, die durch die jeweilige Entwicklung beeinträchtigt zu werden drohen. Somit ist die Angst vor Robotern, Algorithmen und co. weniger ein Thema, von dem man sich aus technikethischer Sicht nähern muss, sondern vielmehr eines, das sich sozialethisch und gesellschaftskritisch zu betrachten lohnt.

1.2 Golem, Hommunculus und co. – ein Blick in die Literatur

Die Angst vor *künstlichen* Figuren aufgrund eines vermeintlichen Kontrollverlustes von Menschen über ihre eigenen Lebensbedingungen taucht in vielen literarischen Werken auf, so auch in der traditionellen jüdischen Erzählung über die Kunstfigur *Golem*. Ende des 12. Jahrhunderts wurde diese Figur erstmals schriftlich erwähnt: „Der Golem ist ein menschenähnliches Geschöpf, geschaffen in einem magischen Akt durch den Gebrauch heiliger Namen" (Schlich 1998, S. 543). *Golem*, in der Regel als stumm, weise und kräftig (ebd.) beschrieben, wurde nach der Erzählung in einem mystischen Ritual geschaffen:

> „Die Teilnehmer an einem solchen Ritus nahmen jungfräuliche, also unbearbeitete Erde [...], die sie in fließendem Wasser kneteten und formten daraus eine Figur, den Golem. Um diesen gingen sie herum wie in einem Tanz." (Ebd., S. 544)

Die Erschaffung eines Golems, die im Judentum des Mittelalters meist Gelehrten und Rabbinern zugeschrieben wurde, galt als Zeichen der Weisheit und kann als Imitationsversuch der Schöpfungsleistung Gottes gesehen werden – ein beliebtes Narrativ in der Literatur über Roboter, Automaten etc.: „Die Golem-Erschaffung war der Versuch, Gott durch aktives Nachvollziehen seiner Schöpfungstätigkeit zu verstehen" (ebd., S. 557). Während die Stärke des Golems zunächst positiv beurteilt wurde, kam in der Frühen Neuzeit der Aspekt der Bedrohung hinzu:

> „Jetzt verfügte der Golem plötzlich über ungeheure Kräfte, wuchs über alles Maß, zerstörte gar die Welt und richtete großes Unglück an. Von nun an begleitete diese Gestalt das Unheimliche, von dem die alten Golemvorstellungen noch nichts wussten." (Ebd.)

Das Motiv der Erschaffung eines künstlichen Wesens gleich einem göttlichen Schöpfungsakt, dessen Kraft rasch außer Kontrolle geraten kann, findet sich bereits in der Schrift des Paracelsus *De generatione rerum naturalium* aus dem 16. Jahrhundert (vgl. Reichwald 2017, S. 119). Dessen Erfindung eines künstlichen Menschleins, Homunculus, aus einer Mischung von Sperma und Pferdemist griff der Dichter Johann Wolfgang von Goethe (1832) in *Faust. Der Tragödie zweiter Teil* (Zweiter Akt, *Laboratorium*) wieder auf. Der Naturwissenschaftler Wagner vermag in Fausts Werk – im Gegensatz zum eher puristisch entstandenen Golem – nur mit „viel hundert Stoffen" einen künstlichen Menschen in einem Reagenzglas zu schaffen:

> „Es leuchtet! seht! – Nun lässt sich wirklich hoffen
> Daß, wenn wir aus viel hundert Stoffen,
> Durch Mischung – denn auf Mischung kommt es an, –
> Den Menschenstoff gemächlich komponieren,

In einen Kolben verlutieren
Und ihn gehörig kohobieren,
So ist das Werk im Stillen abgetan.
[...]
Es wird! die Masse regt sich klarer,
Die Überzeugung wahrer, wahrer:
Was man an der Natur Geheimnisvolles pries,
Das wagen wir verständig zu probieren,
Und was sie sonst organisieren ließ,
Das lassen wir kristallisieren."

Geht es im zweiten Teil von Goethes Tragödie noch um die fiktive Erschaffung eines künstlichen Menschen, beginnt im 18. Jahrhundert die tatsächliche Entwicklung von Automaten auf der technischen Grundlage von mechanischen Uhrwerken (z. B. beim so genannten *Silbernen Schwan*[2]). Ab Beginn der 1920er-Jahre fand die Erfindung technisierter künstlicher Wesen, dann auch als *Roboter* bezeichnet, Einzug in die Filmwelt: *Metropolis* (1927), *Odysee im Weltraum* (1968), *Westworld* (1973), *Krieg der Sterne* (1977), *Blade Runner* (1982), *Terminator* (1984), *Nummer 5 lebt* (1986), *Robocop* (1987), *Matrix* (1999), *A. I. Künstliche Intelligenz* (2001), *I robot* (2004), *Robot & Frank* (2012), *Her* (2013), *Ex machina* (2015) usw. Der weibliche Roboter im Stummfilm *Metropolis* von Fritz Lang wird dort als *Maschinenmensch* bezeichnet. Ähnlich wie die späten Erzählungen der Golem-Figur, hat dieser etwas sehr Mechanisches. Es handelt sich um eine maschinelle Nachahmung einer der Hauptfiguren, Maria, deren Erschaffung bereits ambivalente Motive zugrunde liegen: Der Herrscher über Metropolis hegt mit ihr das Ziel, die Arbeiter noch mehr auszubeuten; der Ingenieur und Erfinder möchte sich an jenem rächen und durch den *Maschinenmenschen* Metropolis zerstören lassen.

Was sich bereits in *Metropolis* zeigt, zieht sich als konstantes Motiv durch die Literatur- und Filmgeschichte: Sobald Roboter eine Rolle spielen, geht es entweder um die Reflexion sozialer Beziehungen oder um gesellschaftliche Lebens- und Arbeitsbedingungen von Menschen. Die im Film *Metropolis* anklingende Kapitalismuskritik ist auch ein zentrales Motiv des bereits 1921 uraufgeführten Theaterstücks *R. U. R.* (Originaltitel: *Rossumovi Univerzální Roboti*, deutsch von Otto Prick 1922 *Werstands universal Robots*, daher auch W. U. R. abgekürzt) des tschechischen Autors Karel Čapek. Hier wird der Begriff *Roboter* – auf tschechisch heißt *robota* Frondienst

---

2 Der Silberne Schwan ist eine aus Silber gefertigte Statue in Form eines Schwans, die der Uhrmacher James Cox im 18. Jahrhundert gebaut hat. Mithilfe eines aufziehbaren Uhrwerks im Inneren der filigranen Silberfigur können sich Kopf und Hals des Schwans bewegen. Heute befindet sich der Schwan im Bowes Museum in Barnard Castle in England (vgl. Henkel 2017).

– erstmals verwendet. Es wird angenommen, dass Čapeks Bruder Josef, Maler und Schriftsteller, den Begriff erfand (vgl. hierzu Klíma 2004, S. xvi). Im Theaterstück werden in der Firma *Rossums Universalroboter* sehr menschenähnliche Roboter, heute würde man von *Androiden* sprechen, als Arbeitskräfte hergestellt. Der Stoff, aus dem sie hergestellt werden, wird nicht genannt, dafür gibt es in der Fabrik unter anderem eine Knochenabteilung sowie eine Spinnerei, in der Nerven, Adern und Verdauungsschläuche hergestellt werden (vgl. Čapek 2017, S. 16). Rein physisch gesehen sind die Roboter also recht menschenähnlich, jedoch sind sie hierarchisch den Menschen zunächst unterstellt und verrichten schwere Arbeiten. Harry Domin, der aktuelle Besitzer der Firma (das Stück spielt etwa in den 1960er-Jahren), fragt die Menschenrechtsaktivistin und Präsidententochter Helena (in manchen Übersetzungen auch Helene genannt) Glory an einer Stelle:

> „DOMIN. [...] Was meinen Sie, was für ein Arbeiter praktisch der beste ist?
> HELENE. Der beste? Vielleicht jener, der – der – Wenn er ehrlich – und ergeben ist.
> DOMIN. Nein, sondern der billigste. Der, welcher die geringsten Bedürfnisse hat."
> (Ebd., S. 12)

Der menschliche Wert ist ein Kernthema des Dramas. Wozu bedarf es Menschen, wenn es äußerlich – und, wie sich später herausstellt auch seelisch – nahezu menschenähnliche Roboter gibt, die wesentlich effizienter arbeiten können als Menschen? Die Angst der Menschen vor den Robotern in *R. U. R.* richtet sich also in erster Linie auf die Tatsache, ersetzbar zu sein. Damit zusammen hängt die Frage nach dem Wert der Arbeit und dem Selbstbild von Menschen bzw. der Definition der *conditio humana*. Karel Čapek betonte, dass es ihm in *R. U. R.* weniger darum ging, mögliche Gefahren im Zusammenhang mit technischen Entwicklungen aufzuzeigen, sondern vielmehr darum, die Situation der Menschen und das bedrückende Gefühl zu verdeutlichen, das mit dem Gedanken an eine mögliche Auslöschung der Menschheit verbunden ist:

> „[...] I wasn't concerned about Robots, but about people. If there was anything I thought exhaustively about in constructing the play, it was the fate of the six or seven people who were supposed to represent humanity. Yes, it was my passionate wish that at the moment of the robots' attack, the audience felt that something valuable and great was at stake, namely humanity, mankind, us. That ‚us' was all-important, that was the leading idea, that was the vision, the real program of the entire work [...] I wanted to show by means of a small group of people, within the brief space of two or three hours, what humanity was all about." (Klíma 2004, S. xvii)

Das Drama endet schließlich mit einer Liebesszene zwischen zwei Robotern und einem Verweis auf die Schöpfungsgeschichte, was darauf hindeutet, dass sich die

Roboter mittlerweile selbst reproduzieren können und dafür keines Menschen mehr bedürfen. Alles läuft darauf hinaus, dass die Menschheit nach dem Tod des letzten Menschen ausgestorben sein wird und die Roboter weiter leben werden. Die Angst vor der Auslöschung der Menschheit durch technische Entwicklungen ist zumindest in *Metropolis* und *R. U. R.* keine Angst vor einem bestimmten Objekt, einem einzelnen Roboter und seinen Handlungen etwa, sondern vielmehr vor den gesellschaftlichen und individuellen Konsequenzen, die die Handlungen der künstlichen Figuren mit sich bringen. Allein die Entwicklung von Roboters kann so gesehen existenziell lebensbedrohlich sein. Die äußere Erscheinung von Maschinen spielt dabei, wie auch im Folgenden deutlich werden wird, nur eine untergeordnete Rolle für die Mensch-Roboter-Interaktion.

1.3 *Uncanny valley* und das Inferioritätsproblem

„Was Roboter für uns interessant macht, ist ihre menschenähnliche Intelligenz. Das künstliche Gehirn macht den Roboter zum künstlichen Menschen." (Schlich 1998, S. 552) Dies gilt für Čapeks Drama nur bedingt. Die Roboter in *R. U. R.* sind zunächst effiziente Arbeiter, die den Menschen das Leben erleichtern sollen. Was sie interessant macht, ist dabei weniger ihre Menschenähnlichkeit, also die Tatsache, dass sie ebenso wie Menschen, Gefühle haben, sich lieben und somit selbst reproduzieren können. Wäre in Čapeks Drama eine friedliche Koexistenz von Menschen und fast menschengleichen Robotern (freilich ohne Hierarchie oder zumindest ohne größere Machtunterschiede beider Gruppen) möglich, wäre es kein Drama. Viel interessanter und wichtiger ist die Tatsache, dass die Roboter in *R. U. R.* die menschlichen – und damit fehlbaren – Eigenschaften zu perfektionieren vermögen und damit zu einer ernsthaften Konkurrenz für Menschen werden. Was Schlich schreibt, dass nämlich „[d]ie seltsame Empfindung zwischen Vertrautheit und Fremdheit, die der künstliche Mensch in uns auslöst, [...] besonders kraß zutage [tritt], wenn Robotervisionen die Liebe zum Thema machen" (Schlich 1998, S. 553), ist nicht der eigentliche Kernpunkt der im Theaterstück zutage tretenden Bedrohung. Wozu, so mag man im Anschluss an das Stück vielmehr denken, soll es noch gewöhnliche Menschen geben, wenn es perfekte Menschen in Form von Robotern geben kann? Die setzt freilich die These voraus, dass Menschsein nicht als Selbstzweck verstanden wird, sondern die Verrichtung von Arbeit eine grundlegende Bedingung dafür ist (siehe hierzu auch Punkt 1.4).

Dass Menschenähnlichkeit auch einen Hinderungsgrund bei der menschlichen Akzeptanz von Robotern darstellen kann, zeigt die Theorie des *uncanny valley* des japanischen Robotikers Masahiro Mori (1970). Demnach steigt die Akzeptanz von maschinell simulierten, menschlichen Eigenschaften (beispielsweise das Aussehen oder Reaktionen wie Sprache oder Emotionen) zunächst linear an, erfährt dann aber ab einem gewissen Punkt einen starken Einbruch. Hier schlagen Akzeptanz und Begeisterung in ein Gefühl von Unbehagen oder Unheimlichkeit gegenüber Androiden um. Diese Tatsache bestätigt die These, dass die Angst von Menschen vor Robotern eine indirekte und nicht gegen diese selbst gerichtet ist, sondern die Veränderung der menschlichen Lebensumstände betrifft, die mit dem Einsatz von Robotern verbunden sind. Demnach haben Menschen kein Problem mit ihnen ähnlichen Robotern, solange diese ihnen nicht *zu* ähnlich werden – Ähnlichkeit freilich nicht nur auf Äußerlichkeiten bezogen, sondern auch auf psychische Zustände und körperliche wie geistige Fähigkeiten. Wenn es beispielsweise im Film *Her* (2013) komisch erscheint, dass ein Mann ein Computerprogramm liebt, so liegt dies nicht daran, dass ein Computer kein Mensch ist, sondern vielmehr daran, dass das Programm in seinem (bzw. ihrem) Verhalten so sehr menschenähnlich ist, dass es (bzw. sie) trotz aller physischer Unmenschlichkeit Eifersucht und andere starke Gefühle auszulösen vermag. Dies kulminiert in der zunächst völlig harmlos erscheinenden Frage der Hauptfigur Theodore an das Programm namens Samantha, wie viele ähnliche Liebesbeziehungen sie führe. Ihre für Theodore schockierende Antwort: 641. Parallel unterhalte sie sich außerdem mit 8316 weiteren Personen.

Sei es in den Filmen *Her* (2013) und *Ex machina* (2015) oder in Isaac Asimovs (2016) Kurzgeschichte *Geliebter Roboter*, die er im Jahr 1957 verfasste. Darin verliebt sich eine Frau in ihren Haushaltsroboter[3]: Unheimlich sind die Liebesbeziehungen aufgrund der Menschenähnlichkeit der Roboter oder Androiden auf emotionaler Ebene bei gleichzeitiger Übermenschlichkeit in anderen Belangen. Das Computerprogramm Samantha im Film *Her* sucht sich beispielsweise ihren Namen innerhalb einer Sekunde mittels einer Analyse von 180 000 Namen in einem Buch mit dem Titel „How to Name your Baby" selbst aus. Samanthas Antwort auf die verblüffte Nachfrage Theodores: „That's the one I liked the best." Dabei ist unklar,

---

3 Der russisch-amerikanische Schriftsteller und Biochemiker Isaac Asimov wird heute vor allem in Zusammenhang mit seinen Robotergesetzen (1950) rezipiert: „1. A robot may not injure a human being or, through inaction, allow a human being to come to harm. 2. A robot must obey the orders given it by human beings except where such orders would conflict with the First Law. 3. A robot must protect its own existence as long as such protection does not conflict with the First or Second Laws." Asimov hat viele Science-Fiction-Geschichten geschrieben, die die Liebe zwischen Menschen und Robotern thematisieren, so zum Beispiel True Love (1977), in dem ein Mann ein Computerprogramm entwickelt, das ihm die perfekte Partnerin finden soll – ein Vorläufermodell heutiger Datingplattformen, das sich in Asimovs Geschichte allerdings verselbstständigt und die Partnerin letztendlich für sich selbst sucht.

nach welchem Muster Samantha Bewertungen vornimmt, was also „like" in ihrem System bedeutet. Es scheint nicht zuletzt ihre menschliche, zuweilen erotische und meist einfühlsame Stimme zu sein, die bei Theodore etwas auslöst, was allgemein als *Inferioritätsproblem* bezeichnet werden kann: Das Gefühl, dass eine Maschine, ein Android oder Roboter so menschenähnlich wird, dass er oder sie über die *normalen* menschlichen Fähigkeiten hinaus Eigenschaften hat oder entwickelt, die als existentielle Bedrohung und fulminante Konkurrenz wahrgenommen werden.

Das paradigmatische Modell einer solchen Inferioritätsproblematik stellen die so genannten *Maschinenstürmer* (Spehr 2000) in Deutschland, Österreich und der Schweiz oder die *Ludditen* in England (Jones 2006) dar. Diese Protestbewegungen des 19. Jahrhunderts richteten sich gegen die sozialen Ungerechtigkeiten, die aus der industriellen Revolution erwuchsen. Mit der Absicht, zu verhindern, dass Maschinen Arbeiter ersetzen oder sich deren Lohnbedingung dadurch verschlechtern könnten, zerstörten Anhänger der Bewegung die neuen industriellen Errungenschaften – häufig in Textilfirmen. Zusammen mit den Weberaufständen sind dies Beispiele dafür, dass sich die Wut der Arbeiter nicht gegen die – im kapitalistischen Sinn sogar gewinnbringenden – Maschinen selbst richtete, sondern gegen die sozialen Ungerechtigkeiten, die infolge der Industrialisierung entstanden.

1.4 Wert der Arbeit und prometheisches Gefälle

Die Gefahr, die Menschen damals in Maschinen sahen und die Journalisten heutzutage in automatischen Schreibprogrammen sehen könnten, Briefträger in intelligenten Auslifersystemen und Ärzte in computergestützten Diagnosesystemen auf der Basis riesiger Datensätze, beinhaltet also den potenziellen Ersatz von Menschen durch entsprechende, *intelligentere* Technik (siehe hierzu auch die Definition von *Intelligenz* unter Punkt 1.1). Karel Čapek nahm in seinem Drama somit eine Diskussion auf, die im 21. Jahrhundert in Form von Argumenten für ein so genanntes *bedingungsloses Grundeinkommen* wiederkehren sollte (vgl. Franzmann 2010; Walker 2016): Die Vorstellung, dass viele monotone Arbeiten, insbesondere industrielle Tätigkeiten keinen intrinsischen Wert haben und daher durchaus problemlos von Maschinen getätigt werden können; darüber hinaus, so die Idee, sollen Menschen mit einem monatlichen Grundgehalt ausgestattet werden, um ihre Kapazität selbstbestimmt für beispielsweise kreative und soziale Beschäftigungen zu verwenden, und nicht für extrinsische Motivationen wie Geld zu arbeiten. Čapek (2017, S. 25–26) lässt Harry Domin das in diesem Zusammenhang Passende sagen:

> „Aber in zehn Jahren werden Werstands Universal Roboter so viel Weizen, so viele Stoffe, von allem so viel erzeugen, daß die Dinge keinen Wert mehr haben werden. Nun nehme jeder, wieviel er braucht. Es gibt keine Not. Ja, sie werden ohne Arbeit sein. Aber es wird dann überhaupt keine Arbeit mehr geben. Alles werden lebende Maschinen verrichten. Roboter werden uns bekleiden und sättigen. Roboter uns Ziegel herstellen und Häuser bauen. Roboter werden für uns Zahlen schreiben und unsere Stiegen fegen. Keine Arbeit wird es geben. Der Mensch wird nur das tun, was er liebt: Er wird aller Sorgen ledig und von der Erniedrigung der Arbeit befreit sein. Er wird nur leben, um sich zu vervollkommnen. [...] Niemand wird mehr sein Brot bezahlen mit Leben und Haß. [...] Nicht mehr wirst du deine Seele verschwenden an Arbeit, die du verfluchest. [...] Adam, Adam! [...] Du wirst frei und erhaben sein; du wirst keine andere Aufgabe, keine andere Arbeit, keine andere Sorge haben als dich selbst zu vervollkommnen. Du wirst weder der Materie noch dem Menschen dienen. Du wirst keine Maschine und Mittel der Erzeugung sein. Du wirst der Herr der Schöpfung sein."

Diese, einer Predigt ähnliche Szene beschließt ein Kollege Domins folgerichtig mit „Amen" (ebd., S. 26). Es kommt jedoch anders als Domin prophezeite: Roboter ersetzen am Ende alle Menschen. Ob Arbeit generell etwas Positives oder Negatives ist, kann freilich nicht pauschal beantwortet werden, sondern hängt mitunter von der Art der Arbeit, individuellen Ansichten und Neigungen sowie den sozialen Strukturen einer Gesellschaft oder eines Staates ab. Eines aber scheint aus heutiger Sicht klar zu sein: Nur, wenn es in einer kapitalistischen Gesellschaft finanziellen Ausgleich in irgendeiner Form für Arbeitslosigkeit gibt, kann diese auch als positiv bewertet werden. Man solle nicht denken, so meinte Georg Friedrich Jünger in seiner kritischen Schrift *Die Perfektion der Technik*, die er in der Zeit und angesichts des Nationalsozialismus entwickelte, dass der Wegfall von Arbeit zwangsläufig Muße oder künstlerischer Tätigkeiten begünstigt:

> „Ein allgemein verbreiteter Glaube ist heute nicht nur, daß durch die Technik dem Menschen Arbeit abgenommen wird, geglaubt wird auch, daß er durch diese Verminderung der Arbeit an Muße und freier Beschäftigung gewinnen wird. [...] Doch handelt es sich um eine Behauptung, deren Stichhaltigkeit unerweisbar ist und die durch beständige Wiederholung nicht glaubwürdiger wird. Muße und freie Beschäftigung sind Zustände, die nicht jedem offenstehen, ihm nicht von vornherein eingeräumt sind, an sich auch mit der Technik nichts zu schaffen haben. Ein Mensch, dem Arbeit abgenommen wird, wird dadurch noch nicht fähig zur Muße, erlangt dadurch noch nicht die Fähigkeit, seine Zeit zu freier Beschäftigung zu verwenden. Muße ist nicht ein bloßes Nichtstun, ein Zustand, der negativ bestimmt werden kann; sie setzt ein müßiges, musisches, geistiges Leben voraus, durch das sie fruchtbar wird und Sinn und Würde erhält." (Jünger 1980: 14)

Andere Philosophen und Schriftsteller zu jener Zeit, stießen in dasselbe Horn und warnten von einer zu positiven Bewertung des Wegfalls von Arbeit durch Technik und Maschinen, so zum Beispiel Herbert Marcuse und Günther Anders. Seine Kritik an der Zivilisation und den technischen Entwicklungen im 20. Jahrhundert fasst Günther Anders in einem Begriff zusammen, der die Diskrepanz zwischen der zunehmenden Perfektion von Maschinen und der (immer größer erscheinenden) Unvollkommenheit des Menschen ausdrückte: das *prometheische Gefälle*. Darunter versteht Anders (1968, S. 16) die „Tatsache der täglich wachsenden *A-synchronisiertheit des Menschen mit seiner Produktwelt*, die Tatsache des von Tag zu Tag breiter werdenden Abstandes". Gemäß dieser Theorie, die Anders *Die Antiquiertheit des Menschen* betitelt, bringt das Gefälle den menschlichen Wunsch mit sich, selbst wie eine Maschine zu sein. Die *Antiquiertheit des Menschen* hat demnach ihren Ursprung in der Zeit als Werkzeuge, die nach Anders als Erweiterungen der natürlichen Organe des Menschen angesehen werden können, durch Maschinen mit ihren eigenen Dynamiken ersetzt werde. Das Gefühl der Unterlegenheit des Menschen gegenüber seinen eigenen technischen Entwicklungen bezeichnet er als *prometheische Scham*. Es sei also

> „[...] nicht unmöglich, daß *wir*, die wir diese Produkte herstellen, drauf und dran sind, eine Welt zu etablieren, mit der Schritt zu halten wir unfähig sind, und die zu ‚fassen', die Fassungskraft, die Kapazität sowohl unserer Phantasie wie unserer Emotionen wie unserer Verantwortung absolut überforderte. Wer weiß, vielleicht haben wir eine solche Welt bereits etabliert." (Anders 1968, S. 17–18)

Die Sorge, Umstände zu schaffen, in denen sich Menschen selbst abschaffen, weil es Maschinen, Roboter und Computerprogramme gibt, die die Aufgaben wesentlich effizienter erledigen, diese Sorge, die in *R. U. R.* in einer Weise konsequent zu Ende gedacht wird, ist auch die Grundmotivation für öffentliche Bedenken gegen die aktuellen Entwicklung in der Robotik und im Bereich der *künstlichen Intelligenz* (siehe hierzu auch Punkt 2). Dabei ist klar, dass angesichts der inzwischen großen Vielfalt an möglichen Einsatzgebieten von Robotern und intelligenten Computerprogrammen differenziert werden muss: Welche Entwicklungen sind tatsächlich per se gefährlich? Und bei welchen Entwicklungen fürchten Menschen womöglich eher eine Änderung der eigenen Lebens- und Arbeitsbedingungen? Die Frage ist also: Wogegen richtet sich Angst vor Robotern und *KI* tatsächlich? Und wie ist dies ethisch zu bewerten?

2 Angst wovor? Eine (medien-) ethische Beurteilung

Angesichts des immensen Spektrums von Robotern, Maschinen und Computerprogrammen – vom Saugroboter, über die Robbe, welche die Emotionen alter Menschen anrühren soll, über ein mechanisches Kuscheltier, das in Therapien mit autistischen Kindern eingesetzt wird, über Sex-Puppen und Algorithmen, die das Kaufverhalten von Menschen analysieren bis hin zu ferngesteuerten Kriegsdrohnen (vgl. z. B. Tzafestas 2016) –, ist es angemessen, bezüglich einer ethischen Beurteilung des Einflusses von Robotern und *KI* verschiedene Einsatzgebiete zu unterscheiden. Verhältnismäßig einfache Roboter, denen ein begrenztes Regelwerk und damit nur bestimmte *Handlungskapazitäten* zugrunde liegen, sind einerseits unbedenklich, da von ihnen nicht zu erwarten ist, dass sie eigene *Entscheidungen* außerhalb des vorgesehenen Rahmens treffen (vgl. Abovitz 2001).[4] Was man im Zusammenhang mit Robotern im Sozialbereich diskutieren kann und sollte, ist vielmehr, ob und in welchem Umfang sie eingesetzt werden sollten (vgl. z. B. Klein 2010) – als Ersatz von menschlichen Pflegekräften? Kann das funktionieren? Oder als Ergänzung? Und: Verbergen sich hinter dem Einsatz von Robotern andere Motive, wie Kostenersparnis durch die Reduktion von Pflegepersonal? Wie müsste das Gesundheitssystem angepasst werden, um den Einsatz von Robotern zu rechtfertigen usw. Die Gefahren oder berechtigte Sorgen in diesem Bereich betreffen also vor allen Dingen die Bedingungen, unter denen beispielsweise Pflegeroboter eingesetzt werden.

Anders ist es bei Kriegsrobotern oder (teil-) automatisierten Waffen. Die Funktion dieser Geräte ist (entgegen dem bekannten Brotmesser-Waffe-Beispiel, vgl. Ullrich in diesem Band) eine per se moralisch problematische, nämlich: töten. Unbemannte, semiautonome oder ferngesteuerte Luftfahrzeuge sind bereits im Einsatz (vgl. z. B. Cordeschi 2013; Sparrow 2007). An einer Vollautomatisierung wird gearbeitet. Die Angst vor solchen Robotern ist in sofern anders, da unklar ist, nach welchen Regeln letale Drohnen ihre Ziele aussuchen. Wenngleich hier irgendwann die Gefahr von einzelnen, konkret zu bezeichnenden Drohnen oder Robotern ausgehen mag, so stehen bei dem Einsatz solcher Technologien stets menschliche Entscheidungen im Hintergrund. Die ethische Verantwortung kann also auch dann nicht auf Maschinen übertragen werden, wenn diese selbst *Entscheidungen* treffen und ihre Algorithmen autonom weiterentwickeln. „Wir reden nicht über Terminator", sagte der Politikwissenschaftler Frank Sauer von der Universität der Bundeswehr München in einem Interview mit dem *Südwestrundfunk* und meinte damit, dass es bei Kriegsdrohnen nicht um humanoide Roboter geht, sondern um

> „[...] eine vielleicht gar nicht so von außen unbedingt sichtbare Veränderung von konventionellen Waffensystemen, die ganz normal aussehen, vielleicht etwas futuristischer wie die Drohnen, die wir heute sehen, wie die Panzer, die wir heute

---

4 Ob unter welchen Bedingungen sinnvoll ist, Maschinen die Fähigkeit zuzuschreiben, Entscheidungen fällen zu können, ist umstritten, da dann auch die Frage nach der Verantwortlichkeit von Maschinen erörtert werden muss (vgl. hierzu Wölm und Rath in diesem Band).

sehen, die Schiffe und Unterseeboote. Aber eben ausgestattet mit einer künstlichen Intelligenz, die den Systemen erlaubt, sehr viel autonomer Aufgaben zu übernehmen und sich zurecht zu finden, Entscheidungen zu treffen, eben unter Umständen auch die Entscheidung, Menschen zu töten. Und davon sind wir nicht so weit entfernt."[5]

Die mediale Berichterstattung unterstützt eine Rhetorik, die vermuten lassen könnte, dass die technischen Entwicklungen selbst die Verantwortung für die Folgen ihres Einsatzes tragen. „Sie schürfen in unseren Daten. Sie steuern Maschinen. Sie machen Meinung. Algorithmen sind überall."[6] „Algorithmen, die künstlichen Geschmacksverstärker. Amazons grottenschlechte Empfehlungen waren erst der Anfang: Auch bei Musik- und Film-Streaming bestimmt Computer-Software, was User sehen oder hören."[7] „Personalisierung. Dem Algorithmus fehlt das Bauchgefühl."[8] Solche und ähnliche Schlagzeilen finden sich in Medien unterschiedlicher Qualitätsansprüche und Interessen, egal ob im öffentlich-rechtlichen Rundfunk, ob im privaten Fernsehen, in der überregionalen Zeitung oder der lokalen Klatschpresse. Eine der verwendeten Metaphern ist *Macht*, zum Beispiel die „Macht der Algorithmen"[9]. Auch von *Grenzen* ist die Rede, den „Grenzen der künstlichen Intelligenz"[10], von den *Gefahren*, die von Robotern ausgehen[11] oder der Frage, ob *künstliche Intelligenz* „uns eines Tages töten"[12] werde. Dabei können drei Eigenschaften der vorherrschenden Narrative identifiziert werden:

1. Eine direkte negative Wortwahl: *Angst, Gefahr, Tod, Macht, Vormarsch*. Solche und ähnliche Begriffe sind negativ konnotiert und suggerieren daher eine negative Beurteilung des zu beschreibenden Computerprogramms oder der Maschine. Aus

---

5   Vgl. http://www.swr.de/swr2/programm/sendungen/wissen/krieg-mit-autonomen-waffen/-/id=660374/did=17106218/nid=660374/1vodbag/. Zugegriffen: 2. April 2017.
6   Vgl. http://www.deutschlandfunk.de/mensch-und-maschine-die-macht-der-algorithmen.1301.de.html?dram:article_id=382802. Zugegriffen: 2. April 2017.
7   Vgl. http://www.sueddeutsche.de/digital/kolumne-netznachrichten-von-fuehrender-software-empfohlen-1.3139072. Zugegriffen: 2. April 2017.
8   Vgl. http://www.bild.de/corporate-site/blog/blog_bild/04-personalisierung-48577202.bild.html. Zugegriffen: 2. April 2017.
9   Vgl. bspw. http://www.spektrum.de/kolumne/die-macht-der-algorithmen/1429137. Zugegriffen: 2. April 2017.
10 Vgl. http://www.spektrum.de/news/die-grenzen-der-kuenstlichen-intelligenz/1409149. Zugegriffen: 2. April 2017.
11 Vgl. http://www.bild.de/geld/wirtschaft/kuenstliche-intelligenz/so-gefaehrlich-koennen-roboter-werden-49015806.bild.html#fromWall. Zugegriffen: 2. April 2017.
12 Vgl. http://www.pcwelt.de/ratgeber/Kuenstliche-Intelligenz-Wird-sie-uns-eines-Tages-toeten-10029572.html. Zugegriffen: 2. April 2017.

journalistischer Sicht sind solche Texte und Formen der Berichterstattung keine Nachrichten oder Berichte, sondern Kommentare. Als solche werden aber nur wenige Texte derart gekennzeichnet (siehe z. B. die ausgewählten Beispiele oben).
2. Eine indirekte negative Wortwahl: Einige Medien verwenden Metaphern, die zwar per se nicht negativ sein müssen, aber doch negativ konnotiert sind, wie zum Beispiel der Begriff *künstliche Geschmacksverstärker*.
3. Negativer Kontext: Der Begriff des *Priming* ist in der Psychologie bereits seit den 1960er-Jahren, der spezifischere Begriff des *Medien-Priming* seit den 1990ern, bekannt (vgl. hierzu Tulving und Schacter 1990; Scheufele und Tewksbury 2007). Gemeint ist die Tatsache, dass ein vorhergehender Reiz die Wahrnehmung eines anderen Reizes beeinflussen kann. In der medialen Rezeption – auch *Medien-Priming* genannt (vgl. Iyengar und Kinder 1987) – bedeutet das, dass die Bewertung von Wörtern (z. B. *grottenschlecht*) andere Wörter (z. B. *Computer-Software* oder *Algorithmus*) negativ beeinflussen kann.

Entgegen der obigen Auswahl der medialen Berichterstattung über KI, Algorithmen und Roboter sind die Adressaten von Angst und Befürchtungen in diesem Zusammenhang, zum Beispiel in Bezug auf die Lebens- und Arbeitsbedingungen von Menschen, politische oder wissenschaftliche Entscheidungsträger und nicht die technischen Entwicklungen selbst. Maschinen, Algorithmen und Robotern Verantwortung zuzuschreiben, würde bedeuten, die Verantwortung dieser Entscheider zu untergraben. Verantwortung ist eine Kategorie, die zumindest noch Menschen zugeschrieben wird, nicht aber Robotern, Algorithmen oder *intelligenten* Computersystemen im anfangs beschriebenen Sinne.

Literatur

Abovitz, Rony (2001). Digital surgery: the future of medicine and human robot symbiotic interaction. *Industrial Robot: An international Journal*, 28 (5), 401–406. London: MCB UP Ltd.
Anders, G. (1968). *Die Antiquiertheit des Menschen. Über die Seele im Zeitalter der zweiten industriellen Revolution*. München: Beck.
Asimov, I. (1950). *I, robot*. New York: Gnome Press.
Asimov, I. (1977). True love. *American Way*. Dallas: Ink Global.
Asimov, I. (2016). *Geliebter Roboter. Erzählungen*. München: Heyne. Engl. Originalausgabe (1957): *Earth is Room Enough*. Doubleday/ SFBC.
British Science Association (2017). *One in three believe that the rise of artificial intelligence is a threat to humanity*. https://www.britishscienceassociation.org/news/rise-of-artificial-intelligence-is-a-threat-to-humanity. Zugegriffen: a5.09.2017.

Čapek, K. (2017). *W. U. R. Werstands universal Robots*. Übersetzt von Otto Pick. Neuausgabe, hg. von K.-M. Gutz (Sammlung Hofenberg). Berlin: Contumax [original tschechisch 1921, original deutsch 1922].

Carlson, Matt (2015): The Robotic Reporter. Automated journalism and the redefinition of labor, compositional forms, and journalistic authority. *Digital Journalism* 3 (3), 416–431.

Cordeschi, Roberto (2013): Automatic decision-making and reliability in robotic systems: some implications in the case of robot weapons. *AI & Society*, 431–441.

Culnan, Mary, McHugh, Patrick und Zubillaga, Jesus (2010): How Large U.S. Companies Can Use Twitter and Other Social Media to Gain Business Value. *MIS Quarterly Executive* 9 (4), 243–259.

Davis, Fred (1989): Perceived usefulness, perceived ease of use, and user acceptance of information technology. *MIS Quarterly* 13 (3), 319–340.

Ellison, Nicole, Steinfield, Charles, Lampe, Cliff (2007): The Benefits of Facebook ‚Friends:' Social Capital and College Students' Use of Online Social Network Sites. *Journal of Computer-mediated communication* 12 (4), 1143–1168.

Ethik-Kommission (2017): *Automatisiertes und vernetztes Fahren*. Online: https://www.bmvi.de/SharedDocs/DE/Publikationen/G/bericht-der-ethik-kommission.pdf?blob=publicationFile. Zugegriffen am 29.09.2017.

Franzmann, Manuel (2010): *Bedingungsloses Grundeinkommen als Antwort auf die Krise der Arbeitsgesellschaft*. Göttingen: Velbrück.

Goethe, J. W. (1832). *Faust. Der Tragödie Zweiter Teil*. Stuttgart, Tübingen: Cotta.

Görz, Günther, Rollinger, Claus-Rainer und Schneeberger, Josef (Hrsg.) (2003): *Handbuch der Künstlichen Intelligenz* (4. korr. Aufl.). München, Wien: Oldenbourg.

Hackel-de-Latour, Renate (2015): Automaten, Algorithmen, Drohnen. Die Hilfstruppen des Journalismus – Potentiale, Grenzen, Gefahren. *Communicatio Socialis* 48 (1), 4–5. Baden-Baden: Nomos.

Hawking, S. (2016). This Is The Most Dangerous Time For Our Planet. *UNLIMITED*. https://www.unlimited.world/unlimited/this-is-the-most-dangerous-time-for-our-planet. Zugegriffen am 28. März 2016.

Henkel, Imke (2017). Im Gruselkabinett der Seelenlosen. *Zeit Online*. http://www.zeit.de/wissen/2017-03/roboter-ausstellung-london-kuenstliche-intelligenz-mensch-maschine/komplettansicht. Zugegriffen am 4.10.2017.

Iyengar, Shanto und Kinder, Donald R. (1987): *News that matters: television and American opinion*. American politics and political economy. Chicago (u.a.): Chicago University Press.

Jones, Steven E. (2006). *Against Technology. From the Luddites to Neo-Luddism*. New York, London: Routledge.

Jünger, G. F. (1980). *Die Perfektion der Technik* (6. Aufl.). Frankfurt a.M.: Klostermann.

Klein, Barbara (2010): Neue Technologien und soziale Innovationen im Sozial- und Gesundheitswesen. In Howaldt, Jürgen und Heike Jacobsen (Hrsg.), *Soziale Innovation*. Wiesbaden: VS Verlag für Sozialwissenschaften.

Klíma, Ivan (2004). Introduction. In Karel Čapek, *R. U. R. (Rossum's Universal Robots)* (1921), (vii – xxv). New York: Penguin.

Laugée, Françoise (2014): Robots et journalistes, l'info data-driven. *La revue européenne des médias et du numérique* (32). http://la-rem.eu/2014/12/09/robots-et-journalistes-linfo-data-driven/. Zugegriffen am 29.09.2017.

Mannino, Adriano, Althaus, David, Erhardt, Jonathan, Gloor, Lukas, Hutter, Adrian und Metzinger, Thomas (2015): Künstliche Intelligenz: Chancen und Risiken. *Diskussionspapiere der Stiftung für Effektiven Altruismus* 2, 1–17.

Matsuno, Fumitoshi und Tadokoro, Satoshi (2005): Rescue Robots and Systems in Japan. *2004 IEEE International Conference on Robotics and Biomimetics* (12–20), IEEE: Shenyang, China.

McClure, Paul (2017): ‚You're Fired,' Says the Robot. The Rise of Automation in the Workplace, Technophobes, and Fears of Unemployment. *Social Science Computer Review* 36 (2), 139–156.

Mori, M. (1970): The Uncanny Valley. *Energy* 7 (4), 33–35.

Neisser, Ulric (1979): The concept of intelligence. *Intelligence* 3 (3), 217–227.

Pfaffenberger, Bryan (2012): Social anthropology of technology. *Annual Review of Anthropology* (21), 491–516.

Reichwald, Anika (2017). *Das Phantasma der Assimilation: Interpretationen des »Jüdischen« in der deutschen Phantastik 1890–1930.* Göttingen: Vandenhoeck & Ruprecht.

Richter, Philipp (2017). Big Data. In Jessica Heesen (Hrsg.), *Handbuch Medien- und Informationsethik* (210–216). Stuttgart: Metzler.

Scheufele, Dietram und Tewksbury, David (2007): Framing, Agenda Setting, and Priming: The Evolution of Three Media Effects Models. *Journal of Communication* 57 (1), 9–20.

Schlich, T. (1998). Vom Golem zum Roboter. Der Traum vom künstlichen Menschen. In R. van Dülmen (Hrsg.), *Erfindung des Menschen – Schöpfungsträume und Körperbilder 1500–2000* (542–557). Wien (u. a.): Böhlau.

Sholem, Gershom (1973). *Zur Kabbala und ihrer Symbolik.* Frankfurt a. M.: Suhrkamp.

Sparrow, Robert (2007): Killer Robots. *Journal of Applied Philosophy* 24 (1), 62–77.

Spehr, Michael (2000). *Maschinensturm. Protest und Widerstand gegen technische Neuerungen am Anfang der Industrialisierung.* Münster: Westfälisches Dampfboot Verlag.

Spitzer, M. (2012). *Digitale Demenz – Wie wir unsere Kinder um den Verstand bringen.* München: Droemer Knaur.

Stöcker, Christian (2015). Künstliche-Intelligenz-Forscher warnen vor künstlicher Intelligenz. *Der Spiegel.* http://www.spiegel.de/netzwelt/netzpolitik/elon-musk-und-stephen-hawking-warnen-vor-autonomen-waffen-a-1045615.html. Zugegriffen am 1. April 2017.

The Future of Life Institute (2015). *Autonomous Weapons: an Open Letter from AI & Robotics Researchers.* https://futureoflife.org/open-letter-autonomous-weapons. Zugegriffen am 1.10.2017.

The Future of Life Institute (2017). *An Open Letter to the United Nations Convention on Certain Conventional Weapons.* https://futureoflife.org/autonomous-weapons-open-letter-2017. Zugegriffen am 1.10.2017.

Tulving, Endel, Schacter, Daniel (1990): Priming and Human Memory Systems. *Science* 247 (4940), 301–306.

Tzafestas, Spyros (2016): *Roboethics. A navigating overview.* Heidelberg, New York: Springer.

Van Dalen (2012): The algorithms behind the headlines. How machine-written news redefines the core skills of human journalists. *Journalism Practice* 6 (6), 648–658.

Van Dülmen, Richard (Hrsg.). (1998). *Erfindung des Menschen – Schöpfungsträume und Körperbilder 1500–2000.* Wien (u. a.): Böhlau.

Walker, Mark (2016): Free Money for All: A Basic Income Guarantee Solution for the Twenty-First Century (Exploring the Basic Income Guarantee). New York: Palgrave Macmillan.

Autonomie der Technologie und autonome Systeme als ethische Herausforderung

Caja Thimm und Thomas Christian Bächle

1 Einleitung

Das Spannungsfeld zwischen Mensch und Maschine, das sich durch Digitalisierungsprozesse in den Alltag der Menschen eingeschrieben hat, wird ganz wesentlich über den Begriff der „Autonomie" markiert. Ubiquitär, wenn nicht sogar inflationär gebraucht, ist er in kurzer Zeit zu einer Metapher für die Loslösung der Technik aus der menschlichen Kontrollsphäre geworden. Damit einher geht die Bobachtung, dass in immer mehr Bereichen des alltäglichen Lebens handlungsförmige Aktionen in zunehmender Zahl von technischen Systemen vollzogen werden. Der alltägliche Handlungsraum, der vormals nur mit anderen Menschen sozial geteilt werden musste, trägt zunehmend auch technische Anteile (Verbeek 2005) und hat mit Technologien wie Drohnen oder Robotern neue ‚Mitspieler' erhalten.

Ursprünglich ein Kernbegriff der Aufklärung und der Moderne, erlebt die Diskussion um Autonomie derzeit eine erstaunliche Wiederbelebung. In verschiedenen Themenfeldern – von Arbeit bis Kriegsführung, von Pflege bis Verkehr – ist eine Vervielfältigung der Autonomiediskurse zu beobachten, die vor allem einer mangelhaften Verwendungspräzision geschuldet ist. So findet sich beispielweise in der journalistischen Berichterstattung eine multidimensionale Verwendung, die von „autonomen Waffensystemen" über „autonomes Fahren" bis zur „Autonomie im Alter" reicht. Diese kaum verwandten Gebrauchsfelder des Begriffs tragen einerseits zu seiner Unschärfe bei, verschleiern andererseits aber auch seine Bedeutung.

Setzt man den Ausdruck Autonomie in den Kontext der aktuellen Debatte um die Technologisierung des Alltags, so verbindet sich damit einerseits die positive Wertung als unabhängig und selbstgesteuert, andererseits kommt damit auch die Furcht vor (zu) mächtiger Technologie und dem damit verbundenen Verlust der Kontrolle durch den Menschen zum Ausdruck. Dies ist nicht zuletzt der Tatsache geschuldet, dass die Informatik und die Kognitionswissenschaft in einem technizistischen Verständnis so genannte intelligente, selbstlernende Algorithmen oder vermeintlich eigenständig agierende Roboter „autonom" nennen, wodurch der Begriff häufig zusammen mit den geteilten Gegenstandsbereichen auch in medien- und kulturwissenschaftliche Fragestellungen importiert wird.

Die Diskurse um Autonomie stehen spätestens seit der zweiten Hälfte des 20. Jahrhunderts mit tiefgreifenden ethischen Debatten und kritisch-emanzipatorischen Reflexionen in Verbindung. Dabei geht es einerseits um ethisch kontroverse Themen wie selbstbestimmtes Sterben und Fragen des Vertrauens in autonome Systeme (z. B. der Autopilot im Flugzeug). Beide Perspektiven berühren hochaktuelle Probleme an der Schnittstelle von Technologie und Ethik mit Anschlussfähigkeit zu Gestaltungsfragen in Politik und Wirtschaft, zu denen nachhaltige gesellschaftsverträgliche Technikentwicklung genauso zählt wie informationelle Selbstbestimmung, Privatheit, informationsbasierte Individualisierung und Diskriminierung (*racial profiling*) oder Aspekte geistigen Eigentums.

Die Aktualität der Verschränkung der verschiedenen Begriffsdeutungen und -valenzen sollte jedoch nicht zur Folge haben, den Begriff der Autonomie entweder auf wenige Anwendungsfelder zu reduzieren oder – im Gegenteil – als unspezifische und universelle Zuschreibung zu verwässern. Vielmehr, so das zentrale Plädoyer des vorliegenden Beitrags, erscheint ein kontextsensibler Gebrauch geboten, der einerseits nicht auf eine technizistische Zuschreibung reduziert ist, aber andererseits normative von deskriptiven Invokationen differenziert. Entsprechend wird im Folgenden ausgelotet, welche Dimensionen für eine medienethische Reflexion auf Autonomie relevant sind.

2 Autonomie – Reflexionen zu Begriff und Kontext

Anhand begriffsgeschichtlicher Überlegungen zeigt sich zunächst, dass in diesen auch die für gegenwärtige Technologie-Diskurse typischen Verwendungsweisen angelegt sind: Erstens ist der Autonomie-Begriff stets kontextspezifisch und darauf angewiesen, in seiner diskursiven Aushandlung betrachtet zu werden; und zweitens markiert er ein Paradoxon, da er neben der Freiheit auch immer eine Form von Unterwerfung beinhaltet (Abschnitt 2.1). Beides findet seine Fortsetzung in Modellierungen des hybriden Verhältnisses zwischen Mensch und Technik, die sowohl soziale Determinanten als auch technologische Normativität berücksichtigen müssen. Autonomie erscheint daher nicht markiert durch die An- oder Abwesenheit von Intentionalität, sondern als komplexes Produkt aus Relationen in der Technologiedebatte (Abschnitt 2.2) oder in Bezug auf Einschränkungen persönlicher Autonomie durch Phänomene, die etwa als *algorithmic agency* oder *big data* beschrieben werden (Abschnitt 2.3). Erläutert werden soll daran anschließend, dass die Ethik zwar ein geeignetes Forum für die Debatte um Technologien bietet, jedoch dabei Gefahr läuft, einen problematischen Beitrag zur metaphorischen Zuschreibung von Autonomie an Technik zu leisten (Abschnitt 3.).

2.1 Autonomie – begriffsgeschichtliche Deutungsmuster

Der Begriff „Autonomie" (griech. „*autonomos, autonomia*" für Eigen- oder Selbstgesetzlichkeit, Selbstbestimmung) ist seit dem 17. Jahrhundert einer der Kernbegriffe der Moderne, der sich in Konzepten wie Religionsfreiheit, der Autonomie des Privaten gegenüber der Öffentlichkeit, einer vernunftgeleiteten Selbstbestimmung oder auch der Vorstellung eines freien Willens niederschlägt. In der griechischen Antike wird er zunächst in politischen Kontexten verwendet, später als „innere Haltung" auch auf ethische und ästhetische Kontexte erweitert.

Historisch gesehen entstammt der Autonomiebegriff der politischen Sphäre (Pohlmann 1971). Die Stadtstaaten im antiken Griechenland formulierten damit einen Anspruch auf Selbstbestimmung gegen Bedrohungen von innen (Tyrannis) und von außen (Fremdherrschaft), die jedoch stets – z. B. durch übergeordnete Bündnisregeln – begrenzt war. Dieses Verständnis findet sich auch heute vor allem in Kontexten von regionalen Unabhängigkeitsbewegungen, die eine Loslösung aus etablierten politischen Verbünden anstreben, wie z. B. die „autonomen Gemeinschaften" Baskenland oder Katalonien in Spanien. Der Gegenbegriff der Autonomie ist die „Heteronomie", verstanden als Fremdbestimmung (Pohlmann 1971). Grundgedanke der politisch bestimmten Sichtweise auf Autonomie ist damit die durch äußere und innere Determinanten einerseits begrenzte, aber durch diese Strukturen andererseits auch erst ermöglichte Selbstbestimmung.

Zentrale Basis zur Entwicklung einer aktuellen Perspektive auf Autonomie bilden die grundlegenden Begriffsbestimmungen von Autonomie durch Immanuel Kant. Autonomie wird bei ihm vom Individuum aus gedacht und als „vernünftige Selbstbestimmung" aufgefasst. Dabei bleibt die individuelle Entscheidungsfreiheit allerdings an die Gesetzlichkeit gebunden, und persönlicher Wille und moralische Qualität stehen in einem Spannungsfeld, oder wie Kant ausführt: „Autonomie des Willens ist die Beschaffenheit des Willens, dadurch derselbe ihm selbst (unabhängig von aller Beschaffenheit der Gegenstände dieses Wollens) ein Gesetz ist" (Kant 1968 [1785], BA 87). Autonom ist der „freie Wille" bzw. die „Willensfreiheit" des Subjekts in Übereinstimmung mit allgemeinen moralischen Gesetzen. Autonomie ist damit ein relationales Konstrukt und misst sich an einer spezifischen Umwelt, in der das

Individuum sich selbst definiert. Dabei wurde die enge Bindung an den Gesetzesbegriff vielfach kritisiert (Zusammenfassung bei Buss 2011). Gottschalk-Mazouz (2014, S. 1ff.) argumentiert ebenfalls in diese Richtung:

> „Eine vernünftige Handlung, als Ausdruck von Autonomie, ist jedenfalls nicht bloß eine Reaktion auf Vorgefundenes (innen/außen), auch aus Beobachtersicht nicht, sondern erfordert die aktive Ausbildung eines Verhältnisses zu diesem Vorgefundenen."

Im 18. Jahrhundert ist eine Aufteilung des Begriffsfelds zu beobachten. Einerseits lässt sich Autonomie als spezifische Form sozialer Strukturbildung beschreiben, eine „selbstbestimmte Operation", die beispielsweise als „funktionale Autonomie" der gesellschaftlichen Teilbereiche in Erscheinung tritt (Christman 2015). Andererseits ist sie als Form subjektiver Entscheidungsfreiheit zu nennen, worunter die intentionale Entscheidung eines „autonomen Subjekts" oder „personale Autonomie" fallen. Beides sind Zuschreibungen an die Bewusstseinsleistung eines Akteurs auf Grundlage von Normen der autonomen Entscheidung (Buss 2011). Im 20. Jahrhundert differenziert sich der Begriff weiter aus. Er findet sich im funktionalen Verständnis als Selbstbestimmung auf der Gruppenebene (z. B. bei Max Weber 2006 [1925]) oder in den Arbeiten von Jean Piaget (1990 [1948]) zur kindlichen Entwicklung. Zudem bilden sich Perspektiven im Hinblick auf die Autonomie des Kunstwerks und der ästhetischen Erfahrung, oder auch politische Sichtweisen im Hinblick auf emanzipatorisches Denken heraus, wie etwa bei Judith Butler (1990).

Besonders relevant erscheinen in Bezug auf die Entwicklung eines aktuellen Autonomiebegriffs die Ausführungen von Habermas (1992). Er betont, dass Autonomie ein grundlegendes Merkmal menschlichen Handelns und Verhaltens ist, jedoch im Diskurs ausgehandelt werden muss, ehe es Teil der Selbstgesetzgebung wird.

> „Die Idee der Selbstgesetzgebung von Bürgern darf also nicht auf die moralische Selbstgesetzgebung einzelner Personen zurückgeführt werden. Autonomie muss allgemeiner und neutraler begriffen werden. Deshalb habe ich ein Diskursprinzip eingeführt, das gegenüber Moral und Recht zunächst indifferent ist." (Habermas 1992, 154)

Dies bedeutet für das Autonomieverständnis an sich, dass es erst in der diskursiven Reflexion innerhalb eines gesellschaftlichen Kontextes manifest werden kann. Diese Kontextbezogenheit, die gleichzeitig mit einer Zuschreibung einhergeht, lässt Autonomie als prinzipiell modifizierbar offen. Damit ermöglicht das Konzept auch genau die heterogene Verwendung, die aktuell zu beobachten ist.

2.2 Autonomie, Kontrolle und technologische Normativität

Wie eingangs ausgeführt, hat die breite Anwendung des Begriffs der Autonomie dazu geführt, dass sich höchst unterschiedliche Sichtweisen ausgebildet haben. Besonders deutlich sind hier die disziplinären Differenzen ausgeprägt. So weisen Gransche et al. (2014) darauf hin, dass in den Technikwissenschaften u. a. in Bezug auf „Autonomiegrade" spezifiziert wird, die sich aus der „Eigenaktivität" des technischen Systems heraus begründet. Sie sehen in diesem Zusammenhang eine zunehmende Verengung des Begriffs auf „(vermeintlich) eigengesetzlich agierende informationstechnische Systeme" (ebd. S. 47). Dabei gilt einerseits die Weiterentwicklung „autonomer" Maschinen als Effizienzgewinn in bestimmten gesellschaftlichen Teilbereichen, etwa der Wirtschaft oder der Kriegführung. Die Effekte dieser Entwicklung für die persönliche Autonomie des Individuums werden dagegen eher pessimistisch eingeschätzt. Dass als mächtig empfundene Gesellschaftsbereiche über autonome Maschinen verfügen, kann zudem zu einer generellen Angst vor der Einschränkung der persönlichen Autonomie des Menschen führen.

Durch die Hybridisierung von Mensch, Technik und Gesellschaft können die Kriterien des Sozialen unter spezifischen Umständen nicht mehr als exklusiv menschliche behauptet werden. Als ein besonders kritischer Bereich, in dem die Bruchpunkte sozialer Selbstbestimmung des Menschen in seinen Umwelten problematisiert werden, hat sich dabei, insbesondere im 20. Jahrhundert, vor allem der Status der Technik erwiesen. Autonomie ist der bestimmende Problembegriff der zeitgenössischen Debatte um die sozialen Veränderungen, die durch die Weiterentwicklung künstlicher Intelligenz (KI) ausgelöst werden, wobei zugleich auffällig ist, dass die Diskussion um autonom genannte (medien-)technische Systeme in einer Zeit geschieht, in der medientheoretische und techniksoziologische Ansätze die Idee einer autonomen oder gar determinierenden Medialität oder Technik weitgehend (etwa zugunsten von praxeologischen Ansätzen) zurückweisen. Die Problematik der Adaption des Begriffes ‚Autonomie' aus dem philosophisch-historischen Kontext heraus wird deutlich, wenn man sich die Verwendung im technischen Repertoire der Informatik oder des Maschinenbaus betrachtet, die oft auf sehr eingängige Fragen verengt wird, wie sie Gransche et al. (2014, S. 9) beispielhaft anführen:

- Was bedeutet Autonomie in Bezug auf den Menschen und was in Bezug z. B. auf Roboter?
- Was bedeutet es für eine Gesellschaft, wenn sie zukünftig immer dichter mit immer ‚autonomerer' Technik verflochten sein wird?
- Macht autonome Technik auch den Menschen autonomer oder im Gegenteil?

- Könnte autonome Technik einen Autonomieverlust bei z. B. älteren oder kranken Menschen kompensieren und, wenn ja, unter welchen Bedingungen?

Technologische Operationen haben durch die Notwendigkeit ihrer Standardisierung stets einen normierenden Effekt auf soziale oder kulturelle Funktionen und Prozesse. Sie müssen wiederholbar sein, reproduzieren und artikulieren bestimmte Strukturen. Technische Verfahren und Technologien sind somit keineswegs neutral oder stehen verschiedenen, etwa durch NutzerInnen definierten Zwecksetzungen zur freien Verfügung. Techniken transportieren bereits qua ihrer Struktur und den in ihr Design eingegangenen Entscheidungen – ihr spezifisches „Skript" (Akrich 2006) – auch Funktionen der Bewertung, Ordnung oder Interpretation. Latour (2005) führt als Beispiel für diesen Zusammenhang die auf den Straßen aufgesetzten Bodenwellen an, die Autofahrer zur Reduzierung ihrer Geschwindigkeit zwingen. Geschwindigkeitsreduktion ist Teil der verwendeten Baumaßnahme, sie wird sozusagen „delegiert". Nur im Zusammenspiel von Technik und Mensch erfolgt die Veränderung von Verhalten, Technik ist hier kein ‚autonomer' Spieler.

Dem Gedanken der Autonomie zufolge ist ein Gesetz, das wahrhaft *normativ* ist, eines, als dessen Urheber wir uns selbst betrachten können; und eine Freiheit, die im vollen Sinne *wirklich* ist, drückt sich in Gestalt eben solcher selbstgegebener Gesetze aus (Khurana 2011, S. 7). Zumindest implizit werden diese Bedeutungsdimensionen auch im Akt der Bezeichnung so genannter „autonomer" Systeme immer mitkonstruiert: Im Sinne der ausgeführten Analogiebildung besitzt ein autonomes (KI-)System folglich – wodurch es mit dem vernunftbegabten Menschen gleichzieht – die Freiheit, sich selbst Gesetze zu geben und dadurch in normativ geregelten soziokulturellen Kontexte zu wirken. Autonomie für KI-Systeme wird in der informatischen und kognitionswissenschaftlichen Fachforschung entsprechend als Prozess eines selbstbestimmten, situationsadäquaten Operierens definiert, die die Fähigkeiten, Teilprobleme zu erkennen und zu kategorisieren, Regeln für ihre Lösung zu formulieren sowie diese in Empfehlungen und Aktionen umzusetzen, einschließt (weiterführend z. B. Stephan und Walter 2013). Die Interaktion von in diesem Sinne autonomen KI-Systemen mit kulturell verankerten Wissensformen und sozialen Normstrukturen führt dazu, dass die Durchsetzung von Gesetzen und Normen nicht mehr allein dem Menschen vorbehalten sind. Vielmehr sind Szenarien denkbar, in denen artifizielle Akteure adaptiven Regelsystemen folgen und diese zugleich für die Interaktion mit menschlichen Akteure anpassen (Bächle et al. 2017).

Auch wirtschaftliche Kontexte finden hier zunehmend Beachtung. Ökonomische Formen von Autonomie werden in enger Wechselbeziehung zu ebenfalls autonom genannten Technologien entworfen: „Commons"-basierte Formen der

Wirtschaft, das „Ende der Arbeit" (Rifkin 2005) durch Automatisierung innerhalb des kapitalistischen Produktionszusammenhangs oder autonomer Computerhandel werden erst durch Systeme ermöglicht, die autonom agieren bzw. denen Autonomie zugeschrieben wird. Ähnliche Zusammenhänge lassen sich jeweils für Informationstechnologien wie automatisierte Assistenzsysteme, vernetzte und automatisch agierende Objekte („smart objects", „Internet der Dinge"; Engemann und Sprenger 2015), Utility-Technologien im Haushalt, Service-Architekturen (digitaler Konsument und digitale Empfehlungssysteme), E-Government (Bürgernetze, digitale Partizipation, „predictive policing") oder soziale Infrastrukturen („predictive health policies") feststellen. Sie führen zu veränderten Autonomie-Diskursen in staatlicher Administration, Militär und Polizeiarbeit, sozialen und gesundheitsbezogenen Dienstleistungen, Medizin, Bildung, der Digitalwirtschaft oder der Kulturindustrie.

All diese Referenzkontexte bzw. Anwendungsformen verweisen auf einen weiteren Debattenstrang – den der Macht der Daten und der (vermeintlichen) Autonomie der Algorithmen.

2.3 Die Macht der Daten und die Autonomie der Algorithmen

Zentral für die Perspektivierung von Daten ist die Frage, wie sich bestehende soziale und kulturelle Machtordnungen in ihnen kondensieren, indem sie in Plattformen, technische Praktiken, regulative Zusammenhänge oder diskursives Wissen eingebettet sind. Das Schlagwort big data (Mayer-Schönberger und Cukier 2013) hat die Aufmerksamkeit auf Daten als Grundlage von Informationsprozessen gelegt, sie sind jedoch keineswegs neutral: „Values in Design" (Simon 2016) bezeichnet die in die Daten und die in Praktiken ihrer Herstellung bereits eingeschriebenen Werteordnungen.

Mit der Entwicklung so genannter autonomer Systeme (z. B. autonomes Fahren, autonome Kriegführung) verschärft sich dieses Problemfeld, da sich Fragen nach der Moral und einer codifizierten Ethik, Verantwortung oder Verantwortlichkeit völlig neu stellen (Rötzer 2016, Wallach und Allen 2009, s. Kap. 2). Dies liegt im Wesentlichen an einer den Algorithmen zugeschriebenen eigenständigen Handlungsfähigkeit, durch die in der Konsequenz auch bestimmte Werteordnungen durchgesetzt werden. Vermeintlich autonom agierende Algorithmen scheinen unabhängig von einer menschlichen Kontrolle handeln zu können.

Die Annahme ihrer Eigenständigkeit, Neutralität oder Objektivität ist indes höchst fragwürdig: Daten müssen zunächst jeweils aufgearbeitet werden („Datenbanken"), um eine Weiterverarbeitung in algorithmischen Prozessen überhaupt möglich zu machen. Zugleich werden bestimmte Wissensformen durch menschliche ProgrammiererInnen zunächst als „relevant" oder „wahr" gesetzt und perpetuieren dadurch bestehende Realitätsentwürfe und Werturteile. Auch sind die algorithmenbasierten automatisierten Prozesse stark mit sozialen Praktiken verschränkt, wodurch NutzerInnen durchaus in der Lage sind, sich der Funktionsweise von Algorithmen auch aktiv zu widersetzen (Gillespie 2014; vgl. die in Kap. 1.2 diskutierte Dynamik im Hinblick auf technologische Normativität).

Es besteht folglich eine wechselseitige Anpassung zwischen Algorithmen und sozialen Akteuren. Die eigentliche „Macht der Algorithmen" ergibt sich genau aus diesem Verhältnis: Ihre *agency* ermöglicht eine Interaktion mit sozialen Akteuren und verändert soziale Kontexte und Beziehungen. Ihre Funktionsweise und die durch sie durchgesetzten Werte und Machtstrukturen bleiben oft unsichtbar und unverstanden, sie bedürfen nicht mehr notwendigerweise einer menschlichen Intervention, können aber erhebliche soziale und kulturelle Konsequenzen nach sich ziehen (ausführlich hierzu Bächle 2016).

Algorithmenbasierte *agency* ist dabei in jedem Falle die grundlegende Voraussetzung für Interaktionen mit „autonom" genannten Systemen, die unterschiedliche Interface-Ausprägungen annehmen können – vom Fahrassistenten über ein textbasiertes Expertensystem bis hin zu Robotern in humanoider Form. Es ist somit erst der Kontext, wie etwa der Gebrauch der Technologie, der erkennen lässt, ob NutzerInnen tatsächlich ihrem designierten Skript folgen oder es verformen und verschieben. Im Umkehrschluss sind neue Technologien also in einem ganz entscheidenden Maße konstitutiv für die Beobachtungs-, Erfahrungs- und Reflexionsmöglichkeiten persönlicher Autonomie.

Durch die sich rasant verbessernden Künstliche Intelligenz-basierten Rechenverfahren wie „Deep Learning" besteht nunmehr auch die Möglichkeit, Wissen zu generieren, das sich weiter von einer menschlichen Kontrolle und Einflussnahme emanzipiert (Bächle et al. 2018). Diese Form der Adaptions- und Lernfähigkeit wird gegenwärtig im Hinblick auf ihre erhebliche ethische Tragweite diskutiert. Wenn es nicht mehr allein die ProgrammiererInnen sind, die wünschenswerte Handlungsskripte in Algorithmen einschreiben, sondern diese vielmehr in der Lage sind, eigenständige Aktions- und Wissensstrukturen zu entwickeln, werden die „autonomen moralischen Agenten" – so die Befürchtung – zu einer neuen, nicht-menschlichen Stimme in der Auseinandersetzung über das ‚richtige und gute Handeln'.

3 Autonomie und Ethik – zwischen „autonomen moralischen Agenten" und der metaphorischen Zuschreibung von moralischer Autonomie

Diese Komplexität des Autonomie-Konzepts in einer relationalen Dynamik von sozialen Strukturen, technologischer Normativität und einer unklaren Zuschreibungsmöglichkeit von handlungsförmigen Aktionen (*agency*) findet besonderen Widerhall in ethischen Fragestellungen. Dilemmata in Bezug auf Entscheidungsmöglichkeiten und -kontexte automatisierter, bzw. (teil-)autonomer Systeme werden dort äußerst kontrovers diskutiert, wo sie im Konflikt mit menschlichem Leben stehen oder zumindest seine Unversehrtheit betreffen. Insbesondere die nahezu allgegenwärtige Thematisierung und Debatte um das sogenannte „autonome Fahren" durch selbststeuernde Autos hat auch einer breiteren Öffentlichkeit schlagartig die ethische Tragweite dieser Technologie vor Augen geführt. Der 20 Thesen umfassende Bericht zur Ethik, der von der Enquete-Kommission zum „Automatisierten Fahren" im Sommer 2017 veröffentlicht wurde (BMVI 2017), kann insofern als ein erster Hinweis darauf gewertet werden, welche weiteren Konsequenzen für eine Abwägung ethischer Aspekte relevant sein werden.

Zu den zentralen Fragen, wie ethische Abwägungsprozesse zu gestalten sind, in denen automatisierte und im weiteren Sinne unter Umständen auch „autonome" Technik Entscheidungen über Leben und Tod fällt, hat die Kommission weitgehend ungeklärt gelassen. So heißt es im fünften Punkt des Berichts unter der Überschrift „Ethische Regeln für den automatisierten und vernetzten Fahrzeugverkehr":

> „Die automatisierte und vernetzte Technik sollte Unfälle so gut wie praktisch möglich vermeiden. Die Technik muss nach ihrem jeweiligen Stand so ausgelegt sein, dass kritische Situationen gar nicht erst entstehen, dazu gehören auch Dilemma-Situationen, also eine Lage, in der ein automatisiertes Fahrzeug vor der ‚Entscheidung' steht, eines von zwei nicht abwägungsfähigen Übeln notwendig verwirklichen zu müssen" (BMVI 2017, S. 9).

Damit wäre eine Einschreibung eines ethischen Grundsatzes in den Programmcode zwingend vorgeschrieben, die diese Form von Dilemma verhindern kann oder, so konsequenterweise der Vorschlag der Kommission, die Verantwortung verbleibt nach wie vor beim Menschen. Trotzdem wird betont, dass trotz der ethisch nicht lösbaren Probleme für die Maschine solche Systeme eingeführt werden sollen, wenn sie eine „Verbesserung der Verkehrssituation" versprechen. Wenn die Zahl der Unfälle durch eine solche Technologie reduziert werden kann, sei ihr Einsatz gar „ethisch geboten". Zugleich aber wird die „Herbeiführung einer praktischen Unentrinnbarkeit", also die zwangsweise Einführung für alle Verkehrsteilnehmer, als ethisch bedenklich eingestuft, „wenn damit die Unterwerfung unter technische Imperative verbunden ist (Verbot der Degradierung des Subjekts zum bloßen Netzwerkelement)" (BMVI 2017).

Die vermeintliche Autonomie technologischer und selbstlernender Systeme stellt nun eine neue Herausforderung dar, da die Technologie hier als (scheinbar) eigenständiger sozialer Akteur eigene Normen durchsetzt. Sie stellen darüber hinaus ethische und rechtliche Fragen nach Verantwortlichkeit neu, deren Zuschreibung an Einzelakteure vage und mehrdeutig geworden und zwischen Netzwerken menschlicher und nicht-menschlicher Akteure verteilt ist. Dieses Spannungsfeld bestimmt aktuell vor allem viele der politischen Debatten um autonome bzw. automatisierte Fahrzeuge (auch dies ist eine Konsequenz aus den begriffsgeschichtlich tradierten Argumentations- und Bedeutungslinien zu „Autonomie", wie sie unter Punkt 2. diskutiert wurden).

Dieser Zusammenhang von Technologie und Normativität wird besonders deutlich in ethischen Diskursen, weil die Zuschreibung der Eigenschaft des Autonomen hier eng verknüpft wird mit einer diesen Artefakten zugeschriebenen (und zugleich eingeforderten und normierten) Moralität. Der Diskurs der moralischen Maschine (die ethische Reflexion des richtigen und guten Handelns einer Maschine) erschafft paradoxerweise dabei die Wahrnehmung, Technik lasse sich überhaupt als autonom kategorisieren („autonome Systeme"). Mit anderen Worten setzt die Erwartung einer „moralischen Maschine" implizit eine „autonome Maschine" voraus. Sie plausibilisiert die Vorstellung einer Selbstgesetzgebung, die Maschinen als Agenten entwirft, die durch kritisches Abwägen und spezifische Deutungen sozialer Kontexte zu moralischen Entscheidungen fähig sind. Der ethische Diskurs konstruiert die Vorstellung von eigenständig handelnden, intelligenten Maschinen, die als dem Menschen ebenbürtig erscheinen.

Wallach und Allen präsentierten im Jahr 2009 ihre Ideen zu sogenannten *Artificial Moral Agents* (AMAs) und verstehen darunter künstliche Entitäten, die zu moralischem Handeln fähig sind. Ihr Modell sieht die Einordnung solcher Technologien in zwei Dimensionen vor: Autonomie und eine Sensibilität gegenüber moralisch relevanten Fakten („sensitivity to morally relevant facts"). Die moralische Bedeutung nicht-autonomer Maschinen liegt ganz bei Nutzerinnen und Nutzern oder den Entwicklern dieser Technologie. In Erscheinung tritt hier lediglich eine operationale Moralität, wie man sie beispielsweise für eine Kindersicherung konstatieren kann. Autonome Systeme hingegen, die eigenständig wirken können, erlauben (und erfordern) eine funktionale Moralität und werden dadurch potentiell moralisch sensibel (Wallach und Allen 2009, S. 9). Misselhorn (2016) greift dieses Modell im von Rötzer (2016) herausgegebenen Band *Programmierte Ethik* auf, der im Titel die Frage stellt „Brauchen Roboter Regeln oder Moral?". Sie kommt zum Schluss, dass Maschinen grundsätzlich „eine basale Form des Handelns aus Gründen" (Misselhorn 2016, S. 10) zugeschrieben werden kann. Zugleich konstatiert sie, dass „moralische Handlungsfähigkeit [...] auf einer rudimentären Ebene schon dann gegeben [sei], wenn ein System über Repräsentationen moralischer Werte verfügt". Dennoch verfügten autonome Maschinen nicht „über vollumfängliche moralische Handlungsfähigkeit, wie sie Menschen zukommt" (Misselhorn 2016, S. 12), da diese an Bewusstsein und Willensfreiheit gebunden sei und damit eben auch an die Freiheit, unmoralisch zu handeln.

Bemerkenswert ist in dieser Argumentation die Verwendung des Begriffs Autonomie. Er wird (1.) als Fähigkeit verstanden, unter bestimmten Umständen, einen inneren Zustand ohne äußeren Reiz ändern zu können und damit als untergeordnete Kategorie von „Selbstursprünglichkeit". Er wird weiterhin (2.) synonym zur Eigenschaft der „Selbstursprünglichkeit" gesetzt und schließlich (3.) in der klassisch-modernen und normativen Definition als „vollumfängliche moralische Handlungsfähigkeit" definiert, die wiederum an Willens- und Entscheidungsfreiheit gebunden ist.

Eine solch normative Betrachtung beinhaltet einige Schwierigkeiten. Zunächst rührt sie an der Dualität von Struktur und Handeln, die eine alleinige Autonomie der Medien, der Technologie oder der sozialen Strukturen zurecht als einseitige Prämisse zurückweist. Dennoch sind medientechnologische Formatierungen im Sinne einer technologischen Normativität von hoher Relevanz. Der unspezifische und heterogene Gebrauch der Zuschreibung von Autonomie macht überdies deutlich, dass nicht nur die sozialen Regeln selbst normativ („Codifizierung von Ethik") sind, sondern dies zugleich auch für die Zuschreibung von Autonomie an Technik selbst gilt. Die Diskursgeschichte des Begriffs Autonomie und dessen anschließende Verengung auf Computertechnologien (eben so genannte „autonome" Systeme) eröffnet ein komplexes Feld unzureichend voneinander abgegrenzter Phänomenbereiche, das implizit Modernitätsdiskurse fortschreibt. *Autonomie wird damit zur normativen Projektion und Zuschreibung und dient zugleich und paradoxerweise einer Differenzmarkierung zwischen menschlichen und maschinellen Akteuren.*

Wichtig für eine Perspektivierung und Ausdifferenzierung des Autonomie-Begriffs aus der Sicht der Medienwissenschaft ist es daher, dass die Frage nach den Möglichkeiten von „selbstbestimmten" Praktiken in der Kommunikation mehr denn je an die Figurationen der genutzten Medien gebunden ist. Gleiches gilt für die Praktiken der Interaktion mit autonomen technischen Systemen, die immer tiefer in die materiellen und semiotischen Strukturen von Kultur und Gesellschaft integriert sind. „Autonomie" ist als komplexe und zugleich normative Zuschreibung anzusehen, mit einer diskurshistorisch stark vorgeprägten Semantik.

Ein bekanntes Beispiel, das die Interaktion zwischen Mensch und Maschine aus der klaren Perspektivität der Menschen aufgreift, sind die sogenannten „Robotergesetze", die zwar literarischen Ursprungs sind (Asimov 1966), aber doch in ihren Grenzmarkierungen eine erstaunliche Aktualität aufweisen. Sie behandeln im Kern drei Maximen:

1. Ein Roboter darf kein menschliches Wesen (wissentlich) verletzen oder durch Untätigkeit (wissentlich) zulassen, dass einem menschlichen Wesen Schaden zugefügt wird.
2. Ein Roboter muss den ihm von einem Menschen gegebenen Befehlen gehorchen – es sei denn, ein solcher Befehl würde mit Regel eins kollidieren.
3. Ein Roboter muss seine Existenz beschützen, solange dieser Schutz nicht mit Regel eins oder zwei kollidiert.

Die in diesen Setzungen enthaltenen Normen zum Verhältnis zwischen Mensch und Maschine reflektieren einen Problembereich, der sich inzwischen aus der Fiktionalität hinaus zu einer sehr konkreten Problemstellung entwickelt hat.

4 Fazit

Die Fragen, die sich angesichts der Technologisierung im Zusammenhang eines sich verändernden Verhältnisses von Mensch und Technologie oder Mensch und Maschine zunehmend stellen, sind immer auch als inter- und transdisziplinäre Herausforderungen zu verstehen. Die Entwicklung ‚intelligenter Medien' oder ‚autonom agierender' Roboter fällt nicht nur in den Gegenstandsbereich der Informatik, sondern fordert auch die Philosophie, die Medienwissenschaft oder die Soziologie heraus: Inwiefern handelt die Maschine und wie soll sie handeln? Wie verändert sie die Alltagswelt des Menschen und erweitert seine Kommunikations- und Handlungsmöglichkeiten? Inwiefern beschränkt eine zunehmend autonome Technik die individuellen Freiheiten oder verändert sie soziale Dynamiken?

Impliziert wird in diesen Fragen gleichermaßen eine soziale wie technische Perspektive, die auf neue Fragen, Methoden und Herausforderungen verweist. Sieht man diese Veränderungsprozesse nicht nur als Elemente der Technisierung von Gesellschaft an, sondern bettet sie in ein weitergehendes Verständnis der Mediatisierung von Gesellschaft als Metaprozesses sozialen Wandels ein (Krotz et al. 2016), zeigt sich, dass gerade die Medien- und Kommunikationswissenschaft hier als Schnittstellendisziplin eine wichtige Aufgabe übernehmen kann. Konkret erscheint gerade die sich neu formierende Ausbildung einer „Medien- und Informationsethik", die technische und gesellschaftliche Phänomene ins Blickfeld nimmt, dazu geeignet, sich dieses wichtigen Schlagworts anzunehmen (vgl. Heesen 2016). Die Debatten um Autonomie können als Symptom einer tiefgreifenden Umstellung der Verhältnisse zwischen Technologie, Medien, Kultur und Gesellschaft gewertet werden. Die Einführung der genannten Technologien sorgt gegenwärtig für Möglichkeitsüberschüsse, auf welche die Gesellschaft in Gestalt neuer kultureller Praktiken reagiert. Bei der Frage, wie die Autonomie der Technik sich zu unserer eigenen Autonomie verhält, zeigt sich die Notwendigkeit zu einer doppelten Perspektivierung. Gottschalk-Mazouz (2014, S. 8) beschreibt dies wie folgt:

„Wir selbst können unsere eigene Autonomie einerseits deskriptiv verstehen, dann diskutieren wir Kriterien für und Konsequenzen von empirischer Autonomie. Dann fungiert sie als Beschreibung, und ist als solche problemlos auch auf autonome technische Systeme anwendbar (wenn diese Systeme komplex genug sind, was sie derzeit häufig noch nicht sind). Andererseits können wir sie transzendental verstehen, als Bedingung der Möglichkeit von Moralität, Verantwortung usw. Dann fungiert sie als Zuschreibung, und ist als solche nicht problemlos auf technische Systeme anwendbar."

Aus dem Umgang mit den entsprechenden Technologien ergeben sich Problemstellungen, die vertiefender Debatten dringend bedürfen. Da sowohl die technischen als auch die gesellschaftlichen Wandelprozesse in einem engen Wechselverhältnis stehen, bleibt zu hoffen, dass sich die Geistes- und Sozialwissenschaften auf diese Thematik einlassen und sich im Sinne transdisziplinärer Erweiterungen dieser weitreichenden Fragestellungen annehmen. Gerade in Bezug auf die (medien-) ethischen Perspektivierungen ergibt sich hier ein großer Bedarf zur Auseinandersetzung, der über ein begrenztes, stark normatives Blickfeld hinaus reichen muss.

Literatur

Akrich, Madeleine (2006). Die De-Skription technischer Objekte. In Andreá Belliger und David J. Krieger (Hrsg.), *ANThology. Ein einführendes Handbuch zur Akteur-Netzwerk-Theorie (407–428)*, Bielefeld: transcript.
Asimov, Isaac (1966). *Geliebter Roboter*. München: Heyne.
Bächle, Thomas Christian (2016). *Digitales Wissen, Daten und Überwachung zur Einführung*. Hamburg: Junius.
Bächle, Thomas Christian, Regier, Peter, Bennewitz, Maren (2017). Sensor und Sinnlichkeit. Humanoide Roboter als selbstlernende soziale Interfaces und die Obsoleszenz des Impli-

ziten. In Christoph Ernst und Jens Schröter (Hrsg.), Medien und implizites Wissen. *Navigationen. Zeitschrift für Medien und Kulturwissenschaften* 2 (S. 66-85), Siegen: Universi.
Bächle, Thomas Christian, Ernst, Christoph, Schröter, Jens und Thimm, Caja (2018, i. Dr.). Selbstlernende autonome Systeme? – Medientechnologische und medientheoretische Bedingungen am Beispiel von Alphabets ‚Differentiable Neural Computer' (DNC). Erscheint in: Christoph Engemann und Andreas Sudmann (Hrsg.), *Machine Learning – Medien, Infrastrukturen und Technologien der Künstlichen Intelligenz*. Bielefeld: transcript. (im Druck/akzeptiertes Manuskript).
Buss, Sarah (2011). „Personal Autonomy". In *Stanford Encyclopedia of Philosophy* (S. 1–51), http://plato.stanford.edu/entries/personalautonomy/ (Zugriff 18.02.2016).
Butler, Judith (1990). *Gender Trouble. Feminism and the Subversion of Identity.* London: Routledge, Chapman and Hall.
BWVI/Bundesministerium für Verkehr und digitale Infrastruktur (2017). *Ethikkommission automatisiertes und vernetztes Fahren: Bericht.* Berlin.
Christman, John (2015). Autonomy in Moral and Political Philosophy. In *Stanford Encyclopedia of Philosophy* (S. 1–45), http://plato.stanford.edu/entries/autonomy-moral/.
Engemann, Christoph und Sprenger, Florian (2015). *Das Internet der Dinge.* Bielefeld: transcript.
Gillespie, Tarleton (2014). The Relevance of Algorithms, In Gillespie, Tarleton/Pablo J. Boczkowski/Kirsten A. Foot (Hrsg.), *Media Technologies. Essays on Communication, Materiality and Society* (S. 167–193), Cambridge, MA/London: MIT Press.
Gottschalk-Mazouz, Niels (2014). „Autonomie" und die Autonomie „autonomer technischer Systeme. In Carl Friedrich Gethmann (Hrsg.), *Sektionsbeiträge: XXI. Deutscher Kongress für Philosophie.*
Gransche, Bruno, Shala, Erduana und Hubig, Christoph (2014). *Wandel von Autonomie und Kontrolle durch neue Mensch-Technik-Interaktionen.* Karlsruhe: Frauenhofer Verlag.
Habermas, Jürgen (1992). *Faktizität und Geltung. Beiträge zur Diskurstheorie des Rechts und des demokratischen Rechtsstaats* (1. Aufl.), Frankfurt am Main: Suhrkamp.
Heesen, Jessica (Hrsg.) (2016). *Handbuch Medien- und Informationsethik.* Stuttgart: Metzler.
Kant, Immanuel (1785/1968). *Grundlegung zur Metaphysik der Sitten* (Weischedel- Werkausgabe, Bd. 7) Frankfurt.
Khurana, Thomas (Hrsg.) (2011). *Paradoxien der Autonomie.* Berlin: August-Verlag.
Krotz, Friedrich, Despotovic, Cathrin und Kruse, Merle-Marie (Hrsg.) (2016). *Mediatisierung als Metaprozess. Transformationen, Formen der Entwicklung und die Generierung von Neuem.* Wiesbaden: Springer VS.
Latour, Bruno (1995). Dinge handeln – Menschen geschehen. Gespräch mit Johanna Schaffer und Roger M. Buergel. In *Springerin* (4), S. 12–15.
Mayer-Schönberger, Viktor und Cukier, Kenneth (2013). *Big Data. Die Revolution, die unser Leben verändern wird.* München: Redline.
Misselhorn, Catrin (2016). Moral in künstlichen autonomen Systemen? Drei Ansätze der Moralimplementation bei künstlichen Systemen. In Florian Rötzer (Hrsg.), *Programmierte Ethik. Brauchen Roboter Regeln oder Moral?* (S. 9–18), Hannover: Heise.
Piaget, Jean (1990) [1948]. *Das moralische Urteil beim Kinde.* München: Deutscher Taschenbuch-Verlag.
Pohlmann, Rosemarie (1971). „Autonomie". In Joachim Ritter (Hrsg.), *Historisches Wörterbuch der Philosophie* (1) (S. 701–719), Darmstadt: Wissenschaftliche Buchgesellschaft.

Rifkin, Jeremy (2005). *Das Ende der Arbeit und ihre Zukunft: Neue Konzepte für das 21. Jahrhundert.* Frankfurt am Main: Fischer-Taschenbuch-Verlag.

Rötzer, Florian (Hrsg.) (2016). *Programmierte Ethik. Brauchen Roboter Regeln oder Moral? (Telepolis).* Hannover: Heise.

Simon, Judith (2016). Value in Design. In Jessica Heesen (Hrsg.), *Handbuch Medien- und Informationsethik* (S. 357–365), Stuttgart: Metzler.

Stephan, Achim und Walter, Sven (Hrsg.) (2013). *Handbuch Kognitionswissenschaft.* Stuttgart/Weimar: Metzler.

Verbeek, Peter-Paul (2005). *What things do. Philosophical reflections on technology, agency and design.* University Park: The Pennsylvania State University Press.

Wallach, Wendell und Allen, Colin (2009). *Moral Machines. Teaching Robots Right from Wrong.* Oxford: OUP.

Weber, Max (2006) [1948]. *Wirtschaft und Gesellschaft.* Paderborn: Voltmedia.

Teil II
Wer ist Zurechnungspunkt von Verantwortung?

Verantwortung und Roboterethik
Ein Überblick und kritische Reflexionen

Janina Loh

1 Einleitung

Neben zahlreichen Herausforderungen, mit denen uns der rasante Fortschritt in Robotik und KI-Forschung gegenwärtig konfrontiert, sehen wir uns vor die Aufgabe gestellt, traditionell nur dem Menschen vorbehaltene Kompetenzen – Vernunft, Autonomie, Urteilskraft, um nur einige zu nennen – in ihrer Übertragung auf artifizielle Systeme[1] zu transformieren. Im Folgenden widme ich mich dem Phänomen der Verantwortung, um am Beispiel dieser Kernkompetenz des Menschen einen Überblick über das Arbeitsfeld der Roboterethik zu geben. Dafür frage ich zunächst danach, was unter Verantwortung traditionell verstanden wird, und schlage eine Minimaldefinition von „Verantwortung" vor, welche nur die wesentlichen etymologischen Komponenten und damit den ‚kleinsten gemeinsamen Nenner' jeder Rede von Verantwortung enthält (vgl. ausführlicher Sombetzki 2014).[2] In einem zweiten Schritt erläutere ich, was es mit der philosophischen Disziplin der Roboterethik auf sich hat, um zuletzt die Rolle der Verantwortung innerhalb derselben näher in den Blick zu nehmen.

---

[1] Mit Catrin Misselhorn verstehe ich einen Roboter als eine besondere Art von elektro-mechanischer Maschine, als spezifische Apparatur, die aus einer Einwicklungseinheit (einem Prozessor) besteht, aus Sensoren, die Daten oder Informationen über die Welt sammeln und aus einem Effektor oder Aktor, der Signale in zumeist mechanische Abläufe übersetzt. Das Verhalten eines Roboters ist oder wirkt zumindest bis zu einem gewissen Grad autonom. Roboter können in einer Weise auf die Umgebung Einfluss nehmen und in sie hinein wirken, in der es Computer nicht in der Lage sind (Misselhorn 2013).

[2] Aus Platzgründen ist die Literatur in diesem Artikel auf ein Minimum beschränkt.

2 Was ist Verantwortung?

Eine umfangreiche etymologische Untersuchung würde zeigen, dass unser Verständnis von Verantwortung auf drei Säulen fußt: Verantwortung bedeutet *erstens*, dass jemand Rede und Antwort steht, und *zweitens*, dass dies kein rein deskriptives, sondern immer ein zumindest auch normatives Geschehen darstellt. Zwar erklärt man beispielsweise den Regen verantwortlich für das Nass-Sein der Straße, doch hier ist von Verantwortung nur in übertragenem Sinn als Verursachung die Rede. *Drittens* rekurriert die Rede von Verantwortung auch immer auf bestimmte Kompetenzen, die wir der oder dem Angesprochenen implizit zuschreiben. Wir unterstellen, dass die fragliche Person integer, bedacht und reflektiert das Anliegen der Verantwortung in Angriff nimmt.

Aus dieser Minimaldefinition ergeben sich fünf Relationselemente der Verantwortung, auf die ich im Folgenden näher eingehe. Es bedarf eines *Subjekts* bzw. einer Trägerin oder eines Trägers der Verantwortung. Darüber hinaus ist ein *Objekt* oder Gegenstand zu definieren. Drittens gilt es, die *Instanz*, vor der man sich verantwortlich zeigt, auszumachen. Viertens tragen wir gegenüber einer *Adressatin* bzw. einem *Adressaten* Verantwortung. Schließlich geben *normative Kriterien* den Maßstab und die Richtlinien dafür ab, in welcher Weise Verantwortung zuzuschreiben ist.

Die Bedingungen für die Möglichkeit einer Zuschreibung von Verantwortung lassen sich in drei Kompetenzgruppen differenzieren: Kommunikationsfähigkeit, Handlungsfähigkeit bzw. Autonomie und Urteilskraft. Alle Kompetenzen als Voraussetzung für die etwaige Zuschreibung von Verantwortung und mit ihr die Verantwortung selbst sind graduell bestimmbar; man kann von mehr oder weniger Kommunikations- und Handlungsfähigkeit sprechen und abhängig davon von mehr oder weniger Verantwortung.

Das Subjekt der Verantwortung, auch Träger*in der Verantwortung genannt, ist die- bzw. derjenige, die oder der Rede und Antwort stehen kann (vgl. ausführlicher Loh 2017). Abhängig von den Bedingungen, die für eine etwaige Zuschreibung von Verantwortung erfüllt sein müssen, lässt sich der Frage nachgehen, ob nur ‚gesunde und erwachsene' Menschen oder auch Kinder für Aufforderungen zu einer Übernahme von Verantwortung ansprechbar sind. Sind es gar auch (einige) Tiere und auch Pflanzen, vielleicht sogar unbelebte Dinge (wie bspw. einige artifizielle Systeme)? Innerhalb des Verantwortungsdiskurses ist man sich jedoch darüber einig, dass Verantwortung traditionell ein individualistisches Prinzip darstellt und in deutlicher Nähe zu (wenn auch nicht unbedingt gleichbedeutend mit) dem Konzept der Personalität gesehen wird. Dieser Kernbestand des klassischen Verantwortungskonzepts wird erst in der Gegenwart in Frage gestellt. Hieraus erhellt, warum jeder rein deskriptive oder kausale Gebrauch des Verantwortungsbegriffs,

d. h. ein solcher, der einen normativen Gebrauch gar nicht erlaubt, wie in dem obigen Regen-Beispiel, nur metaphorisch gemeint sein kann. Der Regen ist nicht in der Lage, Rede und Antwort zu stehen und Pflanzen wohl ebenso wenig. Ein genaues Verständnis von Verantwortung in einer fraglichen Situation verlangt ein Urteil darüber, ob es sich bei dem fraglichen Verantwortungssubjekt um ein Individuum oder um ein Kollektiv handelt. In Abschnitt 4.2 führe ich dazu den Terminus des Verantwortungsnetzwerks ein[3], um die unterschiedlichen Funktionen in den Blick zu bekommen, die die involvierten Parteien insbesondere im Falle von Mensch-Maschine-Interaktionen haben.

Die Rede von Verantwortung verlangt neben einem Subjekt auch ein Objekt bzw. einen Gegenstand (Handlungen und Handlungsfolgen), wofür Verantwortung übernommen wird. Verantwortungsobjekte sind immer vergangene oder zukünftige – sind Teil retrospektiver oder prospektiver Verantwortungskonstellationen.

Die Instanz stellt neben Subjekt und Objekt die bekannteste und am wenigsten hinterfragte Relation der Verantwortung dar. Solange die Fähigkeit, Verantwortung tragen zu können, an Personalität geknüpft ist, kommen im eigentlichen Sinne weder unbelebte Gegenstände, Pflanzen, Tiere noch Kleinkinder als potenzielle Instanzen in Betracht.

Die Adressatin bzw. der Adressat der Verantwortung stellt ein häufig umstrittenes Relationselement dar und die in meinen Augen in der Tat unterschätzteste Relation der Verantwortung. Sie ist das Gegenüber des Verantwortungssubjekts, die Betroffene der fraglichen Verantwortlichkeit, und definiert den Grund für das Vorhandensein derselben. Sie muss nicht – im Gegensatz zur Verantwortungsinstanz – selbst potenzielle*r Verantwortungsträger*in sein können, hat nicht selbst die Kompetenzen für die Möglichkeit einer Verantwortungszuschreibung mitzubringen.

Die normativen Kriterien stellen das Inwiefern, den Maßstab und normativen Bezugsrahmen dar, nach dem in einem gegebenen Kontext darüber geurteilt wird, ob die fragliche Person verantwortlich gehandelt hat. Sie definieren Verantwortungsbereiche, in denen jemand – begrenzt durch Normen – Rede und Antwort steht. Je nach Kontext, abhängig von dem Set an Kriterien, die der fraglichen Verantwortlichkeit zugrunde liegen, handelt es sich dabei z. B. um den strafrechtlichen, politischen, moralischen oder wirtschaftlichen Raum und demzufolge um eine strafrechtliche, politische, moralische oder wirtschaftliche Verantwortung.

---

3 Ursprünglich stammt der Terminus von Christian Neuhäuser (2014), der ihn allerdings nicht genauer definiert hat.

3 Was ist Roboterethik?

Innerhalb der noch jungen Bereichsethik der Roboterethik sind zwei Felder zu unterscheiden: Im einen wird danach gefragt, inwiefern Roboter als sogenannte „moral patients", also passiv als Träger moralischer Rechte, zu verstehen sind bzw. inwiefern ihnen ein moralischer Wert zukommt. Im anderen interessiert man sich dafür, ob und ggf. inwiefern Roboter sogar „moral agents" sein könnten, also aktiv Träger moralischer Pflichten bzw. moralische Handlungssubjekte (Floridi und Sanders 2004, S. 349). Beide Arbeitsbereiche ergänzen einander und Verantwortung ist in beide jeweils unterschiedlich einzubinden, wie in 4.1 und 4.2 gezeigt wird. Die Gruppe der moral agents ist gegenüber der der moral patients exklusiver; für gewöhnlich zeichnen wir nur Menschen (und längst nicht alle) mit Moralfähigkeit im genuinen Sinne des Wortes aus – einige Menschen wie etwa Kinder und solche mit spezifischen geistigen und körperlichen Einschränkungen können temporär oder sogar generell von ihrer Moralfähigkeit ganz oder teilweise entschuldigt werden.

Einer ganzen Reihe von Wesen und Dingen wie z. B. Tieren, Pflanzen, aber auch Gegenständen wie dem teuren Auto, dem Smartphone oder einem Haus wird indes ein moralischer Wert zugeschrieben – zumindest in dem Sinn, dass diese Entitäten moralisch bedenkenswert sind, wenn ihnen vielleicht auch kein Eigen- sondern nur ein hoher instrumenteller Wert beigemessen wird. Als moralisches Handlungssubjekt hat man zugleich einen Platz im Kreis der Wertträger*innen – dies gilt allerdings nicht umgekehrt. Lebewesen und Gegenständen kann man abhängig von der Perspektive einen moralischen Wert zuschreiben. Eine anthropozentrische Position argumentiert z. B. dafür, dass nur dem Menschen ein Eigenwert zukommt. Weitere Ansätze stellen der Patho-, der Bio- und der Physiozentrismus dar (vgl. Krebs 1997, S. 345). Interessant ließe sich die Überlegung anstellen, inwiefern ein Bedenken von artifiziellen Systemen als mit einem Eigenwert ausgestattete Phänomene eine weitere Perspektive eröffnet, die all das mit einem Eigenwert bemisst, das in einer spezifischen Weise gesteuert oder programmiert bzw. lernfähig ist – ein *Mathenozentrismus* sozusagen (von griech. „matheno", lernen).

Innerhalb des Arbeitsbereichs zu Robotern als Wertträger wird das menschliche Verhalten gegenüber artifiziellen Systemen in den Blick genommen. Hier geht es darum, wie mit Robotern umzugehen ist und inwiefern ihnen (ggf. analog zu Tieren und kleinen Kindern) ein moralischer Wert zukommt, selbst wenn man sich darüber einig sein sollte, dass sie selbst nicht zu moralischem Handeln in der Lage sind. In dieses Themenfeld fallen alle Fragen, die artifizielle Systeme als Werkzeuge oder als Ergänzungen des Menschen verstehen, wie z. B. bei der Formulierung von Ethikkodizes in Unternehmen, die Frage, inwiefern Beziehungen zu und mit Robotern denkbar und wünschenswert sind, inwiefern man Roboter

‚versklaven' kann und wie der Einsatz von artifiziellen Systemen zu Therapiezwecken zu beurteilen ist. Innerhalb dieses Arbeitsbereichs verbleibt die moralische Kompetenz und Kompetenzkompetenz bei den menschlichen Designer*innen (und u. U. auch Nutzer*innen) artifizieller Systeme. Diese im übertragenen Sinne menschlichen ‚Eltern' entscheiden über die Moral ihrer Geschöpfe und darüber, wer im Falle eines Unfalls Verantwortung trägt. Auf die Möglichkeiten einer Verantwortungszuschreibung in solchen Fällen reduzierter oder nicht vorhandener Verantwortungskompetenzen (Kommunikations- und Handlungsfähigkeit sowie Urteilskraft) komme ich unter dem Schlagwort der Verantwortungsnetzwerke in Abschnitt 4.2 zu sprechen.

Innerhalb des Arbeitsfelds zu Robotern als moralischen Handlungssubjekten fragt man z.B. danach, inwiefern Roboter zu moralischem Handeln in der Lage sind und folglich, über welche Kompetenzen sie in welchem Maße dafür verfügen müssen. Interessieren sich die einen in diesem Bereich eher für die Zuschreibung von Freiheit als Bedingung für moralisches Handeln, befassen sich andere eher mit kognitiven Kompetenzen (Denken, Verstehen, Geist, Intelligenz, Bewusstsein, Wahrnehmung und Kommunikation) und wieder andere mit Empathie und Emotionen (hierzu Abschnitt 4.1).

Beiden Arbeitsfeldern innerhalb der Roboterethik liegt die Frage zugrunde, was Moral bzw. was Ethik ist und wie moralische Urteile gefällt werden. Auch hier ließen sich verschiedene Positionen unterscheiden; in einem ersten Schritt könnte man vorschlagen, allen Wesen Moralfähigkeit zuzuschreiben, die in Situationen geraten, in denen moralische Entscheidungen zu treffen sind. So gehen z. B. Wendell Wallach und Colin Allen (2009) vor. Sie beschreiben vor der Reflexionsfolie von Philippa Foots klassischem Gedankenexperiment der Trolley Cases den Fall von „driverless' train systems" (ebd., S. 14), in denen in London, Paris und Kopenhagen bereits seit Mitte der 1960er Jahre Menschen nur als Fahrgäste anzutreffen sind. Eine moralische Entscheidung wird – so Wallach und Allen – bereits dann gefällt, wenn sich auf den Gleisen Menschen befinden, die der Zug zu überrollen droht. Der Zug ‚urteilt', indem er dazu programmiert ist, immer dann unverzüglich zu stoppen, wenn sich Menschen auf den Gleisen aufhalten, selbst wenn damit ggf. Unfälle im Zuginnern in Kauf genommen werden müssen. Es kann zunächst keine Rede davon sein, dass ein solcher Untergrundzug, ausgerüstet mit einer spezifischen algorithmischen Struktur, im genuinen Sinne des Wortes moralisch handelt. Allerdings ähnelt diese Situation äußerlich einer solchen, in der sich auch ein Mensch befinden könnte. In ihrer von außen beobachtbaren phänomenologischen Qualität gleicht die Maschine – so Wallach und Allen – rudimentär einem Menschen. Das genügt, um zumindest ein Nachdenken über Roboter als moral agents nachvollziehbar erscheinen zu lassen, ohne, dass man sich gleich zu schließen gezwungen fühlen müsste, dass artifizielle Systeme *per se*, in derselben Weise und in demselben Ausmaß zu moralischem Handeln befähigt seien wie Menschen. Wallach und Allen beschreiben mit ihrem Ansatz eine Version der schwachen KI-These.[4]

4 Verantwortung in der Mensch-Maschine-Interaktion

Häufig wird die Möglichkeit einer Verantwortungsübernahme von artifiziellen Systemen mit dem Verweis auf die Kompetenzen als Bedingung für die Zuschreibung von Verantwortung bestritten, die bei den fraglichen Maschinen nicht vorlägen: Roboter würden weder über Urteilskraft, Handlungsfähigkeit, Autonomie noch über sonstige Fähigkeiten verfügen, die für die Übernahme von Verantwortung eine Rolle spielten. Wallach und Allen (2009) formulieren den Ansatz der funktionalen Äquivalenz, mit dem dieses Problem mangelnder Kompetenzen bei artifiziellen Systemen umgangen werden kann. Die beiden folgenden Abschnitte nehmen die Rolle der Verantwortung in den beiden Arbeitsfeldern der Roboterethik – Roboter als moral agents bzw. Handlungssubjekte (Abschnitt 4.1) und Roboter als moral patients bzw. Wertträger (Abschnitt 4.2) – in den Blick.

4.1 Roboter als Handlungssubjekte – Wallachs und Allens Ansatz funktionaler Äquivalenz[5]

Indem Wallach und Allen die Frage stellen, inwiefern Roboter als artifizielle moralische Akteure zu verstehen sind, definieren sie „moral agency" als graduelles Konzept mit zwei Bedingungen, nämlich Autonomie und Empfänglichkeit bzw. Empfindlichkeit für moralische Werte („sensitivity to values" 2009, S. 25). Menschen gelten als moralische Akteure im genuinen Sinne, allerdings sind einige Maschinen – z. B. ein Autopilot, oder das artifizielle System *Kismet* – *operationale moralische Akteure* zu nennen. Sie sind autonomer und ethisch empfänglicher als manch ein anderes nicht-mechanisches Werkzeug wie z. B. ein Hammer, und

---

4 Starke KI (Künstliche Intelligenz) meint Maschinen, die im genuinen Sinne des Wortes mit Intelligenz, Bewusstsein und Autonomie ausgestattet sind. Schwacher KI ist hingegen lediglich an der Simulation spezifischer Kompetenzen in artifiziellen Systemen gelegen (Russel und Norvig 2003, S. 947).

5 Die Überlegungen in diesem Abschnitt können bspw. in Loh und Loh 2017 nachgelesen werden.

dennoch verbleiben sie immer noch „totally within the control of [the] tool's designers and users" (ebd., S. 26). Nur besondere artifizielle Systeme haben bereits den Status funktionaler moralischer Akteursfähigkeit – so wie z. B. das medizinische ethische Expertensystem *MedEthEx* (Anderson et al. 2006). Funktionale Moralität bedeutet, dass das fragliche artifizielle System insofern entweder autonomer und/ oder Werte-sensitiver ist, als ein operationaler moralischer artifizieller Akteur, als funktionale moralische Maschinen „themselves have the capacity for assessing and responding to moral challenges" (Wallach und Allen 2009, S. 9).

Mit ihrem Ansatz funktionaler Äquivalenz einer graduellen Zuschreibung von Kompetenzen und Fähigkeiten beschreiben Wallach und Allen eine Version der schwachen KI-These, der an der Simulation spezifischer Kompetenzen in artifiziellen Systemen gelegen ist und nicht daran, Maschinen tatsächlich im genuinen Sinne des Wortes mit Intelligenz, Bewusstsein und Autonomie zu konstruieren (starke KI, irrtümlich auf Turing zurückgeführt). Funktionale Äquivalenz bedeutet, dass spezifische Phänomene verstanden werden, ‚als ob' sie – um das Kant'sche Vokabular der „regulativen Ideen" zu nutzen – kognitiven, emotionalen oder anderen Kompetenzen und Fähigkeiten entsprechen. Es sei an dieser Stelle daran erinnert, dass dieses Argument bereits auf Menschen zutrifft, spätestens allerdings auf Tiere. Bezüglich anderer Menschen sind wir generell bereit, *prima facie* Fähigkeiten wie Vernunft, Bewusstsein und Willensfreiheit zu statuieren, wenn auch keine Garantie dafür besteht, dass die fraglichen Individuen tatsächlich mit besagten Kompetenzen ausgestattet sind. Die Frage, inwiefern artifizielle Systeme irgendwann in der Tat intelligent, bewusst oder autonom im Sinne der starken KI-These genannt werden können, wird durch die Frage ersetzt, in welchem Ausmaß und Umfang die fraglichen Kompetenzen der Funktion entsprechen, die sie innerhalb der moralischen Evaluation spielen – in diesem Fall dem Verantwortungskonzept.

Obwohl Wallach und Allen den Übergang von operationaler über funktionale bis hin zu voller bzw. genuiner Moralzuschreibung in Abhängigkeit von den vorliegenden Kompetenzen (Autonomie und moralische Sensitivität) graduell denken, bleibt es doch schwer vorstellbar, wie (zumindest in der nahen Zukunft) ein artifizielles System ein funktionales Äquivalent zu der genuin menschlichen Fähigkeit „second-order volitions" (Frankfurt 1971, S. 10) zu bilden entwickeln könnte bzw. zu der Fähigkeit, als „self-authenticating sources of valid claims" (Rawls 2001, S. 23) über selbst gesetzte moralische Prämissen und Prinzipien zu reflektieren. Hilfreich erscheint an dieser Stelle Darwalls (2006, S. 265) Unterscheidung zwischen vier Formen von Autonomie: „personal", „moral", „rational" und „agential" Autonomie. Während persönliche Autonomie die Fähigkeit umfasst, Werte, Ziele und letzte Zwecke zu definieren, zielt moralische Autonomie auf die Möglichkeit, selbst gesetzte Prinzipien und ethische Überzeugungen zu reflektieren. Diese beiden Formen von Autonomie werden wohl noch für eine lange Zeit menschlichen Handlungssubjekten vorbehalten bleiben. Rationale Autonomie hingegen, die Darwall zufolge auf Handlungen auf der Basis der „weightiest reasons" gründet, scheint *prima facie* auch für artifizielle Akteure erreichbar, insofern die besagten Gründe funktional äquivalent z. B. in Form von Algorithmen repräsentiert werden können. Und erst recht scheint Maschinen Akteursautonomie zugeschrieben werden zu können, die darin besteht, ein spezifisches Verhalten als „genuine Handlung" – also nicht vollständig durch externe Faktoren determiniert – zu identifizieren. „Agential" Autonomie kann funktional äquivalent durch die Fähigkeit simuliert werden, interne Zustände eines artifiziellen Systems ohne externe Stimuli zu ändern.

Auf der computationalen Ebene ließe sich die Fähigkeit, autonom interne Zustände zu ändern, z. B. in Form eines algorithmischen Strukturschemas näher beschreiben (vgl. Sombetzki 2016), wodurch es nicht nur möglich wäre, die funktionale Äquivalenz von Autonomie zu erklären, sondern auch ein Licht auf die Unterscheidung von operationaler und funktionaler Verantwortungszuschreibung zu werfen. Um Roboter als moralische Handlungs- bzw. Verantwortungssubjekte zu verstehen, muss es möglich sein, ihnen in einem funktional äquivalenten Sinne die Bedingungen für die Möglichkeit von Verantwortungsübernahme zuzuschreiben (Kommunikations- und Handlungsfähigkeit sowie Urteilskraft). Während „determinierte Algorithmen" bei gleichem Input zu demselben Output gelangen, gelangen „deterministische Algorithmen" bei gleichem Input über dieselben Zwischenschritte zum selben Output. Vielleicht wäre es vorstellbar, Maschinen, die vornehmlich auf der Grundlage deterministischer Algorithmen funktionieren, weder in der funktionalen noch in der operationalen Sphäre zu verorten – sie immer noch als Maschinen zu sehen, allerdings fast den nicht-mechanischen Werkzeugen näher als der operationalen Sphäre. Diese wird dann eindeutig mit artifiziellen Systemen betreten, die vornehmlich durch determinierte (aber nicht-deterministische) Algorithmen strukturiert sind. Und schließlich könnten solche seltenen Fälle artifizieller Systeme, die vornehmlich auf der Grundlage nicht-determinierter (und also nicht-deterministischer) Algorithmen operieren, in der funktionalen Sphäre lokalisiert werden.

Schauen wir uns ein paar Beispiele an: Das artifizielle System *Kismet*, das Wallach und Allen als operationalen moralischen Akteur interpretieren, verfügt in einem äußert rudimentären Sinne über Kommunikationsfähigkeit, insofern es nur wenige Laute und Worte hervorbringen kann. Urteilskraft – sollte man gewillt sein, Kismets Verhalten überhaupt vernünftig zu nennen – ist minimal darin zu sehen, dass er auf sehr einfache Fragen reagiert. Die größte Herausforderung, *Kismet* als einen operational verantwortlichen Akteur zu verstehen, liegt wohl in der Zuschreibung von Handlungsfähigkeit bzw. Autonomie in ihrer ganzen Komplexität.

Kismet kann seine Ohren, Augen, Lippen sowie seinen Kopf bewegen und reagiert auf externe Stimuli wie die menschliche Stimme – das ist aber auch schon alles. Zusammengefasst steht *Kismet* – in Übereinstimmung mit Wallachs und Allens Urteil – immer noch vollständig unter der Kontrolle seiner Nutzer*innen, seine Algorithmen gelangen ausschließlich zu deterministischen Ergebnissen. Kismet verantwortungsbefähigt zu nennen, ist vielleicht damit vergleichbar, einem Säugling oder einigen Tieren Verantwortung zuzuschreiben. Und dennoch – verglichen mit dem Regen, der für das Nass-Sein der Straße nur in einem metaphorischen Sinne verantwortlich sein kann – eröffnet die Verantwortungszuschreibung in Bezug auf *Kismet* einen Diskussionsraum darüber, ob es sinnvoll ist, einige artifizielle Systeme als potenzielle Verantwortungssubjekte zu identifizieren, auch wenn dieser Raum verständlicherweise recht klein ist.

Der Roboter *Cog* ist als Beispiel für einen in sehr schwachem Maße funktional verantwortlichen Akteur zu sehen, insofern seine Kommunikationsfähigkeit und seine Urteilskraft gegenüber *Kismet* doch deutlich gesteigert sind. Und was noch wesentlicher erscheinen mag – seine Handlungsfähigkeit bzw. Autonomie ist aufgrund eines „unsupervised learning algorithm" (Brooks et al. 1999, S. 70) deutlich komplexer als die *Kismets*. So beginnt Cog, ohne dass er zuvor in dieser Weise programmiert worden wäre, ein Spielzeugauto nur noch von vorne oder hinten anzustoßen, um es in Bewegung zu versetzen, nachdem er durch mehrere Versuche feststellen konnte, dass es sich nicht bewegt, wenn es von der Seite angestoßen wird. *Cog* lernt durch Erfahrung, und vielleicht ist es gerade diese (in seinem Fall in der Tat begrenzte) Fähigkeit zu lernen, die es uns erlaubt, ihn als einen schwachen funktionalen Akteur zu verstehen oder aber als immerhin stark operational verantwortlich. *Cog* verantwortungsbefähigt zu nennen, ist wohl vergleichbar damit, einem jungen Kind Verantwortung zuzuschreiben. Vor dem Hintergrund dieser Überlegungen lässt sich Wallachs und Allens Intuition, das oben bereits erwähnte medizinische Expertensystem *MedEthEx* als funktionalen moralischen Akteur zu begreifen, nun bestätigen, denn sowohl dessen Urteilskraft, als auch sein Handlungswissen und seine Autonomie sind deutlich gesteigert.

Und schlussendlich lassen sich autonome Fahrassistenzsysteme als ein weiteres Beispiel für operational verantwortliche Akteure anführen, denn zwar mögen ihre Kommunikationsfähigkeiten und Urteilskraft ähnlich entwickelt sein wie die von *Cog* oder sogar weiter. Allerdings ist die Handlungsfähigkeit bzw. Autonomie autonomer Fahrassistenzsysteme aus guten Gründen in strengen Grenzen gehalten; sie können nicht lernen und verfügen nicht über nicht-determinierte (nicht-deterministische) Algorithmen.

Zusammengefasst kann mit Hilfe von Darwalls Differenzierung zwischen vier Formen der Autonomie in Kombination mit Wallachs und Allens Ansatz funktionaler

Äquivalenz eine klare Grenze zwischen genuiner (menschlicher) Akteursfähigkeit im vollen Sinne und artifizieller (operationaler und funktionaler) Akteursfähigkeit gezogen werden. Während menschliche Handlungssubjekte über alle vier Autonomietypen verfügen, kann Maschinen zumindest auf absehbare Zeit nur rationale und „agential" Autonomie in einer funktional äquivalenten Weise zugeschrieben werden. Insofern es um verschiedene Bereiche der Verantwortungszuschreibung geht (moralische, rechtliche, politische Verantwortung), ist ein artifizielles System dann autonom (bzw. handlungsfähig) zu nennen, wenn es die Kriterien funktionaler Moralzuschreibung erfüllt. Eine generelle Modifikation der implementierten algorithmischen Strukturen ist wohl bei keinem artifiziellen System – selbst bei rein nicht-determinierten (nicht-deterministischen) Sets an Algorithmen – im selben Ausmaß wie im Rahmen der menschlichen Entwicklung vorstellbar, von der Wünschbarkeit ganz zu schweigen. Trotzdem mutet vor dem Hintergrund des gerade Gesagten der Einwand trivial an, dass doch auch im Falle nicht-determinierter (nicht-deterministischer) Algorithmen nicht alle vorstellbaren Ergebnisse möglich sind, dass also artifizielle Systeme letztlich immer programmiert sind. Denn auch Menschen sind für gewöhnlich nicht zu allem in der Lage, sondern bleiben in ihren Möglichkeiten ebenfalls beschränkt, selbst wenn man ihren adaptiven Spielraum sehr viel größer einschätzt als der eines noch so komplexen Roboters jemals sein könnte.

Die besten Aussichten auf artifizielle Verantwortungszuschreibung gewähren evolutionäre Lernmodelle; maschinelles Lernen wird hier äquivalent zum kindlichen Lernen untersucht. Diese Ansätze beruhen auf einer meta-ethischen Annahme über die Kontextsensitivität von Moral. Moralisches und verantwortliches Handeln bedarf der Erfahrung und eines *situativen* Urteilsvermögens. Beides kann sich ein artifizielles System nur verkörpert aneignen. In den 1990er Jahren war es u. a. Brooks, der als einer der ersten das Zusammenwirken von artifiziellem System und Umwelt als Bedingung für die Entwicklung von Vermögen und Kompetenzen betrachtete und von dieser Annahme ausgehend das Feld der „behavior-based robotics" begründete (1991). Zahlreiche Projekte, die sich an dem Ansatz verkörperten menschlichen Lernens orientieren – wie z. B. die Lernplattformen *iCub, Myon, Cb^2, Curi, Roboy*[6] (die im Detail unterschiedlichen evolutionsbasierten Ansätzen folgen) –, entwickeln Systeme, die sich ähnlich Kindern Kompetenzen aneignen, aus

---

6   *iCub* ist eine humanoide Plattform, die von dem RobotCub-Consortium durch sieben Universitäten entwickelt wird. Der humanoide Roboter *Myon* wird unter der Leitung von Prof. Hild an der Beuth Hochschule für Technik in Berlin entwickelt. *Cb^2* entstand an der Universität Osaka in Japan, *Curi* im Georgia Tech's Labor und *Roboy* im Artificial Intelligence Laboratory der Universität Zürich.

denen sie dann in spezifischen Kontexten konkrete Handlungsprinzipien ableiten. Eine Vermutung geht dahin, dass wir uns hier im Bereich nicht-determinierter (nicht-deterministischer) Algorithmen aufhalten, die eigenständig lernen können (evolutionäre, genetische Algorithmen). Bislang ist maschinelles Lernen jedoch nur in nicht moralischen bzw. schwach moralischen Kontexten möglich. Von Verantwortungsübernahme ließe sich also bislang nur in einem nicht (rein) moralischen (vielleicht juristischen) Sinne sprechen. Die hier angestellten Überlegungen dürfen jedoch nicht als generelle Ablehnung der Position, dass Roboter auch (irgendwann bzw. unter spezifischen Bedingungen) als moral agents bzw. als moralische Verantwortungssubjekte gedacht werden können, missverstanden werden. Es handelt sich vielmehr um einen vorläufigen Schluss, der auf ganz konkreten Prämissen hinsichtlich der genutzten Ansätze (Wallach und Allen 2009; Darwall 2006), auf meinem Verständnis von Verantwortung sowie der Möglichkeiten einer funktionalen Simulation der für eine etwaige Verantwortungszuschreibung nötigen Kompetenzen beruht.

4.2 Roboter als Wertträger – Verantwortungsnetzwerke

Im vorherigen Abschnitt wurde über Wallachs und Allens Ansatz funktionaler Äquivalenz festgestellt, dass artifizielle Systeme bislang nicht als Verantwortungsakteure zu identifizieren sind, insofern die zur Verantwortungszuschreibung nötigen Kompetenzen (Kommunikations- und Handlungsfähigkeit, sowie Urteilskraft) nur in einem schwach funktionalen oder gar nur in einem operationalen Sinne äquivalent simuliert werden können. Da wir Roboter gegenwärtig nicht im exklusiven Kreis der moral agents finden, stelle ich nun ein paar Überlegungen dazu an, welche Rolle dem Verantwortungsphänomen innerhalb des Arbeitsfeldes der Roboterethik zu artifiziellen Systemen als moral patients – als Wertträger – zuzugestehen ist.

Wie bereits festgestellt, ist unser traditionelles Verständnis von Verantwortung insofern ein stark individualistisches, als wir immer ein Subjekt benötigen, das als Verantwortungsträger*in fungiert. Das ist auch bei der Zuschreibung kollektiver Verantwortung der Fall und schließlich auch dann, wenn wir – obwohl mir an dieser Stelle der Raum für die nötigen Ausführungen fehlt – anderen Subjekten als natürlichen Personen Verantwortung zuschreiben. Nur dann ist die Zuschreibung von Verantwortung nicht oder zumindest nur metaphorisch möglich, wenn die potenziellen Subjekte die nötigen Kompetenzen nicht oder nicht hinreichend ausgeprägt mitbringen – wie im Fall von Pflanzen, Tieren, Kindern, Menschen mit einer körperlichen oder geistigen Beeinträchtigung oder Maschinen. In Fällen, in denen wir Verantwortung zuschreiben wollen, aber die Subjektposition der fraglichen Verantwortlichkeit nicht besetzbar erscheint, haben einige Verantwortungstheoretiker*innen in den vergangenen Jahren behelfsmäßige Begrifflichkeiten zu entwickeln versucht, die ohne eine Bestimmung dieses Relationselements auskommen. Ich bin skeptisch, dass damit in Bezug auf die eigentliche Aufgabe, die das Verantwortungskonzept hat, nämlich in intransparenten Kontexten, die durch komplexe Hierarchien und vielfach vermittelte Handlungsabläufe gekennzeichnet sind, für mehr Struktur, mehr Transparenz und Handlungsorientierung zu sorgen, geholfen ist. Schließlich suchen wir de facto immer nach einer Trägerin oder einem Träger (Singular oder Plural), die bzw. der in der Lage ist oder sind, die eingeforderte Verantwortung zu schultern.

Jetzt scheint es allerdings in der Tat so zu sein, dass wir uns in Situationen wiederfinden, in denen einige der in das fragliche Geschehen involvierten Akteure die zur Verantwortungszuschreibung notwendigen Kompetenzen nicht oder nur in einem geringen Ausmaß mitbringen, wir aber dennoch die deutliche Intuition haben, dass es hier um Verantwortung geht, ohne doch zu wissen, wer nun in welchem Ausmaß zur Verantwortungsübernahme angesprochen sein kann. Nehmen wir das Beispiel autonomer Fahrassistenzsysteme, die in Abschnitt 3.1 als operational verantwortliche artifizielle Akteure eingestuft wurden, vergleichbar mit der Verantwortungsbefähigung eines Säuglings, Tieres oder eines sehr jungen Kindes. Das autonome Fahrassistenzsystem kann zwar einen Wertträger insofern abgeben, als es Teil unseres moralischen Universums und moralisch bedenkenswert ist, als ihm ein instrumenteller Wert zugeschrieben wird – aber als moralischen Akteur in einem signifikanten (d.h. zumindest in einem funktionalen Sinne) lässt es sich nicht begreifen. Und dennoch wissen wir nicht so recht, ob wir es aus der ‚Verantwortungsrechnung' gänzlich entlassen können.

Für solche und vergleichbare Kontexte möchte ich den Begriff des Verantwortungsnetzwerkes von Christian Neuhäuser (2014) übernehmen und spezifizieren (vgl. Loh und Loh 2017). Die diesen Überlegungen zugrundeliegende These lautet, dass wir all denjenigen Parteien in einer gegebenen Situation Verantwortung zuschreiben, die an dem fraglichen Geschehen beteiligt sind, in dem Maße, in dem sie die nötigen Kompetenzen zur Verantwortungszuschreibung mitbringen. Ein Verantwortungsnetzwerk trägt der Tatsache explizit Rechnung, dass sich innerhalb einer Verantwortungskonstellation in manchen Fällen Relationselemente überlagern können wie in dem Fall der Verantwortung der Eltern für ihre Kinder, in dem die Kinder (bzw. deren Wohlergehen) einerseits das Objekt besagter Verantwortlichkeit darstellen, andererseits auch die Adressat*innen (also den Grund des Vorhandenseins dieser Verantwortlichkeit).

Innerhalb des Verantwortungsnetzwerkes „Verantwortung im Straßenverkehr" gehören die autonomen Fahrassistenzsysteme ebenso dazu wie der/die menschliche Fahrer*in (selbst dann, wenn sie nicht aktiv am Fahrprozess beteiligt ist), die Besitzer*innen, die Vertreiber*innen, die Programmierer*innen und die Designer*innen, aber auch die Öffentlichkeit, Jurist*innen, Fahrlehrer*innen und alle am Straßenverkehr Beteiligten. Verantwortungsnetzwerke haben häufig ungewöhnliche Ausmaße und bündeln in sich unterschiedliche Verantwortungsobjekte. Von Verantwortungsnetzwerken kann man dann sprechen, wenn man eigentlich – sehr schön zu veranschaulichen am Fall der Klimaverantwortung (vgl. Sombetzki 2014, Kapitel 13) – gar nicht mehr weiß, ob hier in einem gehaltvollen Sinn Verantwortung definiert werden kann, gerade weil z. B. die Bestimmung eines Subjekts schwierig erscheint oder aber sich keine eindeutige Instanz ausmachen lässt oder aber die normativen Kriterien nicht benannt werden können. In einem Verantwortungsnetzwerk erfüllen die involvierten Parteien unterschiedliche Funktionen bzw. besetzen manchmal mehrere Relationspositionen zugleich, sind einmal die Verantwortungssubjekte, in einem anderen Fall die Instanzen und wieder in einem anderen Fall das Objekt und vielleicht zugleich Adressat*innen einer Verantwortlichkeit.

Es wäre äußerst schwierig, ein oder mehrere konkrete Verantwortungssubjekte für die Verantwortung im Straßenverkehr auszumachen, da diese viel zu umfassend ist, als dass eine Person oder eine geringe Anzahl Einzelner dafür Rede und Antwort stehen könnte. Als Verantwortungsnetzwerk „Verantwortung im Straßenverkehr" werden hier jedoch mehrere Verantwortungsbereiche – z. B. moralische, juristische und politische Verantwortlichkeiten (definiert über moralische, juristische und politische Normen) – umfasst. Der Straßenverkehr stellt nur das übergeordnete Verantwortungsobjekt dar, für das nicht eine oder mehrere Personen gehaltvoll ‚die' Verantwortung tragen, das sich jedoch in unterschiedliche weniger komplexe Verantwortungsgegenstände ausdifferenziert, für die dann die unterschiedlichen Parteien jeweils eine spezifische Verantwortung übernehmen. Verantwortung für den Straßenverkehr kann in einem Fall die Sicherheit der am Straßenverkehr beteiligten Menschen bedeuten, in einem anderen Verständnis die Verantwortung dafür, schnell und effizient von A nach B zu gelangen, und in noch einem anderen Fall die Verantwortung dafür, dass die moralischen und ethischen Herausforderungen, die mit einer Beteiligung am Straßenverkehr einhergehen, hinreichend diskutiert bzw. denjenigen, die sich am Straßenverkehr beteiligen, mit hinreichender Ausführlichkeit zuvor deutlich gemacht wurden. Über die beschriebenen (und zahlreiche weitere) Teilverantwortungsgegenstände wird bereits nachvollziehbar, dass wir jeweils ganz unterschiedliche Subjekte in unterschiedlichem Ausmaß dafür zur Verantwortungsübernahme ansprechen würden, dass es jeweils unterschiedliche Instanzen, Adressat*innen und Normen sind, die zur Konkretisierung der jeweiligen Verantwortlichkeit zu definiert werden verlangen.

Gegenwärtig wird ein autonomes Fahrassistenzsystem, das nur in einem operationalen Sinne als sehr schwacher Verantwortungsakteur identifizierbar ist, die Subjektposition einer Verantwortlichkeit innerhalb des Verantwortungsnetzwerkes „Verantwortung im Straßenverkehr" nicht besetzen können, da es immer potenziell qualifiziertere Verantwortungssubjekte gibt. Allerdings ist denkbar, es als Verantwortungsobjekt und als Adressat in eine oder mehrere der Verantwortlichkeiten dieses Verantwortungsnetzwerkes einzubinden. In dieser Weise kann Verantwortung im Bereich der Roboterethik, die sich mit artifiziellen Systemen als Wertträger befasst, letztlich alle denkbaren Maschinen in etwaige Verantwortungskonstellationen integrieren.

5 Fazit und Ausblick

Vor dem Hintergrund von Wallachs und Allens Ansatz einer funktionalen Äquivalenz von Kompetenzen und kombiniert mit einem algorithmischen Strukturschema ließe sich nun den Positionen eines Anthro-, Patho-, Bio- und Physiozentrismus eine weitere Sicht zur Lokalisierung von Phänomenen im moralischen Universum hinzufügen, die all die Akteure mit einem Eigenwert bemisst, die lernfähig sind – hier als *Mathenozentrismus* bezeichnet. „Lernfähigkeit" bedeutet mindestens eine Programmierung durch nicht-determinierte (nicht-deterministische) Algorithmen. Solche Akteure befänden sich im oberen Bereich der Wallach-Allen'schen funktionalen Moralzuschreibung und hätten unter dieser Perspektive einen Eigenwert. Robotern, die vor allem auf der Grundlage determinierter (nicht-deterministischer) Algorithmen arbeiten und sich eher im Bereich operationaler Moralzuschreibung bewegen, wäre aus dieser Perspektive immerhin ein hoher instrumenteller Wert zuzuschreiben.

Liegen die nötigen Bedingungen für Verantwortungszuschreibung im klassischen Sinne nicht vor, lässt sich nach dem Ansatz funktionaler Äquivalenz Verantwortung bislang nur als juristische, soziale, politische und wirtschaftliche operationale (und ggf. auch funktionale) Verantwortung denken, nicht aber als moralische operationale oder funktionale Verantwortung. Es tragen immer noch die Designer*innen und Nutzer*innen bzw. alle beteiligten Menschen die erste Verantwortung, die sie wohl auch nie gänzlich abgeben – zumindest so lange nicht, wie wir in Menschen die einzigen genuinen moralischen Akteur*innen sehen, die über alle vier Autonomietypen nach Darwall verfügen. Sollten wir irgendwann von funktionaler Verantwortung bei einigen sehr komplexen Maschinen sprechen können, wäre denkbar, dass Menschen zu diesen immer noch in einem ähnlichen Verhältnis stehen, wie Eltern zu ihren fast erwachsenen Kindern. In Unfallsituationen könnten solche außergewöhnlichen funktionalen Verantwortungssubjekte ihre menschlichen ‚Eltern' in Sachen Verantwortungszuschreibung zum Teil entlasten – wenn ihnen auch nicht die Verantwortung gänzlich abnehmen. Gegenwärtig lassen sich artifizielle Systeme immerhin bereits eindeutig als Verantwortungsobjekte und -adressaten in Verantwortungsnetzwerke einbinden.

Literatur

Anderson, M., Anderson, S. L., Armen, C. (2006). An Approach to Computing Ethics. *Intelligent Systems, IEEE* 4, 2–9.
Brooks, R. A. (1991). Intelligence Without Reason. *Proc. IJCAI*-91, 569–595.
Brooks, R. A., Breazeal, C., Marjanović, M., Scasselatti, B., Williamson, M. M. (1999). The Cog Project. Building a Humanoid Robot. In C. Nehaniv (Hrsg.). *Computation for Metaphors, Analogy, and Agents* (S. 52–87). LNCS.
Darwall, S. (2006). The Value of Autonomy and Autonomy of the Will. *Ethics* 116, 263–284.
Floridi, L., Sanders, J. W. (2004). On the Morality of Artificial Agents. *Minds and Machines* 14, 349–379.
Frankfurt, H. (1971). Freedom of the Will and the Concept of a Person. *Journal of Philosophy* 68/1, 5–20.
Krebs, A. (1997). Naturethik im Überblick. In A. Krebs (Hrsg.). *Naturethik. Grundtexte der gegenwärtigen tier- und ökoethischen Diskussion* (S. 337–379). Frankfurt am Main: Suhrkamp.
Loh, J. (2017). Strukturen und Relata der Verantwortung. In L. Heidbrink, C. Langbehn, J. Loh (Hrsg.), *Handbuch Verantwortung*. Wiesbaden: Springer VS.
Loh, J., Loh, W. (2017). Autonomy and Responsibility in Hybrid Systems: The Example of Autonomous Cars. In P. Lin, K. Abney, R. Jenkins (Hrsg.). *Robot Ethics 2.0. From Autonomous Cars to Artificial Intelligence* (S. 35–50). Oxford University Press.
Misselhorn, C. (2013). Robots as Moral Agents. In F. Rövekamp, F. Bosse (Hrsg.), *Ethics in Science and Society. German and Japanese Views* (S. 30–42). München: Iudicum.
Neuhäuser, C. (2014). Roboter und moralische Verantwortung. In E. Hilgendorf (Hrsg.), *Robotik im Kontext von Recht und Moral* (S. 269–286). Baden-Baden: Nomos.
Rawls, J. (2001). *Justice as fairness. A restatement*. Harvard University Press.
Russel, S., Norvig, P. (2003). *Artificial Intelligence. A Modern Approach*. Second Edition. New Jersey: Prentice Hall.
Sombetzki, J. (2014). *Verantwortung als Begriff, Fähigkeit, Aufgabe. Eine Drei-Ebenen-Analyse*. Wiesbaden: Springer VS.
Sombetzki, J. (2016). Roboterethik. In M. Maring (Hrsg.). *Zur Zukunft der Bereichsethiken. Herausforderungen durch die Ökonomisierung der Welt* (S. 355–379). Karlsruhe: KIT Scientific Publishing, Band 8 der ZTWE-Reihe.
Wallach, W., Allen, C. (2009). *Moral Machines. Teaching Robots Right from Wrong*. New York: Oxford University Press.

Über die Unmöglichkeit einer kantisch handelnden Maschine

Julchen Brieger

1 Autonome Autos – ein faustischer Pakt?

„Stellen Sie sich vor, [...] daß [eine böse] Gottheit Ihnen als Präsident [eines, J.B.] Landes oder als ‚Beherrscher' unserer Rechtsordnung erschiene und ein Geschenk, eine Wohltat offerieren würde, die das Leben wesentlich angenehmer machte, als es heutzutage ist. Dieses Geschenk kann ein beliebiges etwas sein, das Sie haben möchten – sei es so idealistisch, so obszön oder so habgierig, wie sie wollen [...] Die böse Gottheit bringt vor, daß sie dieses Geschenk im Austausch für ein anderes Opfer übergeben kann – die Gegengabe besteht in den Leben von eintausend per Zufall von ihr ausgewählten jungen Männern und Frauen, die jedes Jahr einen schrecklichen Tod zu sterben haben. Auf meine Frage: ‚Würden Sie das Angebot der Gottheit annehmen?' antworten [...] Studenten nahezu einstimmig: ‚Nein'. Sie sind von der bloßen Möglichkeit, daß jemand überhaupt diese Frage zu stellen vermag, schockiert. Ich frage dann vorsichtig weiter, worin der Unterschied zwischen diesem Geschenk und dem Automobil besteht, das etwa fünfzigtausend Leben pro Jahr fordert." (Calabresi 1990, S. 21)

Der ehemalige Dekan der Yale Law School, Guido Calabresi, veranschaulicht in seinem Gedankenexperiment des „evil deity", also der bösen Gottheit, Überlegungen, die zu einer neuen Gesetzgebung bezüglich der Einführung neuer Technik führen. Anschaulich legt er dar, dass das Bewusstsein mancher Nachteile von (auch bereits eingeführter) Technik durch die Vorteile dieser geschwächt wird. Sie als Leser könnten nun, wie auch die Studenten Calabresis in Replik auf sein Gedankenexperiment, einwenden, dass niemand eine solche Entscheidung für die gesamte Gesellschaft diktatorisch trifft, sondern man als Staatsoberhaupt lediglich die Entscheidung jedem einzelnen freistellen kann. Dennoch ist z. B. eine Erlaubnis von Atomwaffenbesitz bei Privatpersonen kategorisch abzulehnen, da selbst diejenigen, die sich gegen den Besitz von Atomwaffen entscheiden, von der Erlaubnis für die anderen betroffen wären. Was in diesem überspitzten Beispiel so leicht entscheidbar scheint, ist in Fällen, wo die Nachteile und die betroffenen Personen nicht so leicht zu identifizieren sind, auch nicht ebenso intuitiv abzulehnen bzw. anzunehmen. Betrachtet man im Allgemeinen die Entwicklung der Kernenergie (durch die eine solch gravierende Entscheidung ja erst ermöglicht werden könnte), kann man Analogien zu Calabresis Gedankenexperiment herstellen:

> „[D]ie Nutzung der Kernenergie [hat der Atomphysiker Alvin Weinberg, J.B.] in großem Maßstab als einen ‚faustischen Pakt' bezeichnet: einen Pakt, dessen Pferdefuß lange verborgen bleiben kann und sich eventuell erst dann in seinem ganzen Ausmaß zeigt, wenn gerade das mittelfristig problemlose Funktionieren zur psychischen Verdrängung von Risikopotentialen und zur Nachlässigkeit im realen Umgang mit dieser Technik geführt hat." (Birnbacher 2002, S. 183f.)

Auch bei Diskursen zur Straßenzulassung und Entwicklung der so genannten „Autonomen Autos"[1] sollte eine Analyse von Risikopotentialen und das Abwägen der Vor- und Nachteile unabdingbar sein. Wie bei der Einführung des Automobils im Gedankenexperiment sollte man überlegen, welchen „faustischen Pakt" man an dieser Stelle mit der „bösen Gottheit" eingehen müsste. Um Risiken der Einführung neuer Technik adäquat bewerten zu können, kann man Überlegungen zur so genannten *Schadensverteilung* anstellen, einem „der schwierigsten ethischen Probleme im Zusammenhang mit der Bewertung von Schäden" (Birnbacher 2002, S. 190). Gerade im Fall der Autonomen Autos ist es äußerst relevant, die Personenkreise zu betrachten, die von möglichen Technik-Schäden, Grenzen oder Gefahren betroffen wären. Hierfür führt Birnbacher (2002, S. 190) drei Klassifikationsmöglichkeiten an:

> „1. Diejenigen, die von der Anwendung der Technik profitieren oder diejenigen, die durch sie im Wesentlichen nur belastet werden […] *[Profit vs. Belastung, J.B.]*
> 2. Diejenigen, die dem Einsatz von Technik zugestimmt haben oder diejenigen, die dem Einsatz der Technik nicht zugestimmt haben *[Zustimmung vs. Widerspruch, J.B.]*
> 3. Diejenigen, die den Einsatz der Technik akzeptieren oder diejenigen, die ihn nicht akzeptieren *[Akzeptanz vs. Ablehnung, J.B.]*"

Sollte man also über eine Straßenzulassung für Autonome Autos diskutieren, müssten diese drei Aspekte wie bei allen anderen Risikoanalysen ebenso berück-

---

1 Im Folgenden wird der Lesbarkeit halber auf das „so genannte" verzichtet, was keinesfalls meine Meinung wiedergeben soll. „Autonomen Autos" soll nämlich nicht das Prädikat „autonom" zugestanden werden, aber eine Kritik der aktuell verwendeten Termini könnte inhaltlich einen eigenen Aufsatz füllen, sodass an dieser Stelle davon abgesehen wird. Kurz erwähnt werden soll, dass ich die Version des Prädikates „autonom" von Floridi und Sanders (2004) definitiv nicht benutze.

sichtigt werden. Als Staatsoberhaupt in Calabresis Gedankenexperiment könnte man also nicht mit der Erlaubnis der Technik die Verantwortung von sich weisen und behaupten, die Gegner müssten die Technik ja nicht benutzen – nein, ganz im Gegenteil: man müsste eine umfassende Risikoanalyse durchführen, in welcher untersucht wird, wie groß der Einfluss der Technik auf diejenigen ist, die sie gar nicht nutzen. Eine reine Untersuchung der Nutzer ist zu einseitig und stellt nicht den gesamten Umfang des Risikos dar.

Für Autonome Autos lassen sich die Personenkreise inhaltlich zunächst auch in drei Typen einteilen: Fahrer der durch Menschen zu steuernden Autos (kurz: Fahrer), Passagiere in den Autonomen Autos (kurz: Passagiere) und Passanten. Es liegt klar auf der Hand, dass bei der Betrachtung Profit vs. Belastung die Passagiere in erstere Gruppe einzuordnen sind. Eventuell kann beim „Mitfahren" in Autonomen Autos auch ganzheitlich auf den Besitz eines Führerscheins verzichtet werden (dies würde aber Fahrzeuge mit Autopilot ausschließen), außerdem wäre das Reisen in solchen Autos komfortabler (Anstrengung durch permanente Konzentration entfällt), effizienter in Bezug auf den Spritverbrauch und das Verkehrsverhalten (vgl. Bonnefon et al. 2016) sowie sicherer (Reaktionszeit der Sensoren, ca. 90 % der Verkehrsunfälle könnten entfallen, vgl. Bonnefon et al. 2016). Die Passagiere sind auch bei den Punkten Zustimmung vs. Widerspruch und Akzeptanz vs. Ablehnung jeweils den ersten beiden Gruppen zuzuordnen (sonst wären sie nicht Passagiere/ Nutzer der autonomen Autos). Bei Fahrern und Passanten ist die Lage nicht so eindeutig. Dass diese zwei Personenkreise unter Umständen in die Gruppen Belastung, Widerspruch und Ablehnung fallen könnten und dies gravierende Folgen für *offene Gesellschaften* (vgl. Popper 1992) haben kann, versuche ich im Folgenden aufzuzeigen.

2 Kantians, autonomous cars, and Gödel

Der Titel dieses Abschnitts spielt auf zwei Artikel an, welche in ähnlicher Manier paraphrasiert wurden – *God, the Devil, and Gödel* (Benacerraf 1967) sowie *Priest, the Liar, and Gödel* (Chihara 1984). Beide Artikel beschäftigen sich mit dem so genannten *Gödel-Argument* als „Einwand gegen die Möglichkeit einer umfassenden Theorie mentaler Leistungen" (Kutschera 1993, S. 78), welches von mir im Folgenden als Argumentstütze für die im Titel des Aufsatzes angesprochene Unmöglichkeit einer kantisch handelnden Maschine angeführt wird. Das Gödel-Argument lautet folgendermaßen:

„Zu jeder Maschine M, die genau die Sätze beweisen kann, die ein Mensch beweisen kann, läßt sich eine Theorie T angeben, in der genau diese Sätze beweisbar sind. Zu T kann man einen Satz G angeben, der nicht in T beweisbar ist, dessen Wahrheit man aber beweisen kann. Damit ist gezeigt: T, und damit M, erfaßt die menschlichen Beweisfähigkeiten nicht vollständig. Dieses Argument soll keine Widerlegung des Mechanismus sein, der These ‚Es gibt eine Maschine, die genau dasselbe beweisen kann wie wir', sondern ein Argument gegen die Beweisbarkeit einer solchen These." (Kutschera 1993, S. 79)

Weiterhin lässt sich, auch nach Benacerrafs (1967) und Chiharas (1984) Kritik, festhalten:

„Das Ergebnis bleibt so das gleiche: Ich kann nicht erkennen, daß eine Theorie meine gegenwärtigen Erkenntnismöglichkeiten vollständig erfaßt. [...] Was sich zeigen läßt ist nur: Wir können von keiner Theorie erkennen, daß sie unsere Erkenntnismöglichkeiten vollständig beschreibt. [...] Ebenso könnte es sein, daß der Mensch sich als Maschine darstellen läßt [...] aber wir könnten nicht erkennen, daß sie unser seelisches und äußeres Verhalten vollständig beschreibt. Es gibt also handfeste metamathematische Gründe gegen die Möglichkeit, den Mechanismus und darüber hinaus die Annahme einer vollständigen Theorie menschlichen Denkens und Verhaltens als richtig zu erkennen." (Kutschera 1993, S. 82–84)

Meines Erachtens ist aber eben diese Erkenntnis eine notwendige Voraussetzung für eine mechanistische Darstellung der zur kantischen Ethik gehörigen Algorithmen (für eine Maschine), oder eventuell auch für eine Heuristik. Die Argumentation diesbezüglich teilt sich in vier Schritte:

a. Um nach Kant nach einer gewissen Maxime handeln zu dürfen, muss diese Maxime, wenn sie allgemeines Gesetz wird, als solches widerspruchsfrei sein.

Immanuel Kant legt in seiner *Grundlegung zur Metaphysik der Sitten* (Kant 2012) den Weg zu seinem Kategorischen Imperativ dar. Unter anderem beschreibt er auch die Prüfmechanismen für die Maxime, die seiner Auffassung nach vor der Umsetzung in eine Handlung eine gründliche Prüfung durch die jeweiligen Formulierungen des Imperativs und auch bezüglich ihrer Widerspruchsfreiheit durchlaufen müssen. An der Anführung einiger Beispiele kann man erkennen, dass diese Widerspruchsfreiheit doppelt geprüft werden muss: Zum einen muss man feststellen, dass kein Widerspruch im Wollen (im Folgenden „WW") vorhanden ist – hierzu ist das so genannte WW-Test-Verfahren[2] geeignet (vgl. Schönecker 2011). Es wird getestet, ob die Maxime als allgemeines Gesetz/ Naturgesetz bezüglich der

---

2 In diesem Verfahren soll geprüft werden, ob die Maxime bei der Umsetzung zum allgemeinen Gesetz einen Widerspruch im Wollen erzeugt.

Über die Unmöglichkeit einer kantisch handelnden Maschine 111

eigenen Wünsche *konsistent* ist. Das aber kann nach Kutscheras (1993) bzw. Gödels vorher angeführten Überlegungen keine Maschine testen. Weiterhin begründe ich dies damit, dass beispielsweise rationalistisches Handeln einen gewissen Grad an Intentionalität voraussetzt:

"In fact, any modern moral theory in the rationalist tradition will make essential reference to intentional states. For Kant, the 'right' way to move from intentional states to action is through the deliberative process oft he Categorical Imperative. This process requires an evaluation of maxims, which in modern terminology consist of complexes of beliefs, desires, goals and plans. The relation of intentional states to actions, for Kant, is normative and not factual." (Powers 2013, S. 230–231)

In dieser Angelegenheit kann das Gedankenexperiment des *Chinesischen Zimmers* angeführt werden, welches aufzeigen soll, dass Maschinen diesen Grad an Intentionalität nicht erreichen können (vgl. John Searle, nachzulesen beispielsweise in Urchs 2002).

Weiterhin kann man argumentieren:

b. Der zweite Gödelsche Unvollständigkeitssatz besagt: Jedes hinreichend mächtige konsistente System kann die eigene Konsistenz nicht beweisen. Darüber hinaus ist von mir anzumerken, dass man aber mit Mitteln außerhalb des Systems in einem „höheren" System die Konsistenz durchaus beweisen kann – dann müsste man aber wiederum die Konsistenz dieses höheren Systems beweisen, etc. Dass man an dieser Stelle Konsistenz mit Widerspruchsfreiheit synonym verwenden darf, zeigt die ZFC[3]-Formulierung des zweiten Gödelschen Unvollständigkeitssatzes.

Ein derartiges Reflektieren kann von Maschinen nicht erwartet werden, gerade beim WW-Test, bei welchem über die eigenen Wünsche reflektiert werden sollte. Genau diese Fähigkeit macht aber Personen aus (vgl. Frankfurt et al. 2014) und sollte Maschinen abgesprochen werden.

c. Maschinen können mit Unendlichkeit nicht umgehen. Eine Maschine kann die Konsistenz einer von ihr konzipierten Maxime nicht hinreichend beweisen – für sie ist das Problem nicht entscheidbar und somit nicht berechenbar. Selbst eine Approximation kann den reflektierenden, den Prozess am richtigen Ort abbrechenden Vorgang bei einem denkenden Menschen nicht ersetzen, weil man für eine

---

3   ZFC steht für die axiomatische Mengenlehre nach Ernst Zermelo und Abraham Adolf Fraenkel. Sie liefern die Buchstaben Z und F in dieser Abkürzung. Das C steht für *choice* und repräsentiert das Auswahlaxiom.

solche Approximation eine vollständige Beschreibung der Erkenntnisfähigkeiten notwendig wäre (um den Prozess des Abbrechens zum Zeitpunkt X nachzubilden), was keine Theorie leisten kann (vgl. Gödel, Kutschera).

d. Eine Maschine kann keine moralischen Urteile auf Basis der kantischen Ethik treffen, denn sie kann nicht erkennen, ob eine von ihr konzipierte Maxime als allgemeines Gesetz widerspruchsfrei wäre.

Bevor anschließend die Folgen für offene Gesellschaften dargelegt werden sollen, soll noch ein wesentlicher Unterschied erläutert werden.

3 Institutioneller oder natürlicher Zufall?

Derzeit wird, wie auch in diesem Tagungsband, intensiv diskutiert, ob Maschinen eine gewisse Ethik brauchen. Oftmals wurde mir in Disputen/ Diskussionen mit Peers die Frage gestellt, was denn eigentlich einen konsequentialistischen Autopiloten von einem konsequentialistischen (menschlichen) Fahrer unterscheiden würde[4]. Um diese Frage argumentativ klären zu können, bediene ich mich eines weiteren Gedankenexperimentes von John Harris, der *survival lottery*. Stellen Sie sich vor, es gäbe so etwas wie eine erzwungene Organspende, bei der durch Losentscheid ein (gesunder) Organspender bestimmt wird, der mit seinem (gesunden) Körper gleich mehrere Kranke auf einmal retten kann (mindestens zwei). Das Risiko, infolge der *Nichteinführung* der Lotterie sterben zu müssen, ist dann mindestens doppelt so groß wie das Risiko, infolge der Einführung der Lotterie sterben zu müssen (vgl. Birnbacher 2002, S. 190–191). Es wird also durch die Lotterie eine Art institutioneller Zufall geschaffen, welcher den natürlichen Zufall (damit meine ich im Fall der Organspende Zufälle wie plötzlichen Hirntod von potentiellen Organspendern, Verkehrsunfälle, etc.) ersetzen soll. Man kann analog zur *survival lottery* die (selbst wenn randomisierten) Handlungen konsequentialistischer Autopiloten als *institutionalisierten Zufall* behandeln.

Der wesentliche Unterschied an dieser Stelle liegt darin, dass ein konsequentialistischer Autofahrer durchaus im Moment des Unfalls deontologische/ kantische

---

4 An dieser Stelle möchte ich mich für kritische Hinweise und enorm konstruktive Ratschläge bei Herrn JP Dr. Sascha Fink (Magdeburg) bedanken. Ebenso geht, für ähnlich konstruktive kritische Hinweise, ein Dank an Herrn Prof. Dr. Thomas Bedürftig (Hannover) und Herrn Prof. Dr. Héctor Wittwer (Magdeburg).

Überlegungen anstellen kann (oder schon bereits solche im Voraus anstellte, die nun aus dem Unterbewusstsein situativ sein Handeln bestimmen), dem konsequentialistischen Autopiloten bleibt dies aber verwehrt (siehe meine Argumentation im vorangegangenen Abschnitt). Niemand würde im Fall eines Hirntodes bei der Organspende *per se* dem Organspender posthum (bzw. den Angehörigen) eine gewisse moralische Entscheidung verbieten, im Fall der autonomen Autos kann allerdings davon ausgegangen werden, dass manch eine Basis für solche Entscheidungen nicht verwendet werden kann. Möchte man eine analoge Situation für den Straßenverkehr skizzieren, so sähe das folgendermaßen aus: Stellen Sie sich vor, es gäbe die Möglichkeit, winzige Partikel über Blutbahnen in menschliche Gehirne einzuschleusen, die im Gehirn gewisse Entscheidungsmöglichkeiten blockieren. Diese Partikel setzen ihre Wirkung nur frei, wenn der „infizierte" Mensch beispielsweise in einem roten Auto mit blauen Sitzen fährt. Manche Gefahrensituationen sind nun also absehbar schneller lösbar, weil die Partikel die Reaktionszeit erhöhen, aber in eben jenen Situationen blockieren sie auch die Entscheidungsfreiheit. Würden Sie, als Staatsoberhaupt, solche Partikel zur Nutzung freigeben?

4 Welche Folgen hat all das für offene Gesellschaften?

Die für den Aufsatz zugrunde liegende Argumentation soll in diesem Abschnitt zunächst in Kurzform wiedergegeben und anschließend erläutert werden:

1. Mit der Straßenzulassung für Autonome Autos wird für Passagiere, aber auch Fahrer und Passanten, in Situationen, in denen diese Autos moralische Entscheidungen treffen müssen, institutionell die Kantische Ethik ausgeschlossen.
2. Der (zumindest partielle, mindestens aber institutionell festgelegte) Ausschluss von möglichen Entscheidungen auf Basis der kantischen Ethik im Straßenverkehr bedroht die vier Grundprinzipien der offenen Gesellschaft.
3. (aus 1 und 2) Eine Straßenzulassung für Autonome Autos sollte in offenen Gesellschaften nicht gestattet werden.

Zur Stärkung der Prämisse 1) verweise ich auf das bisher Geschriebene. Meine zweite Prämisse soll durch sukzessive Erläuterung der verletzten Merkmale genannter Grundprinzipien unterstützt werden. Gerade in den letzten zwei bis drei Jahren ist das Thema „offene Gesellschaft" durch die wachsenden Flüchtlingszahlen und rechtskonservativen Bewegungen in sämtlichen Bevölkerungsschichten wieder hochaktuell. Dabei ist es interessant zu beobachten, dass jedes der debattierenden Lager in dieser Angelegenheit meint, die Prinzipien der offenen Gesellschaft verteidigen zu wollen, jedoch selten qualifizierte Aussagen zu den Inhalten Karl Poppers' aus dem Jahr 1945 getroffen werden (vgl. Popper 1992). Nun können auch in diesem Aufsatz eine explizite Analyse Poppers' Forderungen und daraus resultierenden politischen Maßnahmen nicht geleistet werden, eher stützen sich die Ausführungen auf Thesen der Sekundärliteratur (z. B. Kußmann 2016 und Schmidt-Salomon 2016).

4.1 Freiheit und Säkularismus

Als erstes werde ich die (Religions- und Meinungs-)Freiheit untersuchen. Popper selbst sah den Antagonismus zwischen dem Wunsch des Menschen nach Freiheit und dem Bedürfnis nach Sicherheit. Nach der Maslowschen Pyramide (vgl. Heckhausen und Heckhausen 2010) sollten wir dem Bedürfnis nach Sicherheit Vorrang einräumen – ich aber plädiere für Poppers Antwort auf Platon:

> „Aber wenn wir Menschen bleiben wollen, dann gibt es nur einen Weg, den Weg in die offene Gesellschaft. Wir müssen ins Unbekannte, Ungewisse, ins Unsichere weiterzuschreiten und die Vernunft, die uns gegeben ist, verwenden, um, so gut wir es eben können, für beides zu planen: nicht nur für die Sicherheit, sondern zugleich für die Freiheit." (Popper 1992, S. 239)

Im Sinne eines Kompatibilisten wie Kant (oder Popper) sollte man also gerade Entscheidungen in potentiell tödlichen Situationen nicht schon in göttlicher Manier im Voraus festlegen und somit die Welt ein Stück deterministischer gestalten, sondern vernünftigerweise die Freiheit zum Preis der Ungewissheit wählen.

Im Sinne unserer Sicherheit muss aber auch staatlich gesichert sein, dass keine Religion oder Weltanschauung staatlich privilegiert wird, so die Forderung Michael Schmidt-Salomons (2016) in Rückbezug auf Poppers Thesen. Die Straßenzulassung für Autonome Autos würde Konsequentialisten privilegieren und somit einen Säkularismus im weitesten Sinne und auch die Meinungsfreiheit institutionell untergraben.

4.2 Gleichheit

Im Folgenden kann ich zum Prinzip „Gleichheit" nur knapp erläutern, dass der Ausschluss bestimmter Auffassungen in eigentlich individuell zu gestaltenden Situationen natürlich zu einer Ungleichheit und zur Benachteiligung der Kantianer führt. Zurückführend auf das bereits erläuterte Gedankenexperiment der *survival lottery* kann man konstatieren, dass die Benachteiligung auch als Opferung weniger Geschädigter zu Gunsten vieler „Trittbrettfahrer" anzusehen ist. Harris selbst spricht sich dagegen aus, dies als unmoralisch anzusehen:

> "We might or might not prefer to live in such a world, but the morality of its inhabitants would surely be one that we could respect. It would not be obviously more barbaric or cruel or immoral than our own." (Harris 1975, S. 82)

Mit demselben Argument könnte man für den Einsatz Autonomer Autos argumentieren: Die Wahrscheinlichkeit, dass der Kantianer in eine Situation gerät, in der konsequentialistisch entschieden wird, ist sehr gering (besonders in Anbetracht der Anzahl von Menschen, die sich überhaupt jemals mit Immanuel Kant beschäftigt haben). Die Wahrscheinlichkeit, dass Nicht-Kantianern durch autonome Technik das Leben gerettet wird, ist auf jeden Fall höher. Nach meiner bereits ausgeführten Kritik am Gedankenexperiment von Harris (institutioneller vs. natürlicher Zufall) kann ich nochmals festhalten, dass der manipulierbare, Misstrauens würdige und instrumentalisierbare institutionelle Zufall als Lösung ungeeignet ist. Des Weiteren halte ich es bei allen bestehenden Dissensen unter Ethikern (bzw. auch unter allen, die der Meinung sind, qualifizierte Aussagen zu moralischen Werten machen zu können) für utopisch, einen allgemeingültigen Katalog von Werten und somit die Grundlage für einen dann im Straßenverkehr abverlangten institutionellen Zufall legen zu können. An dieser Stelle ist eine Ungleichbehandlung der Kantianer als eindeutig vorher festlegbare Gruppe der Geschädigten (ob nun Passagier, Fahrer oder Passant – ihr Wertesystem wird bei relevanten Entscheidungen kategorisch vorab ausgeschlossen) absehbar, was den institutionellen Zufall dann zur Farce werden lässt.

4.3 Individualität

Zum Punkt Individualität kann man unter anderem den in der Entscheidungstheorie für eine Sozialwahl erforderlichen minimalen „Liberalismus" ins Feld führen. Dieser besagt, dass bei einer Zusammenfassung von Individualpräferenzordnungen zu einer Kollektivpräferenzordnung jedes Individuum zumindest über ein Paar von Alternativen (also Dingen, gegenüber denen es eine Präferenz äußern kann) lokal entscheiden kann. Geprägt wurde der Begriff durch Amartya Sen, der allerdings in einer Fußnote deutlich macht, dass er den Begriff *liberalism* eher aus Verlegenheit wählte und „a value involving individual liberty" (Sen 1970, S. 153, FN 1) trefflicher fände. Meines Erachtens ist der Begriff, vor allem in Anbetracht dessen, was Sen mit seinem minimalen Liberalismus fordert, überhaupt nicht abwegig, besonders im Sinne eines politischen Liberalismus. Ein Kantianer könnte in einer konkreten Situation nicht mehr lokal über zwei Alternativen entscheiden, allgemein könnte das auch ein Konsequentialist nicht – auch er kann sich nicht entscheiden, wenn die von ihm ohnehin präferierte Lösung am Ende kollektiv akzeptiert werden wird (siehe Abschnitt 3), so verliert er doch das Recht, lokal entscheidend in der Kollektivpräferenzordnung bezüglich autonomer Autos und deren Entscheidungen zu sein.

5 Schluss

Abschließend mag es hilfreich sein, Calabresis Gedankenexperiment zu reformulieren und eine Analogie bezüglich der Autonomen Autos aufzubauen:

Als Geschenk der bösen Gottheit wird Ihnen nun angeboten, dass Sie ihr vorheriges Geschenk behalten dürfen, aber die Anzahl der Opfer, die gefordert werden, extrem reduzieren können. Im Austausch dazu müssen Sie sich bereit erklären, in bestimmten Situationen nur nach einem gewissen Wertesystem handeln zu dürfen (im Fall, dass Sie das Geschenk akzeptieren, also Passagier sind) oder Sie müssen in Kauf nehmen, dass diejenigen, die Opfer sein werden (also sowohl Passagiere als auch Fahrer und Passanten), nicht mehr rein „natürlich-zufällig", sondern nach einem Ihnen womöglich in der jeweiligen Situation widerstrebenden Wertesystem ausgewählt werden.

Diese Reformulierung soll aufzeigen, dass eine Straßenzulassung für Autonome Autos (wie z. B. Google Cars oder Tesla Cars mit eingeschaltetem Autopilot), so überspitzt das auch klingen mag, gravierende Opfer von unserer Gesellschaft und vor allem von dem in ihr proklamierten und vorherrschenden pluralistischen Wertesystem fordert. Man kann nicht eine Debatte darüber führen, ob man aufgrund einer möglichen Gefährdung der offenen Gesellschaft Menschen die Hilfe untersagt und im gleichen Zuge den Pluralismus von Werten zum Zweck des komfortableren und sichereren Reisens aufgeben. Zwar minimiert der Einsatz Autonomer Autos die Anzahl der Verkehrsopfer, allerdings – und auf diese Konsequenz bin ich bisher noch nicht eingegangen, weil sie einen eigenen Aufsatz füllen könnte – muss man sich dann damit abfinden, dass durch den dazu nötigen erhöhten Einsatz von Kameras und Überwachungssystemen (sonst wäre eine Vermeidung von Unfällen mit Passanten und Fahrern nicht möglich) die Dystopie des *Big Brothers* aus Huxleys *1984* ein wenig näher rücken könnte. Die britische Fernsehserie *Black Mirror* hat in Staffel 3, Episode 6 (vgl. *Hated in the Nation* 2016) eine solche Dystopie im Fall des alltäglichen Einsatzes autonomer Technik skizziert. Das Gedankenexperiment in der Serie ließe sich von den dort verwendeten autonomen Bienen analog auf Autonome Autos übertragen (Technik-Risiko, Fehlbarkeit von vernetzter Technik, Angreifbarkeit durch Hacker-Attacken). Eine Betrachtung dieser Art wäre, wie gesagt, notwendig, soll aber nicht Gegenstand dieses Aufsatzes werden.

Wesentlich schwerwiegender als das Risiko der permanenten Überwachung ist allerdings, dass man in einer *noch fiktiven* Gesellschaft, in der nur Autonome Autos die Straßen befahren, sich auf eine konsequentialistische Ethik einlassen müsste. Selbst wenn man gern in bestimmten Situationen deontologisch motiviert gehandelt hätte (auch als eingeschworener Konsequentialist, was ja auch nach Thomson 1976 und Foot 1978 durchaus nicht abwegig ist), so bekommt man nicht mehr die Möglichkeit dazu (als Passagier).

Es stellt sich Ihnen vielleicht trotz meiner vorhergegangenen Ausführungen die Frage: *Ist das denn eigentlich so schlimm?*

Nach einer Studie am Department of Psychology and Social Behaviour der University of California würden sowieso die meisten Menschen im allgemeinen Fall utilitaristisch programmierte Autos befürworten. Wenn sie jedoch gefragt wurden, was sie im sie betreffenden Einzelfall wählen würden, so sprachen sich die meisten für Autos aus, die mit aller Kraft die Passagiere zu schützen versuchen und kein utilitaristisches Kalkül verfolgen:

"In a series of surveys, Bonnefon et al. found that even though participants approve of autonomous vehicles that might sacrifice passengers to save others, respondents would prefer not to ride in such vehicles [...]. Respondents would also not approve regulations mandating self-sacrifice and such regulations would make them less willing to buy an autonomous vehicle" (Bonnefon et al. 2016 – Ankündigungstext).

Derzeit gibt es etliche Versuche, *Trolley Cases*[5] zu modellieren und von Maschinen entscheiden zu lassen. Dabei wird m. E. das Pferd von hinten aufgezäumt: Statt konkrete Situationen zu modellieren und moralisches Verhalten in die Maschine hineinzuinterpretieren, sollte man zunächst der Frage nachgehen, ob es für Maschinen überhaupt *möglich* ist, moralische Entscheidungen im gleichen Maße zu treffen wie ein Mensch – eine Frage, die nach Gödel et al. (2014) und Kutschera

---

5 *Trolley Cases* sind Gedankenexperimente, in welchen sich mit *prima facie* inkonsistenten Intuitionen bezüglich der konsequentialistischen bzw. deontologischen Einstellung hinsichtlich des Tötens/ Leben Lassens auseinander gesetzt wird. Man unterscheidet zwischen den beiden Basisformen *Fat Man Case* (ein Zug wird entweder fünf Gleisarbeiter töten oder Sie werfen einen dicken Mann von einer Brücke, der den Zug stoppt) und *Trolley Case* (ein Zug wird fünf Gleisarbeiter töten, es sei denn, Sie stellen eine Weiche so um, dass er auf ein Gleis fährt, wo nur ein Gleisarbeiter tätig ist). Beide Basisformen und ihre Variationen werden als *Trolley-Cases* bezeichnet.

(1993) gar nicht beantwortbar ist. Man würde aber vernünftigerweise wollen, dass sich derjenige, der eine Entscheidung über Leben und Tod oder zumindest eine, die gravierende Verletzungen für Lebewesen nach sich zieht, treffen muss, sich voll verantworten kann und als moralisches Subjekt, also nach seiner eigenen moralischen Überzeugung, gehandelt hat. In beiden Fällen gäbe es, so meine These, im Fall autonomer Maschinen (hier beziehe ich mich nun auch auf Kampfdrohnen oder Ähnliches, wie die in *Black Mirror* angebrachten „Autonomous Drone Insects" ADIs) große Probleme, denen sich die Ingenieure stellen müssten – beispielsweise wäre ein einfach neu definierter Verantwortungs- oder Subjektbegriff nur eine Ausflucht, wie auch die Neudefinierung des Wortes „autonom" (z. B. bei Floridi und Sanders 2004 – da das Prädikat nicht zutrifft, wurde im Aufsatz „Autonome Autos" generell als Eigenname geschrieben – nach der bei Floridi und Sanders beispielsweise angebrachten Ausführung wäre auch ein Thermostat als autonom zu bezeichnen). Die Verantwortungsproblematik wurde in diesem Beitrag im Gegensatz zu der des moralischen Subjektes nur kurz erwähnt, soll aber als Forschungsdesiderat zukünftig abgehandelt werden.

Zusammenfassend ist nochmals zu betonen, dass die Gödelschen Unvollständigkeitssätze die Unmöglichkeit einer kantisch handelnden Maschine aufzeigen können. Eine Maschine wäre niemals in der Lage, den kategorischen Imperativ, geschweige denn den WW-Test, zur Prüfung der Maxime als allgemeines Gesetz für eine bevorstehende Handlung anzuwenden. Somit wird zumindest eine Forderung der kantischen Ethik von Autonomen Autos nie erfüllt werden können. Selbstverständlich forderte Kant noch weitaus mehr – es wäre unter anderem auch interessant, zu untersuchen, ob Maschinen überhaupt so etwas wie Urteilskraft erreichen können –, aber die *reductio ad absurdum* im beschriebenen Fall ist durchweg die am einfachsten durchzuführende. Der Nachweis gilt nichtsdestotrotz für die gesamte kantische Ethik, denn wenn bereits eine notwendige Bedingung nicht erfüllt wurde, ist ein Nachweis der Ungültigkeit aller hinreichenden Bedingungen nicht mehr nötig.

Aus all den von mir angeführten Argumenten lässt sich schließen, dass eine generelle Straßenzulassung für Autonome Autos mit einem pluralistischen Wertesystem, mit minimalem Liberalismus und mit den Prinzipien der offenen Gesellschaft nicht vereinbar ist.

Literatur

Benacerraf, Paul (1967). God, the Devil, and Gödel. *The Monist* 51 (1), 9–32.
Birnbacher, Dieter (2002). Ethische Dimensionen der Bewertung technischer Risiken. In T. Zoglauer (Hrsg.),*Technikphilosophie*, 182–191. Freiburg: Alber
Bonnefon, Jean-Francois, Azim Shariff, und Iyad Rahwan (2016). The social dilemma of autonomous vehicles. *Science (New York, N. Y.)* 352 (6293), 1573–1576.
Calabresi, G. (1990). *Ideale, Überzeugungen, Einstellungen und ihr Verhältnis zum Recht.* Berlin: Duncker & Humblot.
Chihara, Charles S. (1984). Priest, the Liar, and Gödel. *Journal of Philosophical Logic* 13 (2), 117–124.
Floridi, Luciano und J. W. Sanders (2004). On the Morality of Artificial Agents. *Minds and Machines* 14 (3), 349–379.
Foot, Philippa (1978). *The Problem of Abortion and the Doctrine of the Double Effect.* In: *Virtues and Vices*, Oxford: Basil Blackwell
Frankfurt, Harry G., Monika Betzler, und Barbara Guckes (2014). *Freiheit und Selbstbestimmung. Ausgewählte Texte.* Berlin: De Gruyter.
Gödel, K., S. Feferman, W. Goldfarb, C. Parsons, und W. Sieg (2014). *Kurt Gödel: Collected Works.* Oxford: Clarendon Press.
Harris, John (1975). The survival lottery. *Philosophy* (50), 81–87.
Hated in the nation (2016). Serie *Black Mirror*, Staffel 6, Episode 3. Drehbuch Charlie Brooker, Regie James Hawes. Großbritannien, House of Tomorrow. http://www.imdb.com/title/tt5709236/?ref_=ttfc_fc_tt. Zugegriffen am: 19.08.2017.
Heckhausen, Jutta und Heinz Heckhausen (Hrsg.) (2010). *Motivation und Handeln. Mit 45 Tabellen ; [+ online specials].* Berlin u. a.: Springer.
Kant, Immanuel (2012). *Grundlegung zur Metaphysik der Sitten.* Stuttgart: Reclam.
Kußmann, Matthias (2016). *Der Philosoph Karl Popper und die „offene Gesellschaft".* http://www.swr.de/-/id=17972668/property=download/nid=660374/1qr5a89/swr2-wissen-20160930.pdf. Zugegriffen am: 22.03.2017.
Kutschera, Franz von (1993). *Die falsche Objektivität.* Berlin: De Gruyter.
Popper, Karl Raimund (1992). *Die offene Gesellschaft und ihre Feinde, Band 1: Der Zauber Platons.* Tübingen: J.C.B. Mohr.
Powers, Thomas M. (2013). On the Moral Agency of Computers. *Topoi* 32 (2), 227–236.
Schmidt-Salomon, Michael (2016). *Die Grenzen der Toleranz.* http://www.tagesanzeiger.ch/kultur/diverses/die-grenzen-der-toleranz/story/14647491. Zugegriffen am: 11. 11.2016.
Schönecker, Dieter (2011). *Kants „Grundlegung zur Metaphysik der Sitten" Ein einführender Kommentar.* Stuttgart: UTB.
Sen, Amartya (1970). The Impossibility of a paretian liberal. In *Economic welfare.* Cheltenham, Northhampton, MA, Cheltenham: Elgar.
Thomson, Judith Jarvis (1976). Killing, Letting Die, and the Trolley Problem, In: *The Monist* 59, 204–17
Urchs, Max (2002). *Maschine, Körper, Geist. Eine Einführung in die Kognitionswissenschaft.* Frankfurt am Main: Klostermann.

even
Rassistische Maschinen?
Übertragungsprozesse von Wertorientierungen zwischen Gesellschaft und Technik

Thilo Hagendorff

1 Einleitung

Die Entwicklung und Nutzung von technischen Artefakten ist immer von sozialen Werten beeinflusst. Es werden Werte in technische Artefakte eingeschrieben (Beveridge et al. 2003; Brey 2010; Hagendorff 2015; Kitchin 2014b; Lyon 2003b). Problematisch dabei ist, dass die Wertebeladenheit von Technik in der Phase der Technikanwendung nur noch schwierig erkennbar beziehungsweise verhandelbar ist. Während in zwischenmenschlichen Interaktionen Werte hervorgehoben, über sie diskutiert und deren Kontingenz herausgearbeitet werden kann, lösen sie sich in der Interaktion mit technischen Artefakten gewissermaßen auf und entziehen sich der Verhandelbarkeit, ohne dabei jedoch ihre Geltungskraft einzubüßen. In technische Artefakte eingeschriebene Werte verlieren ihre „Sichtbarkeit", während sie sich gleichzeitig fixieren und verhärten.

Die Übertragung beziehungsweise der Prozess der Einschreibung von Werten in technische Artefakte kann mehr oder minder gut nachvollziehbar sein. Im Folgenden sollen zwei Beispiele angeführt werden – eines für einen gut und eines für einen kaum nachvollziehbaren Werteübertragungsprozess.

Offensichtlich ist die Werteinschreibung in eine Technik etwa bei Körperscannern, welche unter anderem an Flughäfen zur Sicherheitskontrolle eingesetzt werden (Bello-Salau et al. 2012). So kann es etwa vorkommen, dass ein Körperscanner einen Fehlalarm ausgibt, wenn ein Mensch mit einer Prothese den Scanner betritt. Den fehlerhaften Alarm bedingt eine „Inkompatibilität" der zu scannenden Person mit dem Seitens der Technik vorgegebenen Normalkörperschema. Daran lässt sich ablesen, dass die Entwickler der für die Scanner eingesetzten Software bewusst oder unbewusst bestimmte Vorannahmen über „normale" Körper in die Technik haben einfließen lassen. Diese Vorannahmen, welche, wie beschrieben, in der Technik aushärten und sich über sie geltend machen, betreffen in diesem Fall die Physiognomie und die Form des menschlichen Körpers. Bei etwas genauerem Hinsehen jedoch ist erkennbar, dass der Alarm, den der Körperscanner ausgibt, welcher zur Detektion „auffälliger", aber kein Sicherheitsrisiko darstellender Personen führt, das Resultat eines aus technikethischer Perspektive problematischen Werteinschreibungsprozesses in die Technik ist.

Man kann allerdings auch auf weniger offensichtliche Fälle referieren, in denen sich auf kaum nachvollziehbare Art und Weise Werte und Wertannahmen aus einem genuin sozialen Kontext auf die Technologie übertragen. Bezug nehmen ließe sich hier etwa auf das Maschinenlernen. Beim Maschinenlernen werden Lernalgorithmen dazu eingesetzt, um anhand gewisser Parameter, einem Set an Beispielen sowie der Assistenz von Programmierern aus auftretenden Mustern und Regelmäßigkeiten in Datensätzen eigenständig Wissen zu generieren (Domingos 2012). Lernalgorithmen agieren für sich genommen grundsätzlich vorerst relativ „neutral". Im Laufe ihrer Verwendung jedoch unterliegen sie, wie noch genauer zu beschreiben sein wird, einer gewissen Eigendynamik, wobei sie zudem intransparent operieren. Dieses Problemfeld ist trotz seiner Opazität (Burrell 2016) in den letzten Jahren immer intensiver behandelt worden. Es firmiert unter dem Label der „algorithmischen Diskriminierung" (vgl. Schaar 2016). Gemeint ist hier, dass Personen auf der Basis algorithmischer Verfahren in bestimmte Risiko-, Reputations-, Verdachts-, Einkommensgruppen et cetera eingeteilt werden, wobei die Klassifizierungen ungerechtfertigte benachteiligende Effekte für die betroffenen Personen haben. Die algorithmische Klassifizierung von Personen wird häufig in Anlehnung an Lyon auch als „social sorting" bezeichnet (vgl. Lyon 2003a), wobei es um die algorithmische Einteilung und Kategorisierung von Personen geht, welche sich negativ auf die Handlungsfreiheit der Personen auswirkt.

2 Diskriminierung

Die algorithmische Diskriminierung wird im Wesentlichen im Zusammenhang mit Big-Data-Applikationen gesehen. Dieser Nexus wird daraufhin abgesucht, ob die Technologie Formen von Diskriminierung fördert (O'Neil 2016). Unabhängig von der diskursiven Übermacht der Thematisierung negativer algorithmischer Diskriminierung gibt es auch Ansätze, mit Big-Data-Applikationen soziale Ungerechtigkeit reduzieren zu wollen (Hermanin und Atanasove 2013). Argumentiert wird hier, dass durch umfassende Datenerhebungen auch Profile über Personen angelegt werden können, die ethnischen Minoritäten angehören, Behinderungen haben oder anderweitig marginalisiert sind. Eine derart personenbezogene Datenerhebung könnte dazu eingesetzt werden, um Diskriminierungen zu erkennen in Bezug etwa auf die Bildungs-, Wohnungs- oder Arbeitsmarktsituation jener Personen. Auf der einen Seite steht also die Idee, Big Data dazu einzusetzen, um soziale Ungleichheiten zu erkennen und aufzulösen. Auf der anderen Seite werden informationstechnische Systeme jedoch daraufhin abgesucht, ob sie, vermittelt über komplexe Datenverarbeitungsprozesse, negative soziale Diskriminierung bedingen oder fördern (Kerr und Earle 2013, S. 71; Kitchin 2014a, S. 218; Pasquale 2015, S. 16; Saurwein et al. 2015, S. 37; Turow 2012, S. 275). In diesem Zusammenhang gibt es einige prominente Beispiele, auf welche an dieser Stelle in der gebotenen Kürze eingegangen werden soll. Prominent etwa wurde die Forschung von Datta et al. (2015), in welcher nachgewiesen werden konnte, dass personalisierte Online-Werbung Frauen diskriminiert. Im Speziellen geht es dabei um Werbung für hochbezahlte Jobs, welche Frauen mit geringerer Wahrscheinlichkeit angezeigt bekommen als Männer. Ein weiterer Fall, welcher für viel Aufsehen sorgte, ist jener der Recherche von ProPublica, in welcher Angwin et al. (2016) herausgefunden haben, dass in der amerikanischen Strafverfolgung dunkelhäutige Menschen algorithmisch diskriminiert werden. Im Fokus steht dabei die Software „Compas", welche dazu eingesetzt wird, um die Rückfallgefahr von Straftätern zu berechnen. Die Software benachteiligt jedoch, wie durch die Recherche aufgedeckt wurde, dunkelhäutige Menschen, indem sie für sie eine höhere Rückfallgefahr berechnet als für hellhäutige Menschen. Ein weiteres, ebenfalls sehr bekannt gewordenes Beispiel ist jenes von „Tay", einem „intelligenten" Chatbot (vgl. Misty 2016). Programmiert wurde Tay von Microsoft. Über den Mikrobloggingdienst Twitter war es möglich, mit Tay zu chatten. Was die Betreiber des Chatbots allerdings nicht antizipiert hatten, war, dass es kurz nach dem Start von Tay eine konzertierte Aktion von Nutzern der Plattform 4chan gab, welche sich dazu verabredet hatten, mit Tay zu chatten. Allerdings ging es dabei nicht darum, eine „normale" Konversation mit Tay zu führen. Vielmehr sollte eine Art der Kommunikation mit ihr gepflegt werden, welche gefärbt ist von extremem Rassismus, Sexismus, Antisemitismus et cetera. Da Tay im Grunde ein Lernalgorithmus ist, eignete sich die Software den Rassismus, Sexismus, Antisemitismus et cetera an – und reproduzierte ihn gleichsam. Dies führte zu einer Reihe automatisch generierter, ziemlich krasser Äußerungen des Chatbots. Tay twitterte automatisch Sätze wie „gas the kikes race war now", „We're going to build a wall, and Mexico is going to pay for it" oder auf die Frage, ob der Holocaust stattfand, antwortete Tay mit den Worten „it was made up" oder „Hitler did nothing wrong". Ein weiteres Beispiel, welches ebenfalls im Zusammenhang negativer algorithmischer Diskriminierung angeführt werden kann, betrifft den weltweit ersten Schönheitswettbewerb „Beauty.AI", welcher durch Algorithmen entschieden wurde (Levin 2016). Im Zuge dieses Schönheitswettbewerbs wurde ein

Algorithmus dazu eingesetzt, um Hautfalten, Gesichtssymmetrie, Augenposition et cetera zu bewerten. An dem Schönheitswettbewerb haben 6000 Menschen aus über 100 Ländern mitgemacht. Das Endergebnis des Wettbewerbs war jedoch in einem negativen Sinne überraschend. Unter den 44 Gewinnern aus den verschiedenen Altersklassen waren quasi keine dunkelhäutigen Menschen. Auch waren nur äußerst wenige asiatische Frauen und Männer unter den Gewinnern.

Das Phänomen, welches sich in all diesen Beispielen manifestiert, ist jenes der mehr oder minder versteckten Einschreibung von Wertannahmen in Technologien sowie die Reproduktion jener Wertannahmen durch den Technikeinsatz. Freilich gibt es, rein auf der Ebene des Diskurses betrachtet, einen Übergang von rassistischen oder sexistischen Ressentiments zwischen nicht-digitalen und digitalen Plattformen (Nakamura und Chow-White 2012). Dieser Übergang jedoch wird flankiert von einer weniger offensichtlichen, ja vielmehr intransparenten und versteckten Durchdringung der Funktionalität von digitalen Technologien und Plattformen mit diskriminierenden Wertorientierungen. Nach all den genannten Beispielen, von denen man noch zahlreiche weitere benennen könnte, stellt sich jedoch die Frage: Wie entstehen rassistische, sexistische, antisemitische et cetera Maschinen? Hier können zwei Szenarien beschrieben werden.

3 Übertragungsprozesse

Das eine Szenario ist jenes, welches bereits im Kontext von Körperscannern weiter oben beschrieben wurde. Hier schreiben Technikentwickler direkt diskriminierende Wertannahmen in die Technologie beziehungsweise die Software ein (Kitchin 2014b, S. 9 f.ff.). Das andere, gleichsam wahrscheinlichere Szenario ist dies, dass informationstechnische Systeme – ohne dass dies durch die Technikentwickler intendiert wäre – qua Lernalgorithmen „erlernen", diskriminierend zu agieren.

Dies kann erneut am Beispiel des Schönheitswettbewerbs Beauty.AI festgemacht werden (Levin 2016). Hier wurde die Methode des „deep learnings" eingesetzt, wobei den Lernalgorithmen durch einen entsprechenden Trainingsdatensatz gewisse Attraktivitätsstandards beigebracht wurden. Das Problem dabei ist allerdings gewesen, dass innerhalb des Trainingsdatensatzes kaum Bilder von Menschen waren, welche nicht das amerikanische bzw. europäische Schönheitsideal verkörperten. Die Entwickler hatten in den Beauty.AI-Algorithmus nicht einprogrammiert, helle gegenüber dunkler Haut als ein Zeichen von Schönheit zu sehen. Und dennoch hat der Algorithmus sich angeeignet, Menschen mit heller Haut gegenüber Menschen mit dunkler Haut zu präferieren. In diesem Fall setzt sich also ein subjektiver

Bias von einer bestimmten Personengruppe an Softwareentwicklern auf sehr subtile Weise in der Technologie fort. Der eingesetzte Lernalgorithmus operiert vorerst gewissermaßen „neutral". Er lernt dann allerdings aus dem eingesetzten Trainingsdatensatz, bestimmte Eigenschaften – in diesem Fall Eigenschaften von Gesichtern – zu präferieren. Das bedeutet, der Algorithmus übernimmt den Bias aus dem Trainingsdatensatz und der Trainingsdatensatz ist wiederum ein Abbild der persönlichen Bias der Autoren jenes Datensatzes. Das Problem dabei ist jedoch, dass dieser komplexe Übersetzungs- beziehungsweise Übertragungsprozess kaum mehr nachvollzogen werden kann, sobald der Algorithmus sich in der Praxis einmal etabliert hat.

Bei dem Beispiel der Software Compas hat sich durchaus ähnliches abgespielt (Angwin et al. 2016). Compas sollte dazu eingesetzt werden, um die überfüllten Gefängnisse in den USA zu entlasten. Dies sollte durch eine kluge Datenanalyse bewerkstelligt werden. Dabei sollte, wie bereits erwähnt, möglichst präzise das Rückfallrisiko von Straftätern berechnet werden. Davon sollte dann die Länge der Haftstrafe oder auch die Frage, ob eine Untersuchungshaft notwendig ist, abhängig gemacht werden. Der Algorithmus hat in 61 % der Fälle zukünftige Straftäter identifiziert. Er lag damit aber auch bei 39 % der Fälle falsch. Im Speziellen bei Gewaltverbrechen lag der Algorithmus sogar bei 80 % der Fälle falsch, er hat also nur 20 % richtig vorhergesagt. Der entscheidende Aspekt dabei war jedoch, dass dunkelhäutigen Menschen eher zugetraut wurde, zukünftig straffällig zu werden, als hellhäutigen Menschen. Die Frage, welche sich also stellt, ist, wie ein solcher Rassismus, welcher rein durch die Technologie (re-)produziert wurde, sich etablieren konnte. Das Programm Compas errechnet für jeden Straftäter einen Risikowert. Dieser Wert errechnet sich auf der Grundlage einer Befragung, welche jeder Inhaftierte ausfüllen muss. Die Ergebnisse dieser Befragung werden dann in eine Datenbank eingespeist und mit Eigenschaften von in der Vergangenheit verurteilten Straftätern abgeglichen. Dabei kategorisiert die Software wiederum nicht die Hautfarbe der Angeklagten. Was sie allerdings kategorisiert, sind Aspekte wie soziale Netzwerke, Arbeitslosigkeit, Einkommen, Wohnsituation, Beziehungsstatus der Eltern, Straftaten von Freunden und Verwandten und einiges mehr. Das Risiko für Straffälligkeit wird dann unter anderem an diesen soziologischen Faktoren festgemacht. Genau hinsichtlich dieser Faktoren besteht jedoch von vornherein bereits eine Benachteiligung von dunkelhäutigen Menschen. Letztlich erlernt der Algorithmus auch hier gesellschaftlich etablierte Ungleichheiten und perpetuiert diese dann, indem er jene Bevölkerungsgruppen benachteiligt, welche ohnehin bereits benachteiligt sind. Das Problematische dabei ist, dass die Benachteiligung beziehungsweise Diskriminierung plötzlich nicht mehr sichtbar ist. Im Gegenteil wirkt ein System wie Compas vorerst relativ neutral und objektiv. Doch dieser Eindruck täuscht. Mit O'Neil ließe sich also zusammenfassen:

"The math-powered applications powering the data economy were based on choices made by fallible human beings. Some of these choices were no doubt made with the best intentions. Nevertheless, many of these models encoded human prejudice, misunderstanding, and bias into the software systems that increasingly managed our lives." (O'Neil 2016, S. 3)

4 Transparenz

Aufgrund der Tatsache, dass Beispiele wie die soeben beschriebenen sich häufen und damit immer mehr Fälle algorithmischer Diskriminierung bekannt werden, entsteht gleichzeitig immer häufiger die Forderung, dass die den Datenverarbeitungsprozessen zugrundeliegenden Algorithmen transparent gemacht werden sollen. Völlig richtig wird bemerkt, dass man es zunehmend mit „black boxes" zu tun hat. Pasquale nennt in „The Black Box Society" (2015, S. 103) drei Gründe, warum Algorithmen intransparent sind. Erstens sind Algorithmen vor Transparenz geschützt durch Geheimhaltung seitens der Institutionen, welche sie entwickeln und einsetzen. Zweitens sind Algorithmen vor Transparenz geschützt durch Geheimhaltungsgesetze, welche beispielsweise Whistleblowing unter Strafe stellen. Und drittens sind Algorithmen vor Transparenz geschützt durch ihre eigene Komplexität.

Jener dritte Grund ist der für die hier angeführte Argumentation entscheidende. Die Komplexität von Algorithmen erzeugt die Intransparenz derselben – und macht gleichzeitig die angesprochenen Übersetzungs- beziehungsweise Übertragungsprozesse, also die Einschreibung und Widerspiegelung von sozialen Wertannahmen in digitalen Informations- und Kommunikationstechnologien, kaum erkenn- beziehungsweise überprüfbar. So wurde eine Situation geschaffen, in welcher Gründe für maschinelle Entscheidungen kaum noch oder gar nicht mehr angegeben werden können.

Um aus dieser Situation zu entkommen, wird die Forderung gestellt – auch Pasquale stellt sie in dem angesprochenen Buch (2015, S. 140 f.ff.) –, dass man Algorithmen transparent machen soll. Die Vorstellung dabei ist, dass in einem Zustand der Transparenz die Funktionsweise von Algorithmen offen liegt, sodass man erkennen kann, wenn man es mit Formen technisch gelagerter Diskriminierung zu tun hat. So einleuchtend dieser Ansatz auch sein mag, so muss doch dagegen argumentiert werden, dass er aus einer technischen Perspektive betrachtet nicht umsetzbar ist. Warum dem so ist, fasst Kitchin zusammen:

"[...] they [the algorithms] are never fixed in nature, but are emergent and constantly unfolding. [...] In some cases, the code has been programmed to evolve, re-writing its algorithms as it observes, experiments and learns independently of its creators. Similarly, many algorithms are designed to be reactive and mutable to inputs. [...] In other cases, randomness might be built into an algorithm's design meaning its outcomes can never be perfectly predicted." (Kitchin 2014b, S. 16)

Man kann gerade Lernalgorithmen nicht transparent machen, ohne zu wissen, mit welchen Daten sie operieren. Das bedeutet, dass man sich insbesondere die Datensätze, aus denen die Algorithmen lernen, ansehen müsste. Wenn dies allerdings Datensätze sind, welche etwa in Echtzeit aus einem sozialen Netzwerk gewonnen werden, dann ist auch dies nicht so einfach möglich. Hier ließe sich wieder auf das Beispiel des Chatbots Tay referieren, in welchem der Prozess der Kreation einer rassistisch agierenden Software nur mit allergrößtem Aufwand hätte im Einzelnen nachvollziehbar gemacht werden können. Auch in diesem Zusammenhang angemerkt werden muss, dass Technologien wie etwas das „deep learning" ab einer bestimmten Einsatzbreite aufgrund ihrer inhärenten Komplexität für den Menschen nicht mehr nachvollziehbar gemacht werden können.

Verkompliziert wird der beschriebene Sachverhalt zudem dadurch, dass Organisationen, welche mit hinreichend leistungsstarken informationstechnischen Systemen und einer breiten Basis an Klienten ausgestattet sind, über Datenaggregationen oder Big-Data-Analysen emergente Informationen über ihre Klienten gewinnen können, welche diese selbst gar nicht eigenständig und willentlich preisgegeben haben (Horvát et al. 2012; Kosinski et al. 2013; Kosinski et al. 2014; Lambiotte und Kosinski 2014; Solove 2011, S. 27). Die Herstellung von Transparenz müsste also nicht bloß die Offenlegung der Funktionalität von Algorithmen umfassen, sondern gleichsam die Offenlegung sämtlicher aus Datenverarbeitungsprozessen gewonnener, möglicherweise emergenter Informationen. In den allermeisten Fällen bestehen jedoch starke Informationsasymmetrien zwischen den verschiedenen sozialen Akteuren. Dies betrifft vor allem das Verhältnis von Kunden zu Unternehmen und von Bürgern zu Staaten (Pasquale 2015).

5   Performativität

Technologien wie das Maschinenlernen oder auch das Auffinden emergenter Informationen suggerieren, dass Daten für sich selbst sprechen. Abgebildet wurde dieser Glaube prominent durch Andersons „The End of Theory" (2008). Anderson argumentiert, dass im Zeitalter der Big Data keine wissenschaftlichen Theorien mehr von Nöten sind, um aus datengetriebenen Analysen wahre Erkenntnisse zu gewinnen. Kritik an Andersons Argumentation gibt es einige. Unter anderem ließe sich ihm entgegenhalten, dass Datensätze, aus denen personenbezogene Informationen extrahiert werden, häufig lückenhaft sind und kein authentisches Bild einer Person abgeben (Amoore 2011, S. 34 f.ff.; Haggerty und Ericson 2000, S. 611). So schreibt etwa Regan:

> "[…] in the late twentieth century, parts of every individual's life are recorded in a number of computerized databases and exchanged with other organizations. Access to these bits of information gives, at best, a fragmented picture of an individual; the individual is not seen in a social context, no reciprocity exists, and no common perceptions are recognized." (Regan 1995, S. 223 f.ff.).

Wenn also über Transparenz hinsichtlich von Datenverarbeitungsprozessen nachgedacht oder Transparenz normativ eingefordert wird, darf nie der Umstand aus den Augen verloren werden, dass personenbezogene Daten keine eindeutigen Repräsentationen von Personen und deren Eigenschaften, Handlungen, Überzeugungen et cetera darstellen. Datenverarbeitungsprozesse, deren Ergebnisse möglicherweise Formen von Diskriminierung abbilden, müssen stets aus der Perspektive einer konstruktivistischen beziehungsweise sogar relativistischen Denkungsart betrachtet werden. Personenbezogene Daten, welche jenen Datenverarbeitungsprozessen zugrunde liegen, bilden lediglich eine virtuelle Doublette, aus welcher nur stückhaft imaginiert werden kann, wer eine Person ist, welche Interessen sie besitzt, welche Handlungen sie plant et cetera.

Bei der Erhebung personenbezogener Daten werden Personen in unterschiedliche Datenströme „zerlegt". Anschließend wird über die Verwendung verschiedener Kategorien und Klassifikationen ein „data double", also ein virtuelles Profil als vermeintlich eindeutig korrespondierendes Abbild einer Person rekonstruiert (Haggerty und Ericson 2000). Personenbezogene Datensätze wirken auf diese Weise performativ (Matzner 2016; Raley 2013, S. 127 f.ff.). Dies birgt die Gefahr, dass durch Praktiken des Sammelns und Verarbeitens von Daten eine Konstruktion eines Bildes einer Person oder einer Personengruppe erstellt wird, welches fragmentiert, verzerrt oder in gewisser Hinsicht „unwahr" ist und möglicherweise im offensichtlichen Widerspruch steht zu dem Bild der Identität, welches die Person oder die Personengruppe selbst von sich zeigt oder zeichnen möchte (Karas 2004, S. 616 ff. ff.; Los 2006, S. 93). Immer dann, wenn aus digitalen Datensätzen, welche infolge bestimmter Praktiken des Datensammelns entstanden sind, personenbezogene Identitäten, Handlungen, Einstellungen et cetera rekonstruiert werden sollen, muss beachtet werden, dass diese Rekonstruktionen stets nur fragmentarisch, demnach also in gewissem Sinne „verzerrt" oder „falsch" sein können. Das bedeutet, dass der

Rückschluss von Daten auf Personen nie eine eindeutige, positivistisch zu deutende Korrespondenzbeziehung darstellen kann, sondern immer einer konstruktivistischen Logik folgt, welche dergestalt ist, dass unterschiedliche, also unter Umständen auch einander widersprechende Wirklichkeiten über eine Person konstruiert werden. Dabei ist es jedoch wichtig, dass die aus der Performativität von Daten heraus entstandenen Wirklichkeiten nicht blindlings und auf ungerechte Art und Weise gegen die nicht-digitale Wirklichkeit der je betroffenen Person durchgesetzt werden dürfen. Daten müssen immer interpretiert werden, und diese Interpretation folgt nicht allein subjektiven Vorannahmen, sondern fällt zudem stets lückenhaft aus. Daten sind kein Abbild der Wirklichkeit, sondern geben lediglich Hinweise auf Wirklichkeitsausschnitte.

Die digitalen „Spuren", welche Personen in modernen Informationsgesellschaften nahezu immer und überall hinterlassen, kondensieren gewissermaßen zu reduzierten Biografien, welche stets unter Vorbehalt betrachtet werden müssen. Gleichwohl ist das Phänomen der „Lückenhaftigkeit" und Performativität von personenbezogenen Datensätzen, anhand derer Aussagen über die Wirklichkeit von Personen getroffen werden sollen, nicht exklusiv für die digitale Informationsgesellschaft, sondern ein Derivat grundsätzlicher Probleme und Herausforderungen im angemessenen Umgang mit Sprache und Informationen. Und dennoch kann konstatiert werden, dass insbesondere durch das Paradigma der Big Data eine Art digitaler Positivismus entstanden ist, in welchem Daten beziehungsweise Datenauswertungen so interpretiert werden, als würden sie Realität abbilden und transparent machen. Dass es eine algorithmische Produktion von Realität gibt, welche mit anderen Wirklichkeitskonstruktionen kontrastiert werden muss und welche nicht allein für sich stehen darf, wird selten reflektiert. Dabei wäre es sicher falsch, einem plumpen Relativismus das Wort zu reden. Dennoch ist die algorithmische Produktion von Realität stets kritisch zu reflektieren (Clarke 1988; Rouvroy 2013), auch wenn nicht davon ausgegangen werden kann, dass es eine Möglichkeit der absolut objektiven Kontrastierung von „Datenrealität" und „Wirklichkeit" geben kann als Korrektiv für wie auch immer „verzerrte" oder „falsche" Informationen in Datenbeständen. Und dennoch mahnt der Umstand der Performativität von Daten an, die Fälle, in denen gezeigt werden kann, dass sich Formen algorithmischer Diskriminierung manifestieren, mit einem gewissen Kontingenzbewusstsein zu betrachten. Computeranalysen und -entscheidungen muss, sofern diese eine direkte Auswirkung auf die Lebenswelt von Personen haben, weniger Bedeutung zugemessen werden, als dies aktuell getan wird.

6   Fazit

Letztlich handelt es sich bei Lernalgorithmen beziehungsweise Big-Data-Analysetools je nach Einsatzgebiet um eine Risikotechnologie, welche vergleichbar ist mit anderen Risikotechnologien wie etwa Gentechnik oder Atomenergie – zumindest gemäß des Aspekts der Undurchschaubarkeit der Technikfolgen. Im Hinblick auf lernalgorithmisch gesteuerte Entscheidungsprozesse hat man es gewissermaßen erneut mit dem Phänomen der „organisierten Unverantwortlichkeit" (vgl. Beck 1988) zu tun. Hier greift ein individuell ausgelegtes Verursacherprinzip nicht mehr. Überhaupt ist es nicht mehr ohne Weiteres möglich, kausale Zurechnungen zu tätigen. Freilich wäre es möglich, an einen Punkt der Technikentwicklung zurück zu gehen, an welchem man derartige Zurechnungen noch machen könnte. Dies ist letztlich jedoch der Punkt der initialen Technikentwicklung. Hier aber manifestieren sich wiederum gewaltige ökonomische Interessen, welche es dem einzelnen Unternehmen so rasch nicht erlauben, bestimmte, mit Risiken behaftete Anwendungen nicht zu entwickeln beziehungsweise zu programmieren. Die Einhaltung technikethischer Grundsätze wird von Wirtschaftsunternehmen häufig als Supererogation wahrgenommen. Es kommt sozusagen auf gute Absichten an – und zwar auf Absichten, welche unter Umständen jenseits unternehmerischer Erwerbsinteressen liegen (Homann 1993). An dieser Stelle kann allerdings eingewandt werden, dass technik- oder wirtschaftsethisch motiviertes Handeln von Unternehmen auch rekapitalisiert werden kann, weil es seitens des Marktes belohnt wird oder weil Verbraucher Kaufentscheidungen davon abhängig machen und Preisdifferenzen akzeptieren. Unabhängig von der ökonomischen Systemrationalität ist es aus Perspektive der Ethik freilich geboten, dass jene Systemrationalität nicht blindlings gegenüber anderen Zielgrößen durchgesetzt wird. Inwiefern dies jedoch im Einzelfall gelingt, ist fraglich. „Dass die Gesellschaft sich selbst und ihre Unternehmen kritisch beobachtet, bedeutet eben noch nicht, dass in nennenswertem Umfang neue Praktiken entstehen, die den Unternehmen nicht mehr ebenjene Gewinnaussichten bieten, die ihnen den Anreiz geben, sich an gefährlichen Entwicklungen so innovativ zu beteiligen." (Baecker 2011, S. 131)

Eine praktikablere Lösung, als hier schlicht die Technikentwicklung an sich zu untersagen, bestünde darin, ein, wie oben skizziert, stärkeres Kontingenzbewusstsein gegenüber Computeranalysen und -entscheidungen zu entwickeln. Bislang hat sich gegenüber Computern eine Art der Epistemologie entwickelt, welche den Ergebnissen von Datenverarbeitungsprozessen oder den erhobenen Daten selbst eine eigentümliche Objektivität und Wahrheit zuschreibt. Unabhängig von der häufig fehlenden Einsicht in die beschriebene Performativität von Daten müsste, quasi als Teil moderner „computer literacy", gelernt werden, dass Suchergebnisse, Chatbots,

Scorings, Empfehlungssysteme oder auch algorithmisch gesteuerte Schönheitswettbewerbe und vieles mehr (Latzer et al. 2014; Steiner 2012) stets Konglomerate subjektiver Wert- und Vorannahmen transportieren. Dementsprechend muss diesen Phänomenen, anstatt mit einem Objektivitäts- mit einen Kontingenzbewusstsein begegnet werden. Bei aller kontingenzlosen Mathematik der Informatik ergibt sich eine Situation, bei welcher Kontingenz als Thema der Mensch-Computer-Interaktion wieder vermehrt Bedeutung beigemessen werden muss. Hinzu kommt, dass je mehr autonom agierende informationstechnische Systeme in alltägliche Handlungszusammenhänge eingebunden werden, eine medienpädagogische Beschäftigung mit den Implikationen der Techniknutzung umso wichtiger wird. Es bedarf mit zunehmender Dringlichkeit einer an Schulen, Unternehmen und anderen Institutionen erfolgenden Vermittlung von Fähigkeiten, computergesteuerte Prozesse, deren Genese und Folgen zu verstehen, um auf diese angemessen reagieren zu können (Richter et al. 2001). Ferner muss das Ziel letztlich darin bestehen, eine Art „Algorithmenkultur" zu finden, in welcher die ungerechtfertigte Diskriminierung von Personen oder Personengruppen so gut es geht vermieden wird. Und wenn eben doch aufgedeckt werden kann, dass Algorithmen diskriminieren, und demgegenüber nicht-kontingent reagiert wird, dann sollte man weniger fragen, was auf der Ebene der Technik an Fehlern gemacht wurde. Vielmehr sollte man fragen, wo man sozusagen im „ideologischen Setting" der Gesellschaft ansetzen kann, um negative Diskriminierung zu bekämpfen. Denn schließlich ist jenes ideologische Setting immer das, was der Technik vorausgeht. Es gibt, auch wenn der Titel dieses Aufsatzes dies suggerieren mag, keine rassistischen Maschinen. Es gibt nur rassistische, diskriminierende Menschen. Und gerade das Maschinenlernen, auf welches in der obigen Argumentation im Wesentlichen abgezielt wurde, ist in der Regel „supervised learning", also überwachtes Lernen. Maschinenlernen ist kein Prozess, welcher alleine, nur für sich läuft – auch wenn dies häufig die Vorstellung ist. Faktisch interveniert, bei aller „Autonomie" der Algorithmen, an verschiedenen Stellen der Mensch, um bei dem Prozess des maschinellen Lernens zu assistieren. Unter anderem sind diese Interventionen die Einfallstore für Maschinen, welche soziale Diskriminierung erlernen und widerspiegeln können.

Literatur

Amoore, Louise (2011). Data Derivatives. On the Emergence of a Security Risk Calculus for Our Times. *Theory, Culture & Society* 28 (6), 24–43.
Anderson, Chris (2008). *The End of Theory. The Data Deluge Makes the Scientific Method Obsolete.* http://archive.wired.com/science/discoveries/magazine/16-07/pb_theory. Zugegriffen: 10. November 2014.
Angwin, Julia, Jeff Larson, Surya Mattu, Lauren Kirchner (2016). *Machine Bias. There's software used across the country to predict future criminals. And it's biased against blacks.* https://www.propublica.org/article/machine-bias-risk-assessments-in-criminal-sentencing. Zugegriffen: 15. Juli 2016.
Baecker, Dirk (2011). *Organisation und Störung.* Frankfurt a.M: Suhrkamp.
Beck, Ulrich (1988). *Gegengifte. Die organisierte Unverantwortlichkeit.* Frankfurt a.M: Suhrkamp.
Bello-Salau, H., Salami, A. F., Hussaini, M. (2012). Ethical Analysis of the Full-Body Scanner (FBS) for Airport Security. *Advances in Natural and Applied Science* 6, 664–672.
Beveridge, R., Bolme, D., Draper, J., Givens, G. (2003). A Statistical Assessment of Subject Factors in the PCA Recognition of Human Faces. In *Computer Vision and Pattern Recognition Workshop*, 1–9: IEEE.
Brey, Philip (2010). Values in technology and disclosive computer ethics. In Luciano Floridi (Hrsg.), *The Cambridge Handbook of Information and Computer Ethics* (S. 41–58). Cambridge, Massachusetts: Cambridge University Press.
Burrell, Jenna (2016). How the machine 'thinks'. Understanding opacity in machine learning algorithms. *Big Data & Society* 3 (1), 1–12.
Clarke, Roger (1988). Information technology and dataveillance. *Communications of the ACM* 31 (5), 498–512.
Datta, Amit, Datta, Anupam, Tschantz, Carl Michael (2015). Automated Experiments on Ad Privacy Settings. A Tale of Opacity, Choice, and Discrimination. *Proceedings on Privacy Enhancing Technologies* (1), 92–112.
Domingos, Pedro (2012). A Few Useful Things to Know About Machine Learning. *Communications of the ACM* 55 (10), 78–87.
Hagendorff, Thilo (2015). Technikethische Werte im Konflikt. Das Beispiel des Körperscanners. *TATuP – Zeitschrift des ITAS zur Technikfolgenabschätzung* 24 (1), 82–86.
Haggerty, Kevin D. & Ericson, Richard V. (2000). The surveillant assemblage. *The British Journal of Sociology* 51 (4), 605–622.
Hermanin, Costanza & Atanasove, Angelina (2013). Making "Big Data" Work for Equality. http://www.opensocietyfoundations.org/voices/making-big-data-work-equality-0. Zugegriffen: 9. Januar 2014.
Homann, Karl (1993). Wirtschaftsethik. Die Funktion der Moral in der modernen Wirtschaft. In Josef Wieland (Hrsg.), *Wirtschaftsethik und Theorie der Gesellschaft* (S. 32–53). Frankfurt am Main: Suhrkamp.
Horvát, Emöke-Ágnes, Hanselmann, Michael, Hamprecht, Fred A., & Zweig, Katharina A (2012). One Plus One Makes Three (for Social Networks). *PloS one* 7 (4), 1–8.
Karas, Stan (2004). Loving Big brother. *Albany Law Journal of Science & Technology* 15 (3), 607–637.

Kerr, Ian & Earle, Jessica (2013). Prediction, Preemption, Presumption. How Big Data Threatens Big Picture Privacy. *Stanford Law Review Online* 66, 65–72.
Kitchin, Rob (2014a). *The Data Revolution. Big Data, Open Data, Data Infrastructures and Their Consequences.* London: SAGE Publications.
Kitchin, Rob (2014b). Thinking Critically About and Researching Algorithms. *The Programmable City Working Paper 5*, 1–29.
Kosinski, Michal, Yoram Bachrach, Pushmeet Kohli, David Stillwell & Thore Graepel (2014). Manifestations of user personality in website choice and behaviour on online social networks. *Machine Learning* 95 (3), 357–380.
Kosinski, Michal, Stillwell, David & Graepel, Thore (2013). Private traits and attributes are predictable from digital records of human behavior. *Proceedings of the National Academy of Sciences* 110 (15), 5802–5805.
Lambiotte, Renaud & Kosinski, Michal (2014). Tracking the Digital Footprints of Personality. *Proceedings of the IEEE* 102 (12), 1934–1939.
Latzer, Michael, Hollnbuchner, Katharina, Just, Natascha & Florian Saurwein (2014). The economics of algorithmic selection on the Internet. *Media Change and Innovation Division WorkingPaper.* http://www.mediachange.ch/media/pdf/publications/Economics_of_algorithmic_selection_WP.pdf: 1–41. Zurich: University of Zurich.
Levin, Sam (2016). *A beauty contest was judged by AI and the robots didn't like dark skin.* https://www.theguardian.com/technology/2016/sep/08/artificial-intelligence-beauty-contest-doesnt-like-black-people. Zugegriffen: 10. September 2016.
Los, Maria (2006). Looking into the future: surveillance, globalization and the totalitarian potential. In David Lyon (Hrsg.), *Theorizing Surveillance. The panopticon and beyond* (S. 69–94). Cullompton: Willian Publishing.
Lyon, David (2003a). Surveillance as social sorting. Computer codes and mobile bodies. In David Lyon (Hrsg.), *Surveillance as Social Sorting. Privacy, risk, and digital discrimination* (S. 13–30). London: Routledge.
Lyon, David (Hrsg.). (2003b). *Surveillance as Social Sorting. Privacy, risk, and digital discrimination.* London: Routledge.
Matzner, Tobias (2016). Beyond data as representation. The performativity of Big Data in surveillance. *Surveillance & Society* 14 (2), 197–210.
Misty, Adrienne (2016). *Microsoft Creates AI Bot – Internet Immediately Turns it Racist.* https://socialhax.com/2016/03/24/microsoft-creates-ai-bot-internet-immediately-turns-racist/. Zugegriffen: 18. Juni 2016.
Nakamura, Lisa & Chow-White, Peter A. (Hrsg.). (2012). *Race After the Internet.* New York: Routledge.
O'Neil, Cathy (2016). *Weapons of Math Destruction. How Big Data Increases Inequality and Threatens Democracy.* New York: Crown Publishers.
Pasquale, Frank (2015). *The Black Box Society. The Secrtet Algorithms That Control Money and Information.* Cambridge, Massachusetts: Harvard University Press.
Raley, Rita (2013). Dataveillance and Counterveillance. In Lisa Gitelman (Hrsg.), *"Raw Data" Is an Oxymoron* (S. 121–146). Cambridge, Massachusetts: The MIT Press.
Regan, Priscilla M. 1995. *Legislating Privacy. Technology, Social Values, and Public Policy.* Chapel Hill: University of North Carolina Press.
Richter, Tobias, Naumann, Johannes & Groeben, Norbert (2001). Das Inventar zur Computerbildung (INCOBI). Ein Instrument zur Erfassung von Computer Literacy und com-

puterbezogenen Einstellungen bei Studierenden der Geistes-und Sozialwissenschaften. *Psychologie in Erziehung und Unterricht* 48 (1), 1–13.

Rouvroy, Antoinette (2013). The end(s) of critique: data behaviourism versus due process. In Mireille Hildebrandt & Katja de Vries (Hrsg.), *Privacy, Due Process and the Computational Turn. The philosophy of law meets the philosophy of technology* (S. 143–168). Abingdon, Oxon: Routledge.

Saurwein, Florian, Just, Natscha & Michael Latzer (2015). Governance of algorithms: options and limitations. *info* 17 (6), 35–49.

Schaar, Peter (2016). Algorithmentransparenz. In Alexander Dix, Gregor Franßen, Michael Kloepfer, Peter Schaar, Friedrich Schoch & Andrea Voßhoff (Hrsg.), *Informationsfreiheit und Informationsrecht. Jahrbuch 2015* (S. 23–36). Berlin: Lexxion Verlagsgesellschaft.

Solove, Daniel J. (2011). *Nothing to Hide. The False Tradeoff between Privacy and Security.* Yale: Yale University Press.

Steiner, Christopher (2012). *Automate This. How Algorithms Took Over Our Markets, Our Jobs, and the World.* New York: Penguin.

Turow, Joseph (2012). *The Daily You. How the New Advertising Industry Is Defining Your Identity and Your Worth.* New Haven: Yale University Press.

Die Banalität des Algorithmus

Werner Reichmann

> „What makes a good algorithm?
> 1. Correctness 2. Efficiancy."[1]

1 Einleitung

Moderne Maschinen werden in der Regel nicht ausschließlich von Menschen gesteuert; vielmehr wird dies zunehmend an Computer und Software bzw. an die darin enthaltenen Algorithmen delegiert. Algorithmen sind zwar nicht als Maschinen im herkömmlichen Sinne zu verstehen – sie sind aber die wesentlichen Steuerungselemente umfassender Technologien, deren gesellschaftliche Bedeutung in den letzten 30 Jahren gestiegen ist. Zwar finden wir die Idee des Algorithmus auch schon in der Arbeitswelt des ausgehenden 19. Jahrhunderts, beispielsweise in der arbeitsteiligen Industrieproduktion, doch haben sich die Möglichkeiten algorithmischer Einflussnahme auf das Soziale seitdem durch mehrere Entwicklungen potenziert: Computer prozessieren Algorithmen schneller, als dies mechanische oder elektrische Steuereinheiten tun konnten. Zudem führt die Möglichkeit der Quantifizierung vieler Bereiche und Produkte menschlichen Lebens, beispielsweise Töne, Bilder, Körper, Zustände, Emotionen etc. zum Einsatz von Algorithmen in manchen gesellschaftlichen Bereichen bis hinein in die Mikrowelten sozialer Situationen und Interaktionen. In zeitgenössischen Gesellschaften, die beispielsweise als Wissens- und Informationsgesellschaften (vgl. Castells 1996; Stehr 1994) oder als Mediatisierte Gesellschaften (vgl. Hepp et al. 2015; Krotz 2007; Lundby 2009) konzipiert werden, können Abläufe, Entscheidungen und Selektionen, die bislang

---

1 Khan Academy Computing 2015, 00:03:28, Herv. W.R.

von Menschen durchgeführt wurden, an digitale und computerbasierte Algorithmen delegiert werden (Mittelstadt et al. 2016, S. 3) – und sie gewinnen durch ihre zunehmende Reichweite an gesellschaftlicher Relevanz. Diese Präsenz von Algorithmen in modernen Gesellschaften evoziert neue Fragen: Wie weit möchte sich eine Gesellschaft von Algorithmen beeinflussen lassen? Wer ist verantwortlich zu machen, wenn Algorithmen Illegales tun, oder wenn sie ‚unmoralisch' agieren?

Der vorliegende Beitrag widmet sich der grundlegenden Frage, ob Algorithmen ‚moralisch'[2] sein können. Er basiert auf einem Forschungsprojekt, das die Interaktionsordnung so genannter „synthetischer Situationen" (vgl. Knorr Cetina 2009) untersucht. Hierbei handelt es sich um solche Interaktionssituationen, die über moderne Medientechnologien ermöglicht werden und hochgradig mit Informationen angereichert sind. In derartigen Situationen spielen computerbasierte Algorithmen eine wichtige Rolle, da sie in extremen Fällen (z. B. am Finanzmarkt) als direkte Interaktionspartner in Erscheinung treten – jedenfalls aber die Interaktion rahmen, mit steuern und maßgeblich anreichern. Teilnehmerinnen und Teilnehmer synthetischer Situationen sind mit einer Reihe neuer Probleme konfrontiert – eines davon ist die Frage danach, inwiefern Algorithmen ‚moralisch' sein können.

Die in diesem Beitrag verfolgte These ist, dass Algorithmen „gewissenhaft gewissenlos" sind, dass sie also ihre Aufgaben mit Präzision, Verlässlichkeit und hohem Tempo erledigen, dabei aber auf keinerlei moralische Orientierung aufbauen können. Bevor im Folgenden der Frage nach der ‚Moral' von Algorithmen nachgegangen wird, soll zunächst geklärt werden, was Algorithmen sind und inwieweit ‚Moral' eine algorithmische Kategorie sein kann. Danach wird mit Hannah Arendt argumentiert, dass Moral aus dem menschlichen Selbst entsteht und gezeigt, dass die Versuche, Algorithmen moralisches Handeln beizubringen, auf einem Miss-

---

2 Da der Moralbegriff die Normüberzeugungen einer bestimmten Gesellschaft bezeichnet und daher für Algorithmen nicht zutreffend ist, werden bis zur Diskussion der Moralfähigkeit von Algorithmen (vgl. Abschnitt 3) Ausdrücke wie ‚Moral' und ‚moralisch' in Bezug auf Algorithmen verwendet, ohne die grundsätzliche Frage nach der Moralfähigkeit von Algorithmen jedes Mal zu problematisieren. Um diese Distanzierung zu kennzeichnen, werden sie in Anführungszeichen gesetzt. Der Moralbegriff wird bis dahin aus der Beobachterposition verwendet, d. h. inwieweit Algorithmen Prozesse steuern, die als moralisch bzw. unmoralisch bewertbar sind. Außerdem wird in diesem Beitrag durchgehend von Moral und moralischen Handeln als dem in Gesellschaften vorhandenen Komplex von Wertvorstellungen, Normen und Regeln des menschlichen Handelns gesprochen. Insbesondere im englischsprachigen Raum scheint die Unterscheidung zwischen Moral und Ethik nicht trennscharf zu sein, da der Ethik- und Moralbegriff dort diskussionslos synonym verwendet wird. An jenen Stellen, an denen auch englischsprachige Literatur zum Thema verwendet wird, wird auf beide Begriffe verwiesen.

verständnis beruhen. Abschließend wird ein kurzer Ausblick auf die Analyse von Algorithmen als sozio-technische Entitäten versucht.

2 Was sind Algorithmen?

Bevor die Möglichkeit algorithmischer ‚Moral' untersucht wird, sollte die Frage, was Algorithmen sind und inwieweit sie Themen der Moral tangieren, beantwortet werden. Hierzu lohnt es sich, die Informatik als jenes Fach zu befragen, das Algorithmen als eines seiner Kernthemen ansieht. Sie unterscheidet zwischen einer intuitiven (also praktikablen und im Alltag verwendbaren) und einer formalen Definition von Algorithmen und räumt ein, dass sie bislang als Disziplin keine konsensuale formale Begriffsbestimmung von Algorithmen gefunden hat bzw. dass Algorithmen formal eine Art ontologische Dualität aufweisen (vgl. Vardi 2012). Im Gegensatz dazu hat die Informatik eine einheitliche, pragmatisch verwendbare Definition: Algorithmen werden in Lehrbüchern der Informatik als „Verfahren zur Lösung von Problemen" (Ottmann und Widmayer 2012, S. 1) definiert. Sie sind „any well-defined computational procedure that takes some value, or set of values, as *input* and produces some value, or set of values, as *output*" (Cormen et al. 2009, S. 1, Herv.i.O.). Den Problemlösungen werden einige wenige Eigenschaften zugewiesen: Sie sind *zahlenbasiert* (d. h. in der Sprache der Mathematik formuliert), müssen *endlich* sein (d. h. nach einer vorgegebenen Zahl an Schritten ein Ergebnis produzieren) und sie müssen klar und präzise formuliert sein (d. h. die jeweiligen Schritte genau ausdefinieren) (Knuth 1985, S. 1). Algorithmen sind also als klar formulierte, präzise beschreibbare, zahlenbasierte Regelwerke definiert, die dabei helfen, ein Problem zu lösen (Hill 2016, S. 47).

Ein in vielen Informatik-Lehrbüchern verwendetes Beispiel für einen Algorithmus ist das Kochrezept, das alle oben genannten Anforderungen eines Algorithmus erfüllt. Es stellt eine präzise Schritt-für-Schritt-Anweisung für das Herstellen eines kulinarischen Gerichtes dar, die eine endliche Menge an *Input* (Zutaten) formuliert und beim Befolgen der präzisen Anweisungen einen *Output* (Speise) produziert. Wenn ein Algorithmus etwas so Banales wie ein Kochrezept sein kann, ist es dann sinnvoll, nach einer ‚Moral' von Algorithmen zu fragen?

2.1 „Synthetisierung" und Algorithmen

Die Frage nach der ‚Moral' von Algorithmen verweist auf eine grundlegende Kritik an der aktuellen sozialwissenschaftlichen Literatur zu Algorithmen: Ohne dies zu thematisieren, behandelt sie implizit ausschließlich eine spezifische Form von Algorithmen, welche allerdings erst dann ‚moralisch' interessant werden, wenn sie in eine Umgebung eingebettet werden, die hier mit Verweis auf das Konzept synthetischer Gesellschaften (vgl. Knorr Cetina et al. 2017) als „synthetische Umwelten" bezeichnet werden soll.

Diese synthetischen Umwelten zeichnen sich dadurch aus, dass folgende fünf Phänomene gleichzeitig in Erscheinung treten (siehe Tabelle 1): Das erste Phänomen besteht in der Digitalisierung einer zunehmenden Zahl von Lebensbereichen, also der Transformation sozialer Phänomene von *steten* in *diskrete* Variablen. Damit ist gemeint, dass Aktivitäten und Objekte, die in analoger Form existieren, nun digitalisiert, dadurch zählbar und danach für Computer (um)formbar werden. Einfache Beispiele hierfür sind Musik, Bilder und Texte – in den letzten Jahren aber auch Zustände, Interessen, Körper, Situationen, Emotionen etc., die grundsätzlich auch analog existieren und nun digitalisiert werden können. Erst durch die Umformung analoger Objekte (z. B. Schallplatten) in digitale Objekte (z. B. mp3-Dateien) haben sich die möglichen computerbasierten algorithmischen Operationen vervielfacht.[3] Das zweite Phänomen ist die verhältnismäßig kostengünstige und dadurch massenhafte Verbreitung von Computern. Sie ist ein Resultat des Ineinandergreifens von technologischen Innovationen und wirtschaftlicher Globalisierung. Erstere haben Rechenkapazität leichter produzierbar gemacht und letztere ermöglicht enorme Kostenreduktionen durch die Ausbeutung billiger Arbeitskräfte in Asien. Das dritte Phänomen der hier „synthetisch" genannten Umwelten besteht in der Umformung von lokal vereinzelten Computern hin zu global vernetzten Recheneinheiten. Damit ist die Entwicklung des Internets sowie der zahlreichen Protokolle, über die Computer digitale Daten miteinander austauschen können, sowie die Entwicklung des *World Wide Web* gemeint. Viertens sind Computer nicht nur leistungsfähig und billig, sondern gleichzeitig zunehmend mobil, etwas, das wiederum durch die Verkleinerung technischer Komponenten, vor allem von Bildschirmen und Akkumulatoren, ermöglicht wurde. Die Mobilisierung von Computern wird hier gesondert genannt, weil sie besondere soziale Auswirkung hat. Abschließend

---

3   Für diese Entwicklung könnte auch der Begriff der Quantifizierung verwendet werden, ein Prozess, der lange vor der Entwicklung von Computern eingesetzt hat (Desrosières 1998; Reichmann 2010, Kap. 4 und 5).

zeichnen sich „synthetische Umwelten" durch gestiegene Möglichkeiten, Daten kostengünstig zu speichern, aus. Es ist wichtig zu berücksichtigen, dass jedes der genannten fünf Phänomene auch ohne die jeweils anderen denkbar ist: Computer können auch ohne Vernetzung mobil aber auch ohne mobil zu sein vernetzt werden; Speicher großer Datenmengen können ganz ohne Digitalisierung existieren (beispielsweise in Museen, Schallplattensammlungen oder Bibliotheken); die Umwandlung steter in diskrete Variablen fand historisch ganz ohne Computer statt etc. Erst das Ineinandergreifen aller hier genannten Phänomene führt zu sozio-technisch „synthetischen Umwelten", in denen der Einsatz von Algorithmen ‚moralisch' relevant wird.

Tab. 1 Unterschiede zwischen natürlicher und synthetischer Umwelt

„Nackte Umwelten"[3]	„Synthetische Umwelten"
Welt ist analog (stetige Variablen)	Welt ist digital (diskrete Variablen)
Computer für einige wenige	massenweise Verbreitung von Computern
lokale isolierte Recheneinheiten	vernetzte Computer
stationäre Computer	Mobilisierung von Computern
Speicherung ist aufwändiges Unterfangen	einfache Speicherung

2.2 Eine Typologie von Algorithmen

Nach der oben vorgenommenen Differenzierung der Umwelten, in denen Algorithmen ‚moralisch' relevant werden, ist es im zweiten Schritt notwendig, zu untersuchen, welche Fähigkeiten Algorithmen haben können. Damit wird weiter eingrenzbar, in welchen Bereichen die Frage nach ihrer Moral relevant wird. Hierfür wird im Folgenden eine Typologie von Algorithmen erstellt, die sich anhand von zwei Dimensionen aufspannt: Die erste Dimension gibt darüber Auskunft, ob ein Algorithmus in der Lage ist, Daten „von außen" zu prozessieren. Einerseits existieren Algorithmen, die abgeschlossen von ihrer Umwelt arbeiten und lediglich ein vorgefertigtes Skript abspulen – andererseits gibt es Algorithmen, die in der Lage sind, exogene Daten zu verarbeiten. Die zweite Dimension bildet ab, inwieweit Algorithmen in der Lage sind, zu „lernen", also auf Grund von gespeicherten Ergebnissen aus der Vergangenheit die ihnen einprogrammierten Problemlösungen

---

4 Der Begriff der „Nackten Umwelten" wird abgeleitet von der „nackten Situation", die der „synthetischen Situation" konzeptionell gegenübersteht (Knorr Cetina 2009).

immer besser auszuführen. Diese beiden Dimensionen bilden eine Tabelle, in der nur drei von vier Feldern sinnvollerweise ausgefüllt werden können (siehe Tabelle 2). Daraus ergibt sich eine analytische Dreiteilung von Algorithmen: Blinde Algorithmen sind solche, die bei Aktivierung ein vorgefertigtes Skript abarbeiten und dies ohne Rücksicht auf ihre Umwelt oder auf vergangene Ereignisse und Ergebnisse tun. Beispielhaft dafür sind so genannte IFTTT-Anweisungen („if-this-then-that"), die beispielsweise aus E-Mail-Programmen bekannt sind („Verschiebe eine E-Mail vom Absender x immer in den Ordner X"), oder auch Algorithmen, die in Haushaltsgeräten eingebaut sind (beispielsweise durchlaufen Waschmaschinen ihr Programm, ohne dabei äußere oder historische Messdaten zu berücksichtigen). Im zweiten Feld der Tabelle 2 sind sensorische Algorithmen aufgeführt. Dabei handelt es sich um solche, die über Sensoren oder aus entfernten Quellen Daten eingespeist bekommen und diese verarbeiten. Der Output sensorischer Algorithmen hängt dann auch von diesen Daten ab. Ein Beispiel hierfür sind moderne Heizungsanlagen, die über Sensoren verfügen, um beispielsweise die Außentemperatur, Windstärke und Sonneneinstrahlung zu messen. Diese Umweltdaten werden in Echtzeit prozessiert, und der Output (die Kesseltemperatur und die Pumpgeschwindigkeit) hängt von ihnen ab. Sensorische Algorithmen sind auch in der Lage *aufeinander* zu reagieren. Der Output eines Algorithmus kann dann als Input für einen zweiten Algorithmus verwendet werden; ein Algorithmus agiert so gleichsam als Sensor für den anderen. Man könnte in gewissen Situationen auch davon sprechen, dass sie miteinander „interagieren", auch wenn wir hier von einem anderen Interaktionsbegriff ausgehen müssen, als dies bei Menschen der Fall ist.

Tab. 2 Eine Typologie von Algorithmen

	nicht-lernend	**lernend**
ohne exogene Daten	*blinde Algorithmen* (z. B. Waschmaschine)	
mit exogenen Daten	*sensorische Algorithmen* (z. B. moderne Heizungstherme)	*sensorisch-lernende Algorithmen* (z. B. High Frequency Trading)

Der dritte Typus wird hier sensorisch-lernender Algorithmus genannt.[5] Dieser hat nicht nur exogene Daten zur Verfügung, sondern ist in der Lage, Verfahren,

---

5 Dieser Typus kommt dem sehr nahe, was Ananny (2015) als „networked information algorithms" (NIA) bezeichnet.

Ergebnisse, Ereignisse und Entscheidungen aus der Vergangenheit zu speichern und zu evaluieren, um den algorithmischen Output einem vorformulierten Ziel immer besser zu entsprechen. Diesem Lernprozess liegen eine Reihe von mathematischen Prozeduren und Prozesse zu Grunde, die unter Begriffen wie „Induktive Logische Programmierung" (vgl. Muggleton und de Raedt 1994), „Maschinenlernen" (vgl. Daumé III 2012; Welling 2010), „Statistisches Lernen" (vgl. James et al. 2013) oder „Lernende Algorithmen" (vgl. MacKay 2005) verhandelt werden. Sensorisch-lernende Algorithmen berücksichtigen vergangene Problemlösungen und sind – im besten Fall – auch in der Lage, die „gelernten" Lösungsstrategien in zukünftigen Situationen anzuwenden. Sie gehören heute nicht mehr in die Welt der *Science Fiction*, sondern sind in zahlreichen Zusammenhängen bereits Realität.

In Zusammenhang mit der Frage nach einer ‚Moral' von Algorithmen ergibt sich im Fall der sensorisch-lernenden Algorithmen das Problem, dass sie Ergebnisse produzieren können, deren Zustandekommen nur mit großem Aufwand nachvollziehbar ist. Es kann sich als äußerst kompliziert, in manchen Fällen vielleicht als unmöglich erweisen, unerwünschte Ergebnisse sensorisch-lernender Algorithmen als einmalig auftretende Fehler, als systematisches Versagen oder als dateninduzierten *Bias* zu identifizieren. Dieses Problem wird noch größer, wenn sensorisch lernende Algorithmen eine hohe interne Komplexität aufweisen, auf die Ergebnisse anderer Algorithmen reagieren oder mit anderen Algorithmen (im oben genannten Sinne) „interagieren" (Mittelstadt et al. 2016, S. 2).

Die eingehende Klärung des Algorithmus-Begriffs sowie möglicher Umwelten, in denen Algorithmen ihre Wirkung entfalten können, ist deshalb so wichtig, weil Fragen nach ‚moralischem' algorithmischen Handeln erst dann herausragende Bedeutung bekommen, wenn sensorisch-lernende Algorithmen auf eine „synthetische Umwelt" (siehe Tabelle 1) treffen. Damit ist es möglich, dass computerbasierte Algorithmen tief in das Soziale eindringen und dort ihre Wirkung entfalten können. Bei ‚moralisch' relevanten Algorithmen handelt es sich vorwiegend um solche, die sensorisch lernend und in synthetischen Umwelten implementiert sind. Erst diese Kombination plausibilisiert die Annahme, dass algorithmisches und menschliches „Handeln" vielleicht vergleichbar und damit unter dem Aspekt der ‚Moral' untersuchbar wären.

Und hier liegt eines der Probleme bestehender Arbeiten zu Algorithmen. Die vorhandene sozialwissenschaftliche Literatur, die sich dem Verhältnis von Algorithmen und ‚Moral' widmet, behandelt häufig ausschließlich in synthetische Umwelten eingebettete sensorisch-lernenden Algorithmen, setzt diese mit einem generellen Algorithmusbegriff gleich und zieht dann den irreführenden Schluss, dass Algorithmen grundsätzlich ‚moralisch' relevant seien. Es wird also implizit und ohne weitere Diskussion von einem spezifischen Algorithmus ausgegangen.

So beschäftigt man sich beispielsweise mit Macht, die Algorithmen im „Web 2.0"
(vgl. Beer 2009; Beer 2017) ausüben; mit dem *Bias* von Informationen in sozialen
Netzwerken (vgl. Bozdag 2013); mit dem Spannungsverhältnis zwischen *governance*
bzw. gesetzlicher Regulation und eingebetteten, lernenden Algorithmen (vgl. Wagner 2016). Selten wird dagegen explizit gemacht, dass man in diesen Fällen nur an
solchen Algorithmen interessiert ist,

> "whose actions are difficult for humans to predict or whose decision-making logic
> is difficult to explain after the fact. Algorithms that automate mundane tasks, for
> instance in manufacturing, are not our concern." (Mittelstadt et al. 2016, S. 9)

Man könnte sogar noch weitergehen und diesen Arbeiten eine zirkuläre Argumentationsweise vorwerfen: Es werden von allen Algorithmustypen ausschließlich jene
untersucht, die potentiell gefährlich oder moralisch fragwürdig sein könnten – um
daraus zu schließen, dass Algorithmen generell potentiell gefährlich und moralisch
fragwürdig sind. Diese Art der Argumentation beherrscht auch die öffentliche
Diskussion zu diesem Thema. Aus den hier vorgenommenen Differenzierungen
und der Algorithmus-Typologie sollte allerdings deutlich geworden sein, dass es
sich bei diesen Darstellungen und Debatten um eine unnötige Verkürzung des
Themas handelt.

3   Die ‚Moral' von Algorithmen

Nachdem geklärt wurde, dass nicht alle Algorithmen die Frage nach moralischem
Handeln aufwerfen, Algorithmen vor allem in spezifischen, hier als „synthetisch"
konzipierten Umwelten ‚moralische' Fragen aufwerfen, und dass Algorithmen
in mediatisierten Gesellschaften viele zwischenmenschliche Interaktionen und
Situationen gleichsam „bevölkern" und diese damit wesentlich mit beeinflussen,
soll nun die Frage nach der ‚Moral' von Algorithmen behandelt werden. Zunächst
wird gezeigt, dass Technik (und damit auch Algorithmen) nicht „neutral", sondern
immer wertegeladen ist. Trotzdem bezeichne ich Algorithmen anschließend als
„gewissenhaft gewissenlos", also gehorsame Ausführungsorgane, die nicht über die
Fähigkeit verfügen, ihre eigenen Aktionen und Handlungen sowie Interaktionen
moralisch einzuordnen. Sie sind *sozio-technologische* Entitäten, deren Moral sich
ausschließlich aus ihrem sozialen Anteil speist.

3.1 Neutrale Algorithmen?

Wie schon angedeutet, werden Fragen nach der ‚Moral' von Algorithmen bei einer spezifischen Subform von Algorithmen relevant, nämlich bei jenen, die sensorisch-lernend sind und in „synthetische Umwelten" eingebettet sind. Sie haben das Potenzial, Sozialität zu beeinflussen, und es ist plausibel, sie in manchen Situationen als in einer Weise „handelnde" oder „interagierende" Akteure zu interpretieren. Dagegen steht die behauptete Annahme, dass Algorithmen „neutral", „rational" oder „objektiv" seien (Barocas et al. 2013, Abs. 28; Beer 2017, S. 10–11; Borch 2017, S. 13; Bozdag 2013, S. 210; Gillespie 2014, S. 181) – also reine Technik, die an und in sich keine soziale, kulturelle oder politische Dimension hätte. Aus einer techniksoziologischen Sicht ist die Annahme „neutraler" Technik unhaltbar. Das Erfinden und die Verwendung von (neuen) Technologien stehen immer mit Transformationen des Sozialen in Verbindung. Neue Technologien rufen Veränderungen auf allen soziologisch relevanten Ebenen hervor: im individuellen oder kollektiven Handeln; hinsichtlich des sozialen Status und Rollen; und in sozialen Strukturen und Institutionen. Zwar finden sich unterschiedliche Ansätze, *wie* das Verhältnis von Technik und dem Sozialen konzipiert werden sollte (für einen Überblick siehe Brey 2005), aber es gehört zum techniksoziologischen Konsens, dass die Analyse von Technologie über ihre rein technische Funktion hinausgehen muss.

Algorithmen sind als Technologien ebenso nicht als „neutrale" Entitäten zu analysieren. Sie sind immer „value-laden" (Mittelstadt et al. 2016, S. 1), also mit Werten, Werthaltungen und Wertentscheidungen versehen. Gleiches gilt auch für Daten, die in den Algorithmus einfließen und von ihm prozessiert werden (vgl. Gitelman 2013). Der Frage, wie sich diese Wertegeladenheit von Algorithmen im Sozialen auswirken kann, widmen sich Mittelstadt et al. (2016) in einer umfangreichen Aufarbeitung aktueller Literatur zu ‚moralischen' und ethischen Aspekten von Algorithmen. Sie entwickeln eine Kartierung möglicher moralischer Verfehlungen von Algorithmen, die drei epistemische („inconclusive evidence"; „inscrutable evidence"; „misguided evidence"), zwei normative Probleme („unfair outcomes"; „transformative effects") und eine gleichsam alles überspannende Dimension („traceability") beinhaltet, die im Folgenden näher expliziert werden soll, da sie die aktuell umfangreichste Zusammenfassung der Literatur zum Thema ‚Moral' und Algorithmen darstellt.

Die ersten drei Punkte betreffen die epistemische Qualität algorithmischer Ergebnisse, womit der Wahrheitsgehalt des Outputs von Algorithmen gemeint ist. Mit „inconclusive evidence" ist gemeint, dass Algorithmen zwar mithilfe statistisch korrekter Verfahren Korrelation herstellen können, aber über keine Theorie der Kausalität verfügen. Scheinkorrelationen, also rechnerische Zusammenhänge, die im Kern keine kausale Verbindung aufweisen, können zu falschen Outputs führen.

Ähnlich verhält es sich mit „inscrutable evidence", womit die zuvor erwähnte Undurchsichtigkeit der Verbindung zwischen Daten (Input) und einem algorithmischen Ergebnis (Output) gemeint ist. Die Undurchschaubarkeit dieser Verbindung kann entweder durch einen hohen Komplexitätsgrad der Algorithmen, ihrer Verbindung mit weiteren Algorithmen oder aber durch die Produktion von Algorithmen als proprietäre Software entstehen. Als „misguided evidence" bezeichnen Mittelstadt et al. (2016) das auch als *garbage in/garbage out* bezeichnete Problem, dass Daten, mit denen Algorithmen arbeiten, die Ergebnisse maßgeblich mit steuern: Der algorithmische Output kann qualitativ nicht über den Input hinausgehen, sondern reproduziert immer eventuell vorhandene Verzerrungen und Fehler in den Daten.

Die beiden normativen Probleme, die Algorithmen laut Mittelstadt et al. (2016) verursachen können, betreffen einerseits „unfair outcomes", womit gemeint ist, dass Algorithmen Ergebnisse produzieren können, die für einzelne soziale Gruppen diskriminierend oder zu deren Nachteil sind. Andererseits können „transformative effects" auftreten: Algorithmisches Denken transformiert gleichsam die Ontologie sozialer Welten und die menschliche Art, diese zu interpretieren. Dadurch können algorithmische Ergebnisse neue, auch unerwartete und moralisch fragwürdige Handlungen evozieren.

Schließlich beschäftigen sich Mittelstadt et al. (2016) mit der mangelnden „traceability" von Algorithmen, die gleichsam die fünf genannten Probleme überspannt. Es sei ein moralisches Problem, wenn die Möglichkeit zur Nachvollziehbarkeit der Transformationen zwischen Input und Output unklar bleibt. Davon sind Verschleierungen, von durch Daten bedingten Verzerrungen, algorithmische Diskriminierung, die Einschränkung menschlicher Autonomie und die Bedrohung menschlicher Privatsphäre betroffen. Nur totale „traceability", also die Möglichkeit, algorithmische Schritte im Detail nachvollziehen zu können, führen, so Mittestadt et al. (2016), auch zu einer „moral responsibility" (siehe auch Tutt 2016).

3.2 Die Unmöglichkeit algorithmischer Moral

In ihrer Taxonomie möglicher gesellschaftlicher, kultureller und moralischer Probleme behandeln Mittelstadt et al. (2016) vor allem die spezifische Form von sensorisch-lernenden Algorithmen, die in „synthetischen Umwelten" implementiert sind. Außerdem wird zwar überzeugend dargelegt, dass Algorithmen auf unterschiedlichen Ebenen moralische Probleme aufwerfen. Die Arbeit bleibt aber bei eben dieser Feststellung und der im letzten Abschnitt dargestellten Typologie der daraus entstehenden Probleme stehen. Damit ist die Frage nach der Möglichkeit einer Moral von Algorithmen, also die Frage, wer nun tatsächlich diese Probleme verursacht, noch nicht beantwortet. Können die Algorithmen selbst zwischen „richtig" und „falsch", zwischen „Gut" und „Böse", zwischen „fair" und „unfair" unterscheiden? Ist es möglich, dass Algorithmen ihre Entscheidungen und Handlungen moralisch differenzieren können? Und: Könnte ihnen das beigebracht werden? Um diese Frage zu beantworten ist es notwendig, die Frage nach dem Ursprung von Moral zu stellen. Woher kommt Moral? Woher wissen Menschen, was „gut" und „böse" ist? Und ist diese Quelle menschlicher Moral auf Technologien, Maschinen oder Algorithmen übertragbar?

Die in diesem Beitrag vorgeschlagene Antwort auf diese Frage basiert auf Hannah Arendts philosophischen Arbeiten zur Moral. Die konzeptuelle These ist, dass Algorithmen als „gewissenlos gewissenhaft" interpretierbar sind. Die Formulierung der „gewissenlosen Gewissenhaftigkeit" wurde und wird immer wieder in Zusammenhang mit dem von Arendt im Jahr 1960 beobachteten, dokumentierten und analysierten Prozess gegen den SS-Obersturmbannführer Adolf Eichmann verwendet, um einen spezifischen und damals neuen Verbrechertypus zu charakterisieren. Beispielsweise verweist Hans Mommsens in seinem Vorwort zu Hannah Arendts Buch über den Eichmann-Prozess (Arendt 2016, S. 25) prominent darauf. Doch auch schon davor wurde der Ausdruck verwendet, beispielsweise von Albert Wucher in seinem „Dokumentarbericht" über den Eichmann-Prozess, in dem er Eichmann als „gewissenhafte[s] Werkzeug der Gewissenlosigkeit" (Wucher 1961, S. 23) bezeichnet. Auch in neueren Arbeiten über die Rolle Eichmanns in der NS-Diktatur wird auf diese Formulierung zurückgegriffen, beispielsweise von Weingardt (2000) oder Ley (2006).

Die Wendung der „gewissenlosen Gewissenhaftigkeit" ist nur auf den ersten Blick ein Oxymoron. Sie drückt in zweifacher Hinsicht die Problematik von regeladäquatem Handeln in einer von Moral befreiten Umgebung[6] aus. Übertragen auf den Bereich der Algorithmen hieße das, dass diese in dem Sinn als *gewissenhaft* zu verstehen sind, dass sie die ihnen übertragenen Aufgaben verlässlich und gründlich, Schritt für Schritt und in einer für Menschen kaum nachvollziehbaren Geschwindigkeit abarbeiten und erledigen. Und sie sind gewissenlos, da ihnen eine moralische Orientierung fehlt bzw., wie weiter unten argumentiert wird, fehlen muss.

Der Grund für diese fehlende moralische Orientierung liegt allerdings, und hier folge ich Hannah Arendt, nicht an der Umgebung des Algorithmus oder an seiner Einbettung in eine „synthetische Umwelt". Die Annahme, dass sich moralisches Verhalten aus der Gesellschaft, aus *den Anderen* speist, sei, so Arendts Kernargu-

---

6 Arendt spricht im Zusammenhang mit der Nazi-Diktatur von einer „*Totalität des moralischen Zusammenbruchs*, den die Nazis in allen [...] Schichten der Gesellschaft ganz Europas verursacht haben" (Arendt 2016, S. 219, Herv.i.O.; siehe auch Arendt 2007, S. 17).

ment, ein großes Missverständnis. Sie legt in ihrer 1965 an der *Columbia University* gehaltenen Vorlesung „Basic Moral Propositions" die überraschende und zugleich ermutigende Einsicht dar, dass eine umfassende Moral nicht in Bezug auf Andere entsteht, sondern in einem „Zwiegespräch" mit sich selbst (Arendt 2007, S. 81) – die Quelle von Moral ist die Menschenwürde und der „menschliche Stolz" (Arendt 2007, S. 35). Das Moralische sei – übrigens im Gegensatz zum Politischen – immer auf sich selbst und die Erhaltung der eigenen Würde bezogen. Der moralische Maßstab „ist weder die auf irgendeinen Nachbarn gerichtete Liebe noch die Selbst-Liebe, sondern die Selbstachtung." (Arendt 2007, S. 35) Wie Arendt es weiter formuliert:

> „In der Moral geht es um das Individuum in seiner Einzigartigkeit. Das Kriterium von Recht und Unrecht, die Antwort auf die Frage: Was soll ich tun?, hängt in letzter Instanz weder von Gewohnheiten und Sitten ab, die ich mit Anderen um mich Lebenden teile, noch von einem Befehl göttlichen oder menschlichen Ursprungs, sondern davon, was ich im Hinblick auf mich selbst entscheide. Mit anderen Worten: Bestimmte Dinge kann ich nicht tun, weil ich danach nicht mehr in der Lage sein würde, mit mir selbst zusammenzuleben." (Arendt 2007, S. 81)

Arendts säkulares, normatives und starkes Moralargument entlässt keinen Menschen aus der Pflicht, moralisch zu handeln – unabhängig davon, in welcher Umgebung er sich befindet. Auch seine Existenz in einer total entmoralisierten Gesellschaft[7] lässt sie nicht als Grund für unmoralisches Handeln gelten. Der Mensch, so Arendt, sei in der Lage zu *urteilen*; damit sei das menschliche Individuum dazu ermächtigt, seine Handlungen einer moralischen Überprüfung zu unterziehen (Arendt 2016, S. 232). Arendt beruft sich in ihrer Argumentation auf Kant (Arendt 2007, S. 34–37), der ebenso „die Pflichten, die der Mensch sich selbst gegenüber hat, vor diejenigen, die er gegenüber anderen hat" (Arendt 2007, S. 35), stelle. Und obwohl sie ihre Moraltheorie als quer zur christlichen Philosophie sieht, findet sie auch in dieser eine Hinwendung zum menschlichen Selbst (und nicht zu Gott) als letzter Instanz. Die religiösen Imperative hießen beispielsweise „Liebe Deinen Nächsten wie *Dich selbst*" und „Was *Du* nicht willst das man *Dir* tu, das füg' auch keinem Anderen zu". Auch religiöse Moralvorstellungen verweisen letztlich nicht auf einen äußeren Gott, sondern auf das menschliche Selbst.

Diese Innengerichtetheit der Moral führt zu einem weiteren Argument, das in der hier behandelten Frage nach der Quelle von Moral wichtig ist: die Fähigkeit zum Ungehorsam, zum Widerspruch und zur Rebellion. Menschen sind nach dieser Moraltheorie in der Lage, die von außen (z. B. von Gott, von einem „Führer" oder dem Gesetzgeber) gegebenen Regeln zu missachten und zu brechen, wenn sie der

---

7 Siehe Fußnote 5.

Moral und der Aufrechterhaltung der eigenen Menschenwürde entgegenstehen. Die Quelle der Moral ist bei Arendt das Menschsein. Algorithmen mögen wie Menschen Aufgaben des Entscheidens, des Selektierens, Manipulierens etc. durchführen. Sie sind aber nicht in der Lage, mit sich selbst in einen Dialog zu treten und es ist mehr als fraglich, ob Algorithmen über eine Würde verfügen, mit der sie ihre Aufgaben in Einklang bringen könnten. Diese Fähigkeit ist, wenn man Hannah Arendts Argumentation folgt, dem Menschen vorbehalten: Die Unmöglichkeit moralisch handelnder Algorithmen hat ihren Grund in der Unmöglichkeit moralischer Einsichten für nicht-menschliche Akteure. Algorithmen sind sicher „gewissenhaft", indem sie die ihnen von außen gegebenen Regeln befolgen und dabei höchst gehorsam sind. Aber sie sind gleichzeitig „gewissenlos", da sie nicht in der Lage sind, mit sich selbst über ihre Selbstachtung zu urteilen und – im Notfall – Ungehorsam zu zeigen. Sie sind nicht des Selbstdialogs mächtig und die Möglichkeit des Ungehorsams, die bei Arendt das moralische Handeln absichert, ist ihnen fremd. Arendts ermutigende philosophische Ermächtigung des Subjekts als *moralisches Subjekt*, das einen moralischen Maßstab hat, führt zu der Erkenntnis, dass ein „entscheidender" und (im eingeschränkten, jedenfalls nicht soziologisch Sinne) „handelnder" Algorithmus nicht moralisch sein kann. Die Kategorie der Moral ist für den Algorithmus als technische Entität daher nicht existent. Trotzdem gibt es Versuche Algorithmen Moral gleichsam beizubringen.

3.3 Das Missverständnis: Moral und Mehrheit

Wenn es, wie Hannah Arendt argumentiert, in der Moral um das Individuum geht und nicht um „Gewohnheiten und Sitten" oder gar um den „Befehl göttlichen oder menschlichen Ursprungs" (Arendt 2007, S. 81), sondern um die Aufrechterhaltung des eigenen Menschseins, dann sind bisherige Versuche, Algorithmen einen moralischen Handlungsvollzug gleichsam „beizubringen", irreführend. Sie basieren in der Regel auf dem, was eine Mehrheit als moralisches Handeln definiert bzw. definieren *könnte*. Dies soll im Folgenden anhand einiger Beispiele illustriert werden.

Zu einiger Berühmtheit hat es in diesem Zusammenhang die so genannte *Moral Machine* einer am MIT angesiedelten Forschergruppe gebracht.[8] Dabei wird versucht, einem sensorisch-lernenden Algorithmus mithilfe von Daten, die aus Mehrheitsentscheidungen generiert wurden, beizubringen, wie ein autonom fahrendes Auto in hypothetisch angenommenen und äußerst kritischen Verkehrssituationen reagieren sollte. Auf der Website werden die User dazu aufgerufen, in 13 hypothetischen

---

8 http://moralmachine.mit.edu (Zugriff 24.03.2017).

Verkehrssituationen, in denen es unausweichlich zu einem Unfall mit Todesfolge kommt, zu entscheiden, welche der in der Situation vorhandenen Verkehrsteilnehmer sterben sollen. Diese werden differenziert nach Alter, Geschlecht, Gesundheitszustand, sozialem Status und Profession. Durch die Entscheidungen der User soll ein moralischer Datenbestand entstehen, an dem sich die das autonom fahrende Auto steuernden Algorithmen in kritischen Situationen orientieren. Abgesehen davon, dass derart standardisierte Situationen im Straßenverkehr üblicherweise nicht existieren, sollte anhand des zuvor Skizzierten deutlich geworden sein, dass diese Vorgehensweise grundlegend Arendts Argument widerspricht, da bei ihr Moral gerade nicht aus einer wie auch immer zustande gekommenen Mehrheit und deren „Gewohnheit oder Sitten" entstehen kann.

Ein anderer Versuch, Algorithmen moralisches Verhalten beizubringen, besteht darin, moralisches Handeln in festgelegten Entscheidungsverfahren zu fixieren. Beispielsweise sollen Saugroboter über Sensoren Staub und Krümel von kleinen Lebewesen wie Käfern oder Spinnen unterscheiden lernen (und nur Erstere aufsaugen). Es gibt auch den Versuch, Mährobotern beizubringen, nur Gras zu mähen und keine Tiere zu verletzen (vgl. Bendel 2014). Eine ähnliche Idee steht hinter dem Anliegen, Chatbots beizubringen, bei Suizidformulierungen in Online-Chats automatisch eine passende Beratungstelefonnummer bereitzustellen (vgl. Aegerter 2014). Auch Windkraftanlagen sollen ‚moralisch' werden, indem sie über Sensoren wahrnehmen können sollen, wenn Vögel in die Nähe der Windräder kommen, sich gegenseitig darüber informieren und sich, wenn notwendig, abschalten (vgl. Federle 2014), um den Vögeln keinen Schaden zuzufügen.

Dies alles sind Versuche, über spezifische algorithmische Steuerungen „gute" oder auch „moralische Maschinen" zu entwickeln. Doch dabei wird deutlich, dass diese Versuche den Moralbegriff reduzieren, nämlich auf vorgefertigte IFTTT-Schleifen oder Entscheidungsbäume (vgl. Bendel 2015). Unklar bleibt dabei, woher die den Maschinen implementierten moralischen Vorstellungen kommen und ob nicht auch Situationen denkbar wären, in denen eine andere als die vorgefertigten Entscheidungen moralischer wäre – beispielsweise wenn eine Windkraftanlage ein Krankenhaus mit Strom versorgt und ein paar getötete Vögel in Kauf zu nehmen wären, wenn damit ein Stromausfall verhindert werden könnte. Die Versuche, Algorithmen eine moralische Orientierung zu implementieren, widersprechen Arendts Überzeugung, dass sich Moral nicht aus Mehrheitsentscheidungen, aus Gewohnheiten, Sitten oder Regelwerken speist, sondern dass sie nur aus der Selbstüberprüfung urteilsfähiger Menschen entstehen kann.

4 Die Banalität des Algorithmus

Das Epigraph zu diesem Beitrag stammt aus einer Einführung in das Programmieren von Algorithmen und hilft, eine abschließende Brücke zu schlagen zwischen Hannah Arendts normativer Moraltheorie und der Frage nach der ‚Moral' von Algorithmen. Arendts Thesen sind in einer historischen Phase der Aufarbeitung des Unrechts des Nazi-Regimes verfasst worden, und sie fußen offensichtlich auf ihren Eindrücken als Beobachterin des Eichmann-Prozesses. In ihrem Bericht von der *Banalität des Bösen* bietet sie eine Erklärung für dieses Unrecht an. Sie beschreibt detailliert einen bis dato unbekannten (oder zumindest ignorierten) Verbrechertypus, der, wenn man ihn gezielt dahingehend analysiert, einige Gemeinsamkeiten mit Algorithmen aufweist: Sie charakterisiert Eichmann als biederen, in seiner Erscheinung braven, dummen, empathiefreien und manchmal lächerlichen Menschen, dem absoluter Gehorsam und externe Regeln wichtiger sind als alles andere. Er bezeichnete sich selbst als „Befehlsträger" (Arendt 2016, S. 170). Auch Algorithmen bestehen aus einer Abfolge von Befehlen, deren Ausführung innerhalb des Algorithmus unumgänglich ist.

Des Weiteren verweist Arendt in ihrer Darstellung interessanterweise immer wieder auf Eichmanns spezifische Sprache, auf seine notorische Verwendung seltsam leerer Sprachformeln, aus denen er nicht auszubrechen vermag (Arendt 2016, S. 124–126). Seine Ausdrucksfähigkeit beschränkte sich auf eine, wie Arendt schreibt, auf „Sprachregelung[en]" (Arendt 2016, S. 171) basierende, total formalisierte Ausdrucksweise, die vor allem aus immer wiederkehrenden Phrasen und Klischees bestand. Darauf angesprochen, „spürte er [Eichmann] wohl dunkel einen Defekt, der ihm schon in der Schule zu schaffen gemacht haben muß – wie ein milder Fall von Aphasie –, und entschuldigt sich: ‚Amtssprache ist meine einzige Sprache.'" (Arendt 2016, S. 125) Arendt zeichnet Eichmann in ihren Arbeiten nicht als Ungeheuer, sondern als einfachen „Hanswurst" (Arendt 2016, S. 132).

Übertragen auf das Thema dieses Aufsatzes kann man sagen: Eichmann handelte wie ein Algorithmus. Er entsprach seinen Regeln und Befehlen korrekt und effizient – beides Eigenschaften, die einen „guten" Algorithmus ausmachen (siehe Epigraph). Auch seine formalisierte Sprache erinnert an eine Programmiersprache, die ebenso keine andere als die vorgegebene Syntax erlaubt. Dieser Mensch gewordene Algorithmus erlangte eine soziale Position mit Macht und konnte dort unendliches Unrecht anrichten. Die Tatsache, dass Algorithmen in zeitgenössischen Gesellschaften „social power" (vgl. Beer 2017) erlangen können, macht sie in dieser Hinsicht ähnlich verdächtig. Algorithmen sind sicher keine Ungeheuer, die aus sich heraus Bösartigkeit entwickeln. Aber sie sind „gewissenhaft gewissenlos" und auch wenn sie (theoretisch) Eigenschaften von Akteuren aufweisen, sind sie trotzdem nicht in der Lage, sich selbst über „richtig oder falsch" zu befragen – sie verfügen über keine Moral.

Arendts Botschaft ist in einer anderen Hinsicht aber auch ermutigend. Menschen sind (unabhängig von ihrer Umwelt) moralische Wesen, die allein durch ihre menschliche Urteilskraft in der Lage sind, ihre Moral einer externen Legalität entgegenzustellen. Da sie Schöpfer von Algorithmen sind, haben sie damit auch die Möglichkeit, algorithmisches „Handeln" sozial einzuhegen. Für die Moral von Algorithmen sind dann die Menschen zuständig. Das bedeutet auch: Wenn Algorithmen als sozio-technologische Entitäten (vgl. Bijker et al. 1987) verstanden werden, sind sie stets sozial eingebettet und können entsprechend sozial kontrolliert werden. Ihr Handeln ist auf diese Weise immer als Teil eines „verteilten Handeln[s]" (vgl. Rammert 2003; Rammert und Schulz-Schaeffer 2002) zu verstehen, an dem auch Menschen als moralische Wesen teilhaben.

Diese soziale Teilhabe an technologischem „Handeln" kann auch Algorithmen sozial kontrollieren und moralisch „einhegen". Dies ist, wie bereits gezeigt, Thema einer Reihe von sozialwissenschaftlicher Literatur (siehe Abschnitt 3). Häufig wird darin der für Rechtsstaaten westlicher Prägung typische Weg vorgeschlagen, moralische Vorstellungen in staatliches Handeln und *governance* (Wagner 2016) zu übersetzen. Damit werden Fragen der Moral in juristische Fragen der Legalität transformiert und die Verantwortung für algorithmisches Handeln wird an staatliche Institutionen übertragen. Tutt (2016) schlägt einen radikalen Weg vor, der die soziale Kontrolle von Algorithmen durch deren zentralstaatliche Regulation vorsieht. Er stellt einen informativen Vergleich zwischen Algorithmen und Medikamenten auf und plädiert für eine staatliche Institution, die Algorithmen, bevor sie auf den Markt kommen, in ebenso umfassender Weise prüft.

Tutt (2016) argumentiert, dass die Wirkungsweise von Algorithmen und Medikamenten in gewisser Hinsicht ähnlich sind: beide können von Laien nicht einfach durchschaut werden, beide sind in ihrer Wirkung nicht transparent und beide können aufeinander reagieren, dadurch an Komplexität zunehmen und die von ihr ausgehenden Gefahren vergrößern. Wie bei der Zulassung von Medikamenten, so Tutt (2106), sollten auch Algorithmen hinsichtlich ihrer inneren Wirkungszusammenhänge gründlich geprüft werden, bevor sie auf den Markt gebracht werden dürfen. Unabhängig von politischer Einflussnahme und basierend auf Expertenwissen sollten dabei die Dimensionen Komplexität, Transparenz und Gefährlichkeit von Algorithmen in standardisierten Verfahren evaluiert und entsprechend festgelegter (statistischer) Grenzwerte eingeteilt werden (Tutt 2016, S. 17). So wie das „Bundesinstitut für Arzneimittel und Medizinprodukte" in Deutschland Medikamente testet, sollte auch die Wirksamkeit, die Unbedenklichkeit und der

Nutzen[9] von Algorithmen von einer staatlichen Institution überprüft werden, bevor diese in einer Gesellschaft Verwendung finden. Die Inhalte dieser Regulation berufen sich dabei vor allem auf Expertenwissen und anerkannte, auf Rationalität und Nachvollziehbarkeit basierende Prüfmechanismen. Diese Art der Einhegung riskanter Technologien durch einen bürokratisch verankerten Expertenregulator könnte einen Übersetzungsprozess von gesellschaftlicher Moral in auf Legalität basierender Teilhabe am „Handeln" von Algorithmen leisten.

Die von Tutt (2016) vorgeschlagene inhaltliche Bestimmung von Moral durch demokratisch legitimierte staatliche Institutionen, die algorithmische Handlungen anleiten und rahmen soll, steht allerdings in einem Spannungsverhältnis zur oben skizzierten Moralphilosophie von Hannah Arendt. Moralisches Handeln wird bei Tutt (2016) auf die auf Expertenwissen basierte maximale Reduktion von Schaden reduziert, was Arendts Vorstellung einer individuell verankerten Moral letztlich konterkariert. Tutts (2016) Vorschlag könnte aber auch so gelesen werden, dass er die, wie Arendt zeigt, ausschließlich menschliche Fähigkeit zur Moral gleichsam bürokratisch kanalisiert, um der Banalität des Algorithmus einen sozialen Rahmen zu geben.

Literatur

Aegerter, Janine (2014). FHNW forscht an „moralisch gutem" Chatbot. *Netzwoche*, 4 (18).
Ananny, Mike (2015). Toward an Ethics of Algorithms – Convening, Observation, Probability, and Timeliness. *Science, Technology, und Human Values*, 41 (1), 93–117.
Arendt, Hannah (2007). Über *das Böse: Eine Vorlesung zu Fragen der Ethik*. München und Zürich: Piper [Erstveröffentlichung 1965].
Arendt, Hannah (2016). *Eichmann in Jerusalem – Ein Bericht von der Banalität des Bösen*. München, Berlin und Zürich: Piper [Erstveröffentlichung 1964].
Barocas, Solon, Sophie Hood und Malte Ziewitz (2013). *"Governing Algorithms: A Provocative Piece"*. http://governingalgorithms.org/resources/provocation-piece/ (Zugriff 12.10.2016).
Beer, David (2009). Power through the algorithm? Participatory web cultures and the technological unconscious. *new media und society*, 11 (6), 985–1002.
Beer, David (2017). The Social Power of Algorithms. *Information, Communication und Society*, 20 (1), 1–13.
Bendel, Oliver (2014). Die Roboter sind unter uns. *Netzwoche*, 22, 28.
Bendel, Oliver (2015). Einfache moralische Maschinen – Vom Design zur Konzeption. *Tagungsband AKWI 2015*, 171–180.

---

9   http://www.bfarm.de/DE/BfArM/Org/_node.html (Zugriff 21.05.2017).

Bijker, Wiebe E., Thomas P. Hughes und Trevor Pinch (Hrsg.). (1987). *The social construction of technological systems: new directions in the sociology and history of technology.* Cambridge und London: MIT Press.
Borch, Christian (2017). High-frequency trading, algorithmic finance and the Flash Crash: reflections on eventalization. *Economy and Society,* 45 (3-4), 350-378.
Bozdag, Engin (2013). Bias in algorithmic filtering and personalization. *Ethics and Information Technology,* 15 (3), 209-27.
Brey, Philip (2005). Artifacts as social agents. In Hans Harbers (Hrsg.), *Inside the politics of technology – agency and normativity in the co-production of technology and society* (S. 61-84). Amsterdam: Amsterdam University Press.
Castells, Manuel (1996). *The rise of the network society.* Malden et al.: Blackwell.
Cormen, Thomas H., Charles E. Leiserson, Ronald L. Rivest und Clifford Stein (2009). *Introduction to algorithms.* Cambridge, MA: The MIT Press.
Daumé III, Hal (2012). *A course in machine learning.* http://ciml.info (Zugriff 12.12.2016).
Desrosières, Alain (1998). *The politics of large numbers: a history of statistical reasoning.* Cambridge: Havard University Press.
Federle, Stephanie (2014). Radar soll Zugvögel schützen. *Tierwelt,* 10, 22-23.
Gillespie, Tarleton (2014). The relevance of algorithms. In Tarleton Gillespie, Pablp Boczkowski und Kisten Foot (Hrsg.), *Media Technologies* (S. 167-194). Cambridge: The MIT Press.
Gitelman, Lisa (Hrsg). (2013). *Raw data is an oxymoron.* Cambridge, MA: The MIT Press.
Hepp, Andreas, Stig Hjarvard und Knut Lundby (2015). Mediatization: Theorizing the Interplay between Media, Culture and Society. *Media, Culture und Society,* 27 (2).
Hill, Robin K. (2016). What an algorithm is. *Philosophy und Technology,* 29 (1), 35-59.
James, Gareth, Daniela Witten, Trevor Hastie und Robert Tibshirani (2013). *An introduction to statistical learning (with applications in R).* New York et al.: Springer.
Khan Academy Computing (2015). *What is an algorithm and why should you care?* https://www.khanacademy.org/computing/computer-science/algorithms/intro-to-algorithms/v/what-are-algorithms (Zugriff: 30.10.2016).
Knorr Cetina, Karin (2009). The synthetic situation: interactionism for a global world. *Symbolic Interaction,* 32 (1), 61-87.
Knorr Cetina, Karin, Werner Reichmann und Niklas Woermann (2017). Dimensionen und Dynamiken synthetischer Gesellschaften. In Friedrich Krotz, Cathrin Despotović und Merle-Marie Kruse (Hrsg.), *Mediatisierung als Metaprozess: Transformationen, Formen der Entwicklung und die Generierung von Neuem* (S. 35-57). Wiesbaden: Springer.
Knuth, Donald E. (1985). *Fundamental algorithms. The art of computer programming.* New Delhi: Narosa.
Krotz, Friedrich (2007). *Mediatisierung – Fallstudien zum Wandel von Kommunikation.* Wiesbaden: VS Verlag für Sozialwissenschaften.
Ley, Astrid (Hrsg.). (2006). *Gewissenlos gewissenhaft – Menschenversuche im Konzentrationslager.* Erlangen: Specht.
Lundby, Knut (Hrsg.). (2009). *Mediatization: Concept, Changes, Consequences.* New York: Peter Lang.
MacKay, David J. C. (2005). *Information theory, inference, and learning algorithms.* Version 7.2. Cambridge und London: Cambridge University Press.
Mittelstadt, Brent, Patrick Allo, Mariarosaria Taddeo, Sandra Wachter und Luciano Floridi (2016). The ethics of algorithms: mapping the debate. *Big Data und Society,* 3 (2), 1-21.

Muggleton, Stephen und Luc de Raedt (1994). Inductive logic programming: theory and methods. *The Journal of Logic Programming*, 19–20 (Supplement 1), 629–679.

Ottmann, Thomas und Peter Widmayer (2012). *Algorithmen und Datenstrukturen*. Heidelberg: Spektrum Akademischer Verlag.

Rammert, Werner (2003). Technik in Aktion: verteiltes Handeln in soziotechnischen Konstellationen. TUTS Working Paper 2-2003. http://www.ssoar.info/ssoar/handle/document/1157 (Zugriff 10.12.2016).

Rammert, Werner und Ingo Schulz-Schaeffer (2002). Technik und Handeln. Wenn soziales Handeln sich auf menschliches Verhalten und technische Abläufe verteilt. In Werner Rammert und Ingo Schulz-Schaeffer *(Hrsg.), Können Maschinen handeln? Soziologische Beiträge zum Verhältnis von Mensch und Technik* (S. 11–64). Frankfurt am Main: Campus.

Reichmann, Werner (2010). *Die Disziplinierung des ökonomischen Wandels: Soziologische Analysen der Konjunkturforschung in Österreich*. Marburg: Metropolis-Verlag.

Stehr, Nico (1994). *Knowledge Societies*. London, Thousand Oaks und New Delhi: SAGE Publications.

Tutt, Andrew (2016). An FDA for algorithms. *Administrative Law Review* 67, 26 Seiten. https://papers.ssrn.com/sol3/papers.cfm?abstract_id=2747994 (Zugriff 19.03.2017).

Vardi, Moshe Y. (2012). What is an algorithm? *Communications of the ACM*, 55 (3), 5.

Wagner, Ben (2016). Algorithmic regulation and the global default: Shifting norms in Internet technology. *Nordic Journal of Applied Ethics*, 10 (1), 5–13.

Weingardt, Markus (2000). Gewissenlos gewissenhaft – Eichmann: der Mensch, der Prozess, die Wirkung. *Tribüne – Zeitschrift zum Verständnis des Judentums*, 39 (154), 153–165.

Welling, Max (2010). A first encounter with machine learning. https://www.ics.uci.edu/~welling/teaching/ICS273Afall11/IntroMLBook.pdf (Zugriff 19.03.2017).

Wucher, Albert (1961). *Eichmanns gab es viele – Ein Dokumentarbericht über die Endlösung der Judenfrage*. München und Zürich: Droemersche Verlagsanstalt.

Big Data und die Frage nach Gerechtigkeit

Nadine Sutmöller

1 Einleitung

„Big Data: Wer hebt das Datengold?" titelte *Zeit online* im Januar 2013 und stellte dabei die Frage, wie es Unternehmen gelänge, aus der „[…] Informationsflut im Netz großen Profit zu schlagen"[1]. Mittlerweile haben in einer Vielzahl von Branchen Aktivitäten hinsichtlich der Analyse großer Datenmengen Einzug gehalten, nicht zuletzt mit dem Ziel, die von der *Zeit* gestellte Frage zu beantworten. Die Vorteile in der Nutzung von Big-Data-Technologien scheinen dabei offensichtlich auf der Hand zu liegen und folgen dabei einem Handlungs- und Denkparadigma, das Simanowski (2014) wie folgt beschreibt: „Messen, Zählen, Wiegen, Ausgraben und Aufdecken sind Handlungsimpulse der Moderne, weil in ihnen die Vernunft waltet." Diesem Denkmuster folgend wirken Entscheidungen, die auf einer großen Datenbasis beruhen, verlässlicher und dienen dazu, einen verbliebenen Unsicherheitsraum bzw. Interpretationsraum in Handlungen zu beseitigen. Big-Data-Analysen machen damit nicht nur Vergangenheit und Gegenwart in einer neuen Dimension berechenbar, sondern beziehen sich ganz fundamental auf Prognosen, z. B. im Kontext von Kaufverhalten. So vergleicht beispielsweise der Onlinehändler Amazon das eigene Kaufverhalten mit anderen Kunden, die ähnliche Artikel gekauft oder angeklickt haben und schlägt auf dieser Basis weitere Produkte zur Anschaffung vor.[2]

So sehr sich die wirtschaftliche Nützlichkeit von Big-Data-Analysen in der Erkenntnisgewinnung und in Entscheidungsprozessen bis zu diesem Punkt nachvollziehen lässt, so unklar ist bislang jedoch auch, inwiefern derartige Tätigkeiten und Analysen eine Gesellschaft hinsichtlich verteilungsgerechter Aspekte beeinflussen

---

1 Fischermann & Hamann (2013), http://www.zeit.de/2013/02/Big-Data. Zugegriffen: 15. Februar 2017.
2 Vgl. Lemke et al. (2017), S. 155.

können. Agieren jene Anwendungen und Services zu Beginn ihrer Entwicklung vor allem in einer technologischen Blase, so entfalten sie zwischenzeitlich jedoch eine immer größere Wirkkraft in Sphären, z. B. der Wirtschaft, und nehmen damit schließlich Einfluss auf das Zusammenleben von Menschen insgesamt. Im Kontext der *Eine Theorie der Gerechtigkeit* von John Rawls soll daher im vorliegenden Beitrag der Frage nachgegangen werden, ob Big-Data-Technologien ungerecht sein können bzw. ob diese auf eine gerechte Verteilung der von Rawls benannten Grundgüter Einfluss nehmen können. Vor allem in der Auswertung personenbezogener Daten, die zu einem großen Teil freiwillig und kostenlos geliefert werden, kommt der Verdacht auf, dass datenverarbeitende Unternehmen diese Situation insbesondere für eigene Ziele und Zwecke nutzen und (negative) Nebeneffekte aus diesen Tätigkeiten vornehmlich den Datengebern aufgebürdet werden. Bevor nun eine Diskussion im Rahmen der Rawlsschen Theorie anhand des Beispiels des Facebook Newsfeed vorgenommen wird, gilt es daher auf einige grundsätzliche Herausforderungen im Umgang mit Big Data hinzuweisen.

2 Big Data im Kontext soziotechnischer und rechtlicher Auseinandersetzungen

Im Zuge von Big Data lassen sich drei stetig wiederkehrende Bereiche in der Auseinandersetzung mit datenverarbeitenden Unternehmen identifizieren, die im Hinblick einer Nutzen- und Lastenverteilung einer genaueren Betrachtung bedürfen. Als erstes kann hierzu der Moment der Datengenerierung genannt werden. Oftmals wird im Zusammenhang mit Big Data eine gewisse Repräsentativität und ebenso Qualität gesammelter Daten beansprucht, die allein aufgrund der Massen nicht zwangsläufig gegeben sein müssen. Als Beispiel sei hierzu auf den Bereich der Datensammlung internetbasierter Services verwiesen: Social-Media-Plattformen verzeichnen mitunter beeindruckende Nutzerzahlen, allerdings ist beispielsweise die Alters- bzw. Generationenzusammensetzung nicht notwendigerweise repräsentativ für die gesamte Gesellschaft. Hinzu kommt, dass Daten, die im Zuge von Big-Data-Projekten gesammelt werden, nicht zwingend richtig sein müssen. Auch hier kann es durchaus zur Sammlung von falschen Angaben kommen, die folglich Qualität sowie Korrektheit der Analyse entscheidend beeinflussen können.

Darüber hinaus gilt dem Moment der Datenanalyse besondere Aufmerksamkeit. Zunächst ist hierzu festzustellen, dass Algorithmen, die hierfür gebraucht werden, letztlich nur Aussagen hinsichtlich einer möglichen Korrelation treffen können.[3] Für kausale Informationen oder gar Erklärungen sind die Anwendungsvorschriften jedoch blind. Allerdings legen statistische Modellierungen häufig einen Ursache-Wirkungs-Zusammenhang nahe, aus dem mögliche Fehlinterpretationen von Analyseergebnissen resultieren können.[4] Rolfes (2016) weist entsprechend darauf hin, dass „[d]ie sozial konstruierte Logik oder die Theoriefestigkeit der vermuteten oder implizierten Ursache-Wirkungs-Zusammenhänge [.] daher hinreichend zu reflektieren [ist]."[5] Diese im Hinblick auf die Nutzbarmachung großer Datenmengen einzusetzenden Algorithmen sind folglich nicht als „gottgegebene" Werkzeuge zu betrachten, sondern werden von Menschen mit verschiedenen Interessen, Absichten und Zielvorstellungen geschrieben. Grundsätzlich besteht daher ein Risiko, dass bewusst oder unbewusst, z. B. auf Basis kulturell gelernter Denkweisen, Einflüsse hiervon im Algorithmus wiederzufinden sind und somit Ergebnisse entsprechend beeinflusst werden.[6]

Eine vorerst letzte Betrachtung wird schließlich aus der Perspektive rechtlicher Regelungen vorgenommen. Konkret geht es hierbei um personenbezogene Daten, die verschiedene Konfliktbereiche zwischen der EU-Datenschutz-Grundverordnung (DSGVO)[7] und Big-Data-Anwend-ungen hervorrufen. U. a. sind hierzu die Punkte der Einwilligungspflicht (Art. 6 Abs. 1 sowie Artikel 7), der Zweckbindung (Art. 5 Abs. 1 lit b.) sowie der Datenminimierung (Art. 5 Abs. 1 lit. c) anzuführen. Darüber hinaus ist in Art. 25 ganz grundsätzlich geregelt, dass bereits im Entwicklungsstadium datenverarbeitender Anwendungen technische und organisatorische Maßnahmen so ausgerichtet werden müssen, dass diese nur personenbezogene Daten sammeln, die für den jeweiligen Zweck erforderlich sind. All diese Regelungen verlaufen jedoch prinzipiell entgegen der Interessenlage von Big Data. Big-Data-Analysen sind auf möglichst viele Daten angewiesen und werden dabei häufig losgelöst von ihrem ursprünglichen Erhebungs- und Verarbeitungskontext analysiert, wie Dorschel/ Nauerth (2013) bereits in einer Auseinandersetzung zum BDSG feststellten und deren grundsätzliche Problematik auch im Zuge der DSGVO weiterhin bestehen bleibt. Darüber hinaus ist im Stadium der Datenerhebung der letztendliche Zweck

---

3   Vgl. Mayer-Schönberger / Cukier (2013), S. 50 ff.
4   Vgl. Rolfes (2017), S. 59.
5   Ebenda.
5   Zur Verdeutlichung des Aspekts des „unconscious bias" siehe z. B: https://library.gv.com/unconscious-bias-at-work-22e698e9b2d. Zugegriffen: 13. Februar 2017.
7   Die EU-Datenschutzgrundverordnung (DSGVO) ist seit dem 25. Mai 2016 in Kraft getreten, entfaltet jedoch gemäß Art. 99 Abs. 2 DSGVO erst am 25. Mai 2018 ihre Wirkung. Sie löst entsprechend das bisher geltende Bundesdatenschutzgesetz (BDSG) ab.

häufig noch nicht definiert bzw. kann dieser erst endgültig mit dem Ergebnis der Analyse eindeutig festgelegt werden.

Bereits auf den oben dargelegten Schwierigkeiten in der Verwendung von Big Data ließe sich eine nachhaltige Empörung hinsichtlich dieser Technologien in der Gesellschaft vermuten, denn wie bereits kurz erläutert, scheinen die Problembereiche im Datenumgang und die sich daraus möglicherweise ergebenden Effekte zunächst auf die Datengeber abgewälzt zu werden. Eine Aufregung über diesen Sachverhalt lässt sich allerding nicht feststellen. Im Gegenteil: Der Aufregungswert über diese Technologien hält nur kurz an und findet dabei vornehmlich im Feuilleton diverser Zeitungen statt. Welzer (2016) macht darauf aufmerksam, dass in dieser Lage ein sozial-psychologisches Phänomen wirksam wird, welches als „shifting baselines" benannt wird. Mit diesem Ausdruck wird die Situation bezeichnet, „[...] dass Menschen in sich wandelnden Umgebungen den Wandel nicht registrieren, weil sie ihre Wahrnehmungen permanent parallel zu den äußeren Veränderungen nachjustieren."[8] Es fehlt in diesem Rahmen ein Referenzpunkt, an dem sich die kontinuierliche Veränderung festmachen ließe. Die Aufmerksamkeit sei anders als bei disruptiven Ereignissen (z. B. Erdbeben), wo Änderungen als fundamental und einschneidend wahrgenommen werden. Hier jedoch bleibt diese meist unterhalb der Wahrnehmungsschwelle.[9] Doch auch wenn die Vorgänge zu abstrakt erscheinen, um nachhaltige Aufmerksamkeit auf sich ziehen zu können, sind Anwendungen und schließlich Wirkungen derweil ganz real. Ein Beispiel hierfür ist der Facebook Newsfeed, dessen mögliche Konsequenzen im Kontext von Gerechtigkeit im Folgenden untersucht werden sollen. Dafür ist es jedoch zunächst erforderlich, sich mit grundsätzlichen Überlegungen der *Eine Theorie der Gerechtigkeit* von Rawls vertraut zu machen.

3 Eine Betrachtung aus der Perspektive der politischen Philosophie

Die obigen Ausführungen legen es schließlich nahe, dass Einsatz und mögliche Auswirkungen von Big Data isolierte Überlegungen im Rahmen wirtschaftlicher Kriterien, wie z. B. Investitionen, Kosten und Erträge, zunehmend übersteigen. Die Effekte jener Werkzeuge erscheinen tiefgreifender und evtl. reicher an Konsequenzen in Sphären, für die die Ökonomie und ihre Instrumente schlicht keinen

---

8   Welzer (2016), S. 29.
9   Vgl. ebenda.

Zugang bieten und infolgedessen keine Erkenntnisse liefern können. Hierbei kann die Disziplin der politischen Philosophie ein möglicher Ansatz sein, sich dem Phänomen Big Data im Rahmen einer Überprüfung möglicher Auswirkungen zu Lasten einer gerechten Gesellschaft anzunähern. Sie kann mit der Untersuchung von Handlungen hinsichtlich ihrer Bedeutung bzw. Konsequenzen schließlich dabei helfen, eine Antwort zu finden, inwiefern Big Data in der Anwendung ungerecht sein kann. Die Erklärung zur Auswahl der von Rawls entwickelten *Eine Theorie der Gerechtigkeit* liegt dabei in erster Linie darin, dass seine Arbeit und Gedanken maßgeblich zur Erneuerung und Wiederbelebung der politischen Philosophie beigetragen haben. Sandel (2013) bezeichnet Rawls Ansatz als „überzeugendsten Versuch der politischen Philosophie [...], eine weitgehend egalitäre Gesellschaft zu denken."[10] Sie gilt als „[...] argumentativ dichteste und elaborierteste Theorie der Gerechtigkeit, die in der Geschichte der praktischen Philosophie bis heute entwickelt worden ist."[11] Rawls Ausführungen stehen entsprechend nachvollziehbar bis in die Gegenwart im Zentrum zeitgenössischer Gerechtigkeitsdiskussionen und tragen mit der Konzeption des Gedankenexperiments des „Urzustands" sowie des „Schleier des Nichtwissens" fundamental zu Überlegungen hinsichtlich der Gerechtigkeit zu beurteilender Situationen und Strukturen bei.

Für Rawls ist „[...] der erste Gegenstand der Gerechtigkeit die Grundstruktur der Gesellschaft, genauer: die Art, wie die wichtigsten gesellschaftlichen Institutionen Grundrechte und -pflichten und die Früchte der gesellschaftlichen Zusammenarbeit verteilen."[12] Als wichtigste Institutionen benennt er u. a. die Verfassung sowie die wichtigsten wirtschaftlichen und sozialen Verhältnisse.[13] Beispiele dafür sind u. a. „[...] die gesetzlichen Sicherungen der Gedanken- und Gewissensfreiheit, Märkte mit Konkurrenz, das Privateigentum an den Produktionsmitteln und die monogame Familie."[14]

Im Mittelpunkt seiner Ausführungen stehen insbesondere die Herleitung und Begründung der Gerechtigkeitsprinzipien, die dazu dienen, eine gerechte und faire Verteilung der gesellschaftlichen Grundgüter zu gewährleisten. Zu diesen Gütern zählt Rawls Grundrechte und -freiheiten, Freiheit des Ortwechsels und der Berufswahl, Macht und Privilegien von Ämtern und Positionen, Einkommen und Vermögen sowie soziale Selbstachtung. Hiervon, so die *Theorie*, hätte jedes Mitglied der Gesellschaft lieber mehr als weniger zur Verfügung. Grund dafür ist,

---

10 Sandel (2013), S. 227.
11 Kersting (2001), S. 7.
12 Rawls (2014 [1979]), S. 23.
13 Vgl. ebenda.
14 Ebenda.

dass jeder diese Mittel zur Verfolgung und Realisierung der jeweiligen individuellen Lebensziele benötigt – ungeachtet worin diese bestehen.[15] Die Mitglieder der Gesellschaft würden sich schließlich in der Anwendung des Gedankenexperiments des „Urzustands" hinter dem „Schleier des Nichtwissens" auf zwei Verteilungsprinzipien einigen. Diese Prinzipien formuliert Rawls wie folgt:

> „a) Jede Person hat den gleichen unabdingbaren Anspruch auf ein völlig adäquates System gleicher Grundfreiheiten[16], das mit demselben System von Freiheiten für alle vereinbar ist.
> b) Soziale und ökonomische Ungleichheiten müssen zwei Bedingungen erfüllen: erstens müssen sie mit Ämtern und Positionen verbunden sein, die unter Bedingungen fairer Chancengleichheit allen offenstehen; und zweitens müssen sie den am wenigsten begünstigten Angehörigen der Gesellschaft den größten Vorteil bringen (Differenzprinzip)."[17]

Für Rawls gewährleisten diese Prinzipien eine gerechte und faire Verteilung der Grundgüter, da sie von den Mitgliedern der Gesellschaft im „Urzustand" festgelegt würden, in dem sie nur über notwendigste Informationen verfügen. Wissen über die eigene soziale Stellung in der Gesellschaft ist in diesem Zustand ebenso unbekannt, wie Informationen über individuelle Fähigkeiten (z. B. Intelligenz oder Körperkraft).[18] Damit soll ein fairer Prozess gewährleistet werden, in dem niemand von zufälligen Vorteilen oder Nachteilen profitieren oder sogar die Grundsätze auf spezielle Bedürfnisse zuschneiden könnte.[19] Die benannten Prinzipien stehen in ihrer Anwendung in einer sogenannten lexikalischen Ordnung. D. h. zunächst muss das egalitäre Prinzip der Freiheit erfüllt sein, bevor eine soziale und wirtschaftliche Ungleichheit hingenommen werden kann. Damit will Rawls der Möglichkeit vorbeugen, dass wirtschaftliche Vorteile zu Ungunsten der Freiheit eingetauscht werden können.[20] Zwar würden soziale und wirtschaftliche Unterschiede keine Erbitterung zwischen verschiedenen Mitgliedern der Gesellschaft erzeugen, allerdings würde

---

15 Vgl. Rawls (2014 [1979]), S. 112.
16 Gemäß Rawls werden die Grundfreiheiten durch eine Liste festgelegt. Hierzu gehören die politische Freiheit, die Rede- und Versammlungsfreiheit sowie die Gewissens- und Gedankenfreiheit. Ebenso zählen die persönliche Freiheit und die Unverletzlichkeit der Person sowie das Recht auf persönliches Eigentum und der Schutz vor willkürlicher Festnahme und Haft zu den Grundfreiheiten. Vgl. Rawls (2014 [1979]), S. 82.
17 Rawls (2014 [2006]), S. 78.
18 Vgl. Rawls (2014 [1979]), S. 29.
19 Vgl. Rawls (2014 [1979]), S. 36.
20 Vgl. Rawls (2014 [1979]), S. 82.

eine ungleiche Verteilung der Freiheit eine nachteilige politische Position in der Gesellschaft bedeuten und schließlich die Selbstachtung des einzelnen zerstören.[21]

Ausgehend von den bereits dargelegten diskussionswürdigen Momenten hinsichtlich der Datengenerierung, Datenverarbeitung sowie der Betrachtung rechtlicher Aspekte, geht es im Folgenden darum, anhand des Beispiels des Facebook Newsfeed zu untersuchen, inwieweit in dieser datenbasierten Anwendung gerechtigkeitsrelevante Aspekte auf Basis der *Theorie* von Rawls berührt bzw. herausgefordert werden. Hierzu wird in einem ersten Schritt zunächst ein allgemeiner Einblick in das Unternehmen Facebook gegeben. Hieran anknüpfend erfolgt eine Betrachtung des Newsfeed im Speziellen. Ausgehend von der dargelegten Sachlage steht im Zentrum der daraufffolgenden Ausführungen die Überprüfung und Diskussion, inwieweit die Gerechtigkeitsprinzipien durch den Newsfeed tangiert werden und welche Auswirkung diese Situation auf eine gerechte Verteilung der Grundgüter für die teilnehmenden Akteure schließlich haben kann.

4 Fallbeispiel: Der Facebook Newsfeed im Rahmen der Rawlsschen Theorie[22]

Das soziale Netzwerk Facebook wurde 2004 vom Harvard Studenten Mark Zuckerberg gegründet und hat über die Jahre eine beeindruckende Nutzerzahl aufbauen können. Im vierten Quartal 2016 sind auf der Plattform lt. Angaben des Unternehmens weltweit 1,86 Milliarden monatlich aktive Nutzer registriert.[23] Zum Umsatz gibt Facebook an, allein in diesem Zeitraum 8,81 Milliarden US-Dollar erwirtschaftet zu haben, wobei der Hauptteil aus Werbeerlösen besteht.[24] Das Unternehmen wurde im Juni 2016 mit einer Summe in Höhe von 322 Milliarden Dollar bewertet und gehört damit zu den weltweit zehn wertvollsten Unternehmen.[25] Diese Zahlen vermitteln einen ersten Eindruck der rasanten Entwicklung des

---

21 Vgl. Rawls (2014 [1979]), S. 591.
22 Die Betrachtung des Newsfeed fand zwischen Ende 2016 und Anfang 2017 statt. Danach vorgenommene Änderungen des Algorithmus sind entsprechend nicht Gegenstand der Auseinandersetzung.
23 Vgl. Facebook (2016), http://de.newsroom.fb.com/company-info/. Zugriffen am 3. März 2017.
24 Vgl. ebenda.
25 Vgl. Süddeutsche online (2016), http://www.sueddeutsche.de/wirtschaft/unternehmen-das-sind-die-top-der-wertvollsten-unternehmen-1.3056487-3. Zugegriffen: 15. Januar 2017.

Netzwerkes und des Unternehmens insgesamt in seiner bis dato vergleichsweisen kurzen Geschichte. Darüber hinaus demonstrieren die Zahlen hinsichtlich einer zu diskutierenden Verteilungsgerechtigkeit, welche Bedeutung der Plattform als Marktakteur zukommt und somit seiner Stellung vor dem Hintergrund einer Aufteilung der gesellschaftlichen Grundgüter.

Zentrales Element der Plattform ist der Newsfeed. Jeder Nutzer, der sich einloggt, erhält hier individualisiert eine Übersicht geposteter Beiträge u. a. von Freunden, von gelikten Fanseiten, sowie sogenannter vorgeschlagener bzw. gesponserter Beiträge. Die Reihenfolge der Postings folgte dabei in der Vergangenheit einer chronologischen Anordnung, jedoch gilt dies bisweilen nicht mehr ausschließlich. Vielmehr sollen hier die für den jeweiligen Nutzer relevantesten Beiträge erscheinen. Facebook formuliert dieses Vorgehen folgendermaßen: „Our goal with News Feed is to show people the stories most relevant to them, so we rank stories so what's most important to each person shows up highest in their News Feeds."[26] Was nun als entsprechend relevant oder als eben weniger relevant für den einzelnen Nutzer eingestuft wird, filtert dabei der Newsfeed-Algorithmus (auch bekannt als EdgeRank). Neben der Häufigkeit der Interaktion mit Freunden, bestimmen z. B. die Anzahl an Kommentaren und „Gefällt mir"-Angaben, die ein Beitrag erhält, sowie um welche Art eines Beitrags (Foto, Video, Statusmeldung) es sich handelt, die Wahrscheinlichkeit, dass dieser im Newsfeed erscheint.[27] Außerdem spielt der Zeitabstand zwischen Veröffentlichung eines Postings und dem letzten Login des Nutzers eine Rolle. Je kürzer dieser Abstand ist, desto größer ist die Chance, dass der Beitrag angezeigt wird. Ebenso hat die Scroll-Geschwindigkeit bzw. wann und wo beim Scrollen über einzelne Postings angehalten wurde, Einfluss auf die individuelle Zusammensetzung des Newsfeed.[28] Allerdings erscheinen auch ältere Beiträge, wenn diese gute Interaktionsraten aufweisen können.[29] Diese drei grundlegenden Faktoren, die den Feed beeinflussen können und über die Facebook offen spricht, werden vom Unternehmen als *Affinity* (Verbundenheit), *Weight* (Gewichtung) und *Decay* (Verfallszeit) zusammengefasst. Darüber hinaus bietet Facebook seinen Nutzern verschiedene Optionen ihren Newsfeed selbst zu gestalten. Es können z. B. Inhalte von Freunden oder Fanseiten explizit

---

26 Xu et al. (2016), http://newsroom.fb.com/news/2016/08/news-feed-fyi-showing-you-more-personally-informative-stories. Zugegriffen: 27. Januar 2017.
27 Vgl. Facebook (o. J.), https://newsfeed.fb.com/three-main-ranking-factors?lang=de. Zugegriffen: 20. Dezember 2016.
28 Vgl. Yu & Tas (2015), http://newsroom.fb.com/news/2015/06/news-feed-fyi-taking-into-account-time-spent-on-stories/. Zugegriffen: 27. Januar 2017.
29 Vgl. Roth (2017), http://allfacebook.de/pages/facebook-newsfeed-algorithmus-faktoren. Zugegriffen: 3. März 2017.

priorisiert oder ausgeblendet werden. Grundsätzlich bleiben die Einstellungen, die ein User selbst vornehmen kann jedoch in einem überschaubaren Rahmen. Eine konkrete Erklärung, wie der Newsfeed-Algorithmus arbeitet, behält sich Facebook allerdings vor. Entsprechend groß sind Spekulationen, welche weiteren Attribute der Algorithmus in seinen Berechnungen berücksichtigt. So sollen z. B. auch Aspekte wie die Netzgeschwindigkeit erkannt werden und Einfluss darauf haben, was im Newsfeed angezeigt wird (z. B. weniger Videos bei entsprechend langsamer Verbindung).[30] Generell ist der Newsfeed-Algorithmus dabei nicht als ein feststehendes Instrument zu betrachten, sondern wird von einem speziellen Team bei Facebook kontinuierlich weiterentwickelt.[31]

Ergebnis der Arbeit des Algorithmus bzw. seiner Filterung und Sortierung ist, dass Facebook-Nutzer im Durchschnitt nur ein Fünftel aller Inhalte im Newsfeed zu sehen bekommen, die sie potentiell erreichen könnten. Oder anders gesagt: Vier Fünftel aller möglichen Inhalte werden dem User gar nicht erst angezeigt.[32] In der Menge an Informationen, die einen einzelnen Nutzer potentiell erreichen können, erscheint der Algorithmus daher vor allem als Hilfestellung, sich auf der Plattform zurechtzufinden. Zur Nachvollziehbarkeit soll die folgende Überlegung beitragen: Wenn ein User zwischen 200 und 300 Freunde in der Liste vorweist und evtl. 20 bis 40 Fanseiten gelikt bzw. abonniert hat – vielleicht sogar noch wesentlich mehr – wird ein Überblick über relevante Inhalte bzw. eine eigene Filterung quasi unmöglich. Der User wäre schlicht mit der Masse an Informationen überfordert.[33]

Die beschriebene Situation scheint zunächst wenig problematisch, liefert der Newsfeed doch als Werkzeug vor allem für den Nutzer entscheidenden Mehrwert, um mit möglichst interessanten Inhalten auf der Plattform in Kontakt zu kommen und damit ein positives Nutzererlebnis zu generieren. Hinreichend bekannt ist in diesem Zusammenhang, dass Nutzer sich aus völlig freien Stücken diesem Erlebnis hingeben. Niemand kann gezwungen werden Teil der Community zu sein und entsprechend seine Daten zu hinterlassen. Doch ungeachtet dieser Freiwilligkeit gilt es nun die Frage zu klären, was Rawls zu dieser Situation sagen würde – insbesondere hinsichtlich der Situation einer gerechten Verteilung der Lasten und Nutzen zwischen Usern und Unternehmen.

---

30 Vgl. Rixecker (2016), http://t3n.de/news/facebook-newsfeed-algorithmus-2-577027/. Zugegriffen: 20. Februar 2017.
31 Vgl. Roth (2017), http://allfacebook.de/pages/facebook-newsfeed-algorithmus-faktoren. Zugegriffen: 3. März 2017.
32 Vgl. Backstrom (2013), https://www.facebook.com/business/news/News-Feed-FYI-A-Window-Into-News-Feed. Zugegriffen: 10. Januar 2017.
33 Vgl. Sunstein (2017), S. 64.

Was würde Rawls dazu sagen?

Es ist natürlich grundsätzlich richtig zu bemerken, dass der Newsfeed in seiner Servicefunktion dabei unterstützt, sich in einer potentiell unüberschaubaren Anzahl von Postings zurechtzufinden. Diese algorithmische Sortierung bedeutet dabei auch immer eine Lenkung bzw. Führung hin zu Inhalten, die der Algorithmus auf Basis der analysierten Nutzerdaten als besonders relevant bewertet. Diese Priorisierung muss zunächst als Funktion des Feed schlicht hingenommen werden. Nun kann zunächst festgehalten werden, dass auch in der analogen Welt eine Lenkung bzw. Informationsselektion, beispielsweise durch Journalisten stattfindet, und somit der Vorgang der algorithmischen Sortierung und schließlich Kategorisierung nichts weiter darstellt als eine weitere Unterstützung im nahezu undurchsichtigen Informationsdschungel. Dieses Vorgehen kann schließlich ein gewisses Maß der Ohnmacht bzw. des Ausgeliefertseins gegenüber des Algorithmus und der Facebook-Aktivitäten insgesamt auslösen. Allerdings sind entgegen dieser Stimmungslage häufig Äußerungen zu vernehmen, die hier keine besonders kritische Situation bzgl. Datensammlung und -auswertung erkennen, sondern es wird oftmals nach dem Motto gehandelt: „Ich habe doch nichts zu verbergen"[34]. Ist der Newsfeed-Algorithmus demzufolge als nicht weiter bedeutsam zu beurteilen und eine Diskussion im Rahmen von Gerechtigkeit ist schlicht nicht notwendig – stellt diese evtl. sogar eine Überreaktion dar, die die Lage schließlich nicht erfordert? Gleichgültigkeit scheint allerdings fehl am Platze, denn sie verkennt offensichtlich fundamental die Stellung und den Einfluss, die dem Newsfeed durch regelmäßige Nutzung zukommt. Schließlich ignoriert eine solche Haltung den Umstand, dass sich Menschen vor jeglicher und somit auch subtiler Beeinflussung nicht gänzlich abschotten können.

Eine Erkenntnis, die hier einfließt ist, dass Nutzer auf Basis der algorithmischen Datenanalyse und Selektion immer mehr vom Gleichen zu sehen bekommen. Dieses Gleiche bezieht sich zunächst darauf, dass Inhalte an den jeweiligen Nutzer ausgespielt werden, die mit großer Wahrscheinlichkeit mit bereits bestehenden Ansichten, Neigungen und Interessen korrelieren. Diese Inhalte, die evtl. von anderen infrage gestellt werden könnten, weil diese Nutzer anderen Themen oder Meinungen zugewandt sind, bekommen diese aufgrund der algorithmischen Filterung nicht mehr zu sehen. Dieses Gleiche muss also bei verschiedenen Nutzern nicht unbedingt das Gleiche sein, sondern hängt, wie bereits dargelegt, u. a. von der Zusammensetzung der Freundesliste bzw. wo entsprechend intensive Interaktionsraten mit bestimmten Inhalten in der Vergangenheit festgestellt werden konnten, ab. Die Zufälligkeit mit Inhalten über den Newsfeed in Kontakt zu kommen, die nicht zwingend der eigenen

---

34 Morozov (2015), http://www.bpb.de/apuz/202238/ich-habe-doch-nichts-zu-verbergen?p=all. Zugegriffen: 21. Februar 2017.

Interessenlage oder auch der des näheren sozialen Umfeldes eines Nutzers entsprechen, wird zunehmend ausgeschlossen. Diese Selektion hat, wie angedeutet, zum einen das Ziel den einzelnen Nutzer mit möglichst relevanten Inhalten zu versorgen und ein positives Erlebnis auf der Plattform zu generieren. Jedoch entstehen über den Mechanismus der Selektion aus der großen Facebook-Community in der Folge immer weitere Sub-Communities, die über die algorithmische Kategorisierung stetig verschärft und zunehmend voneinander getrennt werden. Begriffe, die in diesem Zusammenhang in Empirie und Theorie bereits seit einiger Zeit diskutiert werden, sind z. B. die der Filterblase oder der Echoräume.[35] Zugespitzt könnte man noch einen Schritt weiter gehen und im Zusammenhang des Newsfeed-Algorithmus von der Bildung neuer (sozialer) Milieus sprechen.

Ein Nutzer, der sich z. B. für vornehmlich politische Personen und Inhalte auf Facebook interessiert, die einem eher konservativem Spektrum zuzuordnen sind, wird zunehmend weniger darüber nachdenken bzw. sich weniger damit auseinandersetzen müssen, dass auf der Plattform auch andere Positionen vertreten sind. Er wird sich wohlmöglich immer häufiger mit Nutzern verbinden bzw. Fanpages etc. folgen, die ähnliche Interessen aufweisen und der eigenen Weltanschauung entsprechen.[36] Folglich geht es nicht mehr darum, sich mit anderen Meinungen auseinanderzusetzen bzw. seine eigene Weltsicht herauszufordern und in einen Aushandlungsprozess über unterschiedliche Ansichten einzutreten, sondern es wird die schon bestehende Anschauung fortwährend bestätigt. In der Manifestierung dieser Kategorien über den Algorithmus spielt eine Reflektion anderer evtl. konträrer Sichtweisen und Positionen keine Rolle, sondern man bleibt „vor dem eigenen Tellerrand stehen" und der Algorithmus achtet darauf, dass niemand hinüberblickt. Auch wenn die algorithmische Personalisierung des Newsfeed noch nicht in letzter Perfektion gelingt und auch der freie Wille bzw. die Fähigkeit des reflektierten Denkens des Menschen nicht unterschätzt werden soll, so arbeitet der Algorithmus doch an einer zunehmenden Separation gesellschaftlicher Gruppen. Die Gestaltung einer Gesellschaft auf Basis der Prämisse miteinander in Austausch zu treten, auch über Milieus hinweg, und damit schließlich soziale Durchlässigkeit zu

---

35 Vgl. Pariser (2012) sowie Sunstein (2017), S. 163.
36 Im Nachgang der US-Wahl 2016 wurde dieses Verhalten häufig in diversen Medien diskutiert, z. B. „Do you live in a Trump bubble, or Clinton bubble?"(https://www.theguardian.com/commentisfree/2016/sep/29/trump-clinton-media-left-right-democracy). Ash (2016) weist darauf hin, dass das Phänomen nicht nur im Online-Kontext offenbar wird, sondern auch in der offline Welt. Ein Selbsttest zur Überprüfung der politischen Tendenz der eigenen Facebook-Timeline bietet z. B. die Süddeutsche Zeitung (http://www.sueddeutsche.de/digital/der-facebook-faktor-testen-sie-ihre-filterblase-1.3474022).

schaffen, scheinen zunehmend über derlei Technologien wieder zurückgenommen zu werden bzw. scheinen jene Prozesse, die für eine gesellschaftliche Verständigung und Entwicklung fundamental wichtig sind, für Big-Data-Technologien wenig Bedeutung zu haben. Im Gegenteil: Diversität, Pluralität und Komplexität werden systematisch reduziert und gesellschaftlicher Austausch damit erschwert.

Im Kontext des ersten Rawlsschen Gerechtigkeitsprinzips, das eine egalitäre Freiheit für jedes Mitglied der Gesellschaft vorsieht, stellt sich die Frage, wieviel Freiheit dem einzelnen Nutzer über den Selektionsprozess sowie der potentiellen Tätigkeit im Aufbau verschiedener Milieus auf Basis des Newsfeed-Algorithmus tatsächlich noch eingeräumt wird. Dabei kann festgehalten werden, dass der Algorithmus den Zustand bzw. das Verhalten der einzelnen Nutzer aus der analogen Welt zunächst lediglich übernimmt und abbildet. Sub-Communities, die bereits in der realen Welt identifiziert werden können, werden folglich auch auf der Plattform offenbar. Allerdings kommt durch die Arbeit des Algorithmus eine neue Qualität in die Separation dieser Sub-Communities: Indem verschiedenen Communities immer mehr Inhalte entsprechend ihrer individuellen Interessen bzw. des analysierten Nutzerverhaltens vorgelegt werden, wird über den Algorithmus stetig an einer Intensivierung dieser gearbeitet. Dies bedeutet schließlich, dass die Kategorien innerhalb sehr homogen ausgestaltet sind, allerdings untereinander sehr heterogen. Wie nun – zumindest ein Teil der Welt – wahrgenommen wird und welche Möglichkeiten hieraus für das eigene Leben bzw. für die eigene Lebenssituation abgeleitet werden, wird dabei von Inhalten beeinflusst, die der Newsfeed als besonders relevant für die jeweilige Kategorie bewertet. Durch das Anzeigen von Inhalten, auf Basis des zuvor analysierten Nutzerverhaltens, werden eine potentielle Vielfalt von Beiträgen und der Blickwinkel innerhalb der Plattform immer weiter verengt. Eine Auseinandersetzung mit anderen, vielleicht auch konträren Lebenseinstellungen, Meinungen etc., die grundsätzlich auch auf die eigene Lebenssituation wirken könnten, werden im wahrsten Sinne des Wortes systematisch ausgeblendet.[37] An dieser Stelle besteht schließlich die Gefahr, dass ein weiteres psychologisches Phänomen wirksam wirkt, welches als „confirmation bias" bezeichnet wird: Menschen neigen ganz grundsätzlich dazu, Informationen zu suchen und zu glauben, die den eigenen vorgefassten Einschätzungen und Meinungen entsprechen.[38]

Übertragen auf gesellschaftliche Prozesse bedeutet dies, dass der Algorithmus an einer Fragmentierung sozialer Gruppen arbeitet und weniger an einem Zusammenwachsen bzw. an einer Verständigung und Austausch – so wie es von Facebook in Bezug auf die Funktion des Newsfeeds behauptet wird. Freiheit als Grundgut

---

37 Vgl. hierzu auch Sunstein (2017), S. 6 f.
38 Vgl. Hermstrüwer (2016), S. 119.

im Sinne Rawls wird Nutzern lediglich innerhalb der zugeordneten Kategorie gewährt. Als Ausweg bleibt schließlich nur die Möglichkeit, den Zustand, also eine grundsätzliche Ungleichbehandlung basierend auf algorithmischer Selektion und angezeigter Inhalte, hinzunehmen, oder die radikale Option, die Plattform zu verlassen. Neben der Komponente schlicht keinen Zugang mehr zur Plattform zu haben, bedeutet dieser Schritt letztlich auch ein Ausscheiden aus der Facebook-Gemeinschaft und Möglichkeiten zur Vernetzung.

Nun könnte man einwenden, wie bereits oben angedeutet wurde, dass in der analogen Welt ebenso Selektionsprozesse hinsichtlich Informationen – beispielsweise von Journalisten – vorgenommen werden. Das ist zunächst richtig, allerdings funktioniert die menschliche Selektion nie so gut wie eine auf Algorithmen basierte Filterung. D. h. es bleibt immer noch ein Stück Zufälligkeit vorhanden, als Leser aber auch als Journalist mit Themen in Berührung zu kommen, die nicht in erster Linie eigene Interessen und Einstellungen widerspiegeln. Entsprechend besteht in diesem Szenario die Möglichkeit, dass Leser sich bewusst oder vielleicht auch in Teilen unbewusst mit konträren Inhalten und Meinungen auseinandersetzen und somit auch zwischen verschiedenen Milieus agieren und sich austauschen. Die Auswirkungen der beschriebenen Beschneidung in der Informationsselektion bedeutet schließlich, dass gesellschaftliche Situationen und Positionen, die durchaus auch in der analogen Welt eine Rolle spielen, durch die Arbeit des Algorithmus systematisch verschärft werden und dadurch wiederum an Bedeutung gewinnen.

Gilt diese Einschränkung der Freiheit über den Newsfeed dabei für alle in gleichem Maße – also sehen sich alle mit dieser, zumindest in Teilen, eingeschränkten Freiheit konfrontiert? Denn dann könnte Rawls Prinzip u. U. noch gewährleistet werden. Dies kann jedoch bezweifelt werden, denn immerhin sind Algorithmen keine aus dem Nichts geschaffenen Werkzeuge, sondern werden von Menschen kreiert (im vorliegenden Fall des Newsfeed-Teams). Diese arbeiten auf Basis der Vorgabe, wie Umsätze und Gewinne im Unternehmen erwirtschaftet werden sollen und somit werden sich festgelegte Ziele in Algorithmen wiederfinden lassen. Mitarbeiter und die Ausrichtung des jeweiligen Geschäftsmodells, auf dessen Basis agiert wird, haben somit Macht und Einfluss zu entscheiden, wie der Algorithmus arbeitet und welche Selektion und Kategorisierung der Nutzerdaten und schließlich des Nutzers selbst vorgenommen wird. Die Tätigkeit von Algorithmen können und dürfen deshalb nicht isoliert von den Menschen, die sie erschaffen, betrachtet werden. Allerdings kann Facebook auch nur funktionieren, wenn gewisse Freiheiten der User über die Arbeit des Algorithmus beschnitten werden, da dieser, wie in den weiteren Ausführungen zu zeigen sein wird, die Grundlage des wirtschaftlichen Erfolgs des Unternehmens darstellt. Da bereits an dieser Stelle deutlich wird, dass das erste Prinzip nicht erfüllt ist – also keine egalitäre Verteilung von Freiheit vorliegt – so darf es entsprechend der lexikalischen Ordnung von Rawls auch keine ökonomische bzw. soziale Ungleichheit geben. Es wird an dieser Stelle trotzdem ein kurzer Einblick in die Diskussion auf Basis des zweiten Gerechtigkeitsprinzips vorgenommen. Jetzt könnte man zu dem Schluss kommen: So arbeitet die kapitalistische Funktionslogik. Und dass hinter den Aktivitäten von Facebook wirtschaftliche Überlegungen stehen, wird spätestens deutlich, wenn ein Blick auf die Werbeeinnahmen geworfen wird, die das Unternehmen allein für das vierte Quartal 2016 ausweist: 8,63 Milliarden US-Dollar[39]. Die Sortierung und Kategorisierung der Nutzer dient also nicht nur dazu im Newsfeed möglichst relevante Inhalte anzuzeigen, sondern es geht insbesondere darum, möglichst passgenaue Werbung entsprechend unterschiedlicher Nutzerinteressen anzuzeigen und diese Aufmerksamkeit wiederum an werbetreibende Unternehmen zu verkaufen. In dieser Betrachtung wird deutlich, dass zwar auch der einzelne User von individueller Werbung profitieren kann, der monetäre Gewinn allerdings, der auf der Auswertung von persönlichen Daten stattfindet, maßgeblich beim Unternehmen bleibt. Dass es sich hierbei um eine ökonomische Ungleichverteilung handelt, scheint offensichtlich, denn die Nutzer bekommen für die Bereitstellung ihrer Daten erstmal keine (monetäre) Gegenleistung. Es gilt an dieser Stelle jedoch nicht darum, eine Diskussion über ein Eigentum an Daten zu führen. Dieses existiert im Kontext des Sacheigentums (§903 BGB) auch nicht, da Daten im juristischen Verständnis als unkörperliche Informationen zu betrachten sind (§90 BGB), die Regelungen entsprechend des Sacheigentums allerdings lediglich rechtliche Verbindungen zwischen Personen und einem körperlichen Gegenstand behandeln. Die Diskussion ist vielmehr die, um schließlich dem zweiten Rawlsschen Prinzip gerecht zu werden, ob diese Ungleichverteilung zu jedermanns Vorteil ist – also haben die am wenigsten Begünstigten in dieser Ungleichverteilung einen größeren Vorteil zu jeder anderen Verteilung der Grundgüter. Nun stellt sich die Frage, wer in dieser Konstellation dieser Gruppe zuzuordnen ist, denn grundsätzlich erfolgt die Teilnahme und damit die Preisgabe personenbezogener Daten freiwillig. Darüber hinaus zeigt die Höhe des Umsatzes (s. o.), dass hier ganz offensichtlich eine Nachfrage über einen Service bedient wird, die bislang kein entsprechendes Angebot gefunden hat. Doch scheint allein der Aspekt der Freiwilligkeit und die Befriedigung einer Nachfrage nicht die Situation der Facebook-Nutzer als Gruppe der am wenigsten Begünstigten in diesem Szenario aufzulösen, denn immerhin gestaltet sich die Sachlage momentan so, dass das Unternehmen ein weit größeres Wissen bzw. größere Bestimmung darüber hat, was mit den Daten wie passiert

---

39 Vgl. Facebook (2017), https://investor.fb.com/investor-news/press-release-details/2017/Facebook-Reports-Fourth-Quarter-and-Full-Year-2016-Results/default.aspx. Zugegriffen: 2. Februar 2017.

und schließlich auch Wissen darüber, mit welchen Konsequenzen aus jenen Tätigkeiten die verschiedenen Akteure potentiell konfrontiert werden können. Es kann dementsprechend bezweifelt werden, dass der am wenigsten begünstigten Gruppe – die Nutzer – in dieser Situation ein Vorteil zukommt, der die Vorgaben im Sinne des zweiten Gerechtigkeitsprinzips erfüllt, wenn Facebook den größten Teil der finanziellen Gewinne für sich allein beanspruchen kann.

Im Gegenteil: Indem diese Tätigkeiten toleriert werden, werden Milieus zementiert und eine freie Entfaltung und Weiterentwicklung behindert. Dies hat schließlich nicht nur Auswirkungen auf einzelne Nutzer, sondern im Hinblick auf die Facebook-Nutzerzahlen, haben diese Aktivitäten gesellschaftliche Auswirkungen in beträchtlichem Maße und die Verteilung der gesellschaftlichen Grundgüter entsprechend Rawls Überlegungen über diese Marktbeziehung insgesamt. Neben den finanziellen Gewinnen, die vornehmlich beim Unternehmen bleiben, sehen sich die Nutzer vor allem mit einer zunehmenden Beschneidung ihrer Freiheit als Konsequenz des Newsfeed konfrontiert. Von einer gerechten Situation unter Beachtung der von Rawls hergeleiteten Prinzipien, kann daher vorläufig nicht gesprochen werden.

5 Was vorerst bleibt

Wie bereits in den einführenden Worten erwähnt, fungierte Facebook zu Beginn seiner Tätigkeiten zunächst in einer technologischen Blase. Doch diese Situation hat sich in den zurückliegenden Jahren und mit der steigenden Zahl an Nutzern grundlegend geändert und das zum Teil arglos erscheinende Agieren der Plattform entfesselt Kräfte, die ganz bedeutend an der zukünftigen Gestaltung der Gesellschaft arbeiten. Dieses Mitwirken folgt jedoch, wie die obige Auseinandersetzung gezeigt hat, derzeit nicht eines gerechten Ansatzes im Sinne Rawls.

Ein System wie der Newsfeed, das kontrolliert und somit über entsprechende Macht verfügt, wer was zu sehen bekommt, arbeitet ganz fundamental daran Nutzer in Kategorien bzw. in Milieus zu sortieren und nimmt damit Freiheit – Freiheit der Gedanken, Freiheit der Entwicklung. Welchen Status kann entsprechend der einzelne Nutzer in diesem System noch für sich beanspruchen und welche Auswirkung hat diese Situation schließlich auf die eigene Selbstachtung? Die Antwort auf diese Frage scheint derzeit in keine wünschenswerte Richtung zu verlaufen. Allerdings ist diese Einschränkung der Freiheit seitens Facebook erforderlich, um die wirtschaftlichen Interessen des Unternehmens zu verfolgen, die primär auf der nutzerdefinierten Aussendung von Werbebotschaften fußt. Der Anteil an Grundgütern wird in diesem Szenario für den Nutzer unausweichlich kleiner und beeinflusst damit Lebensaussichten jedes Einzelnen. Eine erkennbare Aufregung über diese zunehmend ungerechte Aufteilung der Güter gibt es allerdings nicht, denn offensichtlich bewerten Nutzer der Plattform den Service des Newsfeed momentan höher als die zunehmend ungerechte Verteilung. Eine Realisierung, was dem Einzelnen bzw. der Gesellschaft insgesamt durch derartiges Handeln dabei verloren geht, fällt schließlich nicht unmittelbar auf.

Allerdings sind Aspekte der Gerechtigkeit in der Handlung eines profitorientierten Unternehmens, wie es Facebook nun einmal ist und das nach anderen Logik- und Kausalketten funktioniert als der von philosophischen Überlegungen, von oftmals nachgeordneter Bedeutung. Im Kontext wirtschaftlicher Überlegungen erscheint der Einsatz von Big-Data-Technologien daher nur allzu logisch und ist getrieben von Effizienz- und Gewinnerwartungen. Doch während diese Überlegungen und Handlungen auf Werten fußen, die eine effiziente Ausgestaltung knapper Ressourcen zum Ziel haben, geht es im Kontext einer Verteilungsgerechtigkeit um eine ethische bzw. politisch-philosophische Rechtfertigung dieser Handlungen. Entsprechend formuliert Panther (2006), dass sich hier sich hier zwei unterschiedliche Messlatten für dasselbe Terrain vorfinden lassen: Die der Effizienz und die der Verteilungsgerechtigkeit.[40] Dem Gedanken folgend, bedeutet dies, „[...] dass im alltäglichen Handeln wirtschaftlicher Akteure, neben dem von der Ökonomik immer schon unterstellten materiellen Eigeninteresse grundsätzlich ebenso Gerechtigkeitsüberlegungen oder andere ethische Handlungsmotive zur Geltung kommen können [...]."[41] Mit Hinweis auf Sandel (2013) kann hieraus wiederum abgeleitet werden, dass nur weil die Dinge momentan so sind, wie sie sind, es nicht heißt, dass diese auch so sein sollten – bzw. um den Gedanken noch zu erweitern – diese Dinge nicht veränderbar sind.[42] Im Sinne Rawls geht es schließlich nicht darum Entwicklung zu bremsen. Eben auch im Kontext des zweiten Prinzips sollte die Prämisse handlungsleitend sein, Begabte zu ermutigen, ihre Fähigkeiten zu entwickeln und auch ausüben zu lassen. Allerdings mit der Einschränkung, dass Belohnungen, die heraus auf den Märkten generiert werden, der Gemeinschaft insgesamt zugutekommen.[43]

Vermutlich wird weiterhin eine Verschiebung zu datenbasierten Entscheidungsgrundlagen in verschiedenen Wirtschaftsbereichen stattfinden. Die Verlockung über derartige Analysen vermeintlich objektivere und damit bessere Ergebnisse zu erhalten, ist schlicht zu groß zu sein. Gerade da die derzeitige Entwicklung datenbasierter Analysesysteme eine Art der Verselbstständigung erkennen lässt, ist aber

---

40 Vgl. Panther (2006), S. 23.
41 Ebenda.
42 Vgl. Sandel (2013), S. 227.
43 Vgl. Sandel (2013), S. 214.

eine Forderung nach Sensibilität, ein Maß der Selbstreflektion im Spannungsfeld von ethischer Besonnenheit und ökonomischem Scharfsinn erforderlich. Denn noch ist ein Großteil möglicher Folgen dieser Anwendungen nicht abschätzbar und mit Bezug zu Jonas (1984) ist die Wahrscheinlichkeit eines unglücklichen Ausgangs größer als die Zahl eines glücklichen von unbekannten Experimenten.[44] Im Kontext der Verteilungsgerechtigkeit und des Newsfeed deutet sich momentan eher ein unglücklicher Ausgang an. Der gesellschaftliche Zusammenhalt insgesamt scheint mit einer zunehmenden Ungleichverteilung der Grundgüter nicht stabiler zu werden. Vielmehr drohen, wie gezeigt, auf Basis von Big-Data-Analysen eine ungleiche Behandlung der Gesellschaftsmitglieder und dadurch ein erneutes Auseinanderdriften verschiedener Milieus. Vielleicht erweckt die vorliegende Auseinandersetzung in Teilen den Eindruck zu überspitzen. Was allerdings als nicht überspitzt gelten kann, ist das Ergebnis einer zunehmend über den Newsfeed-Algorithmus starren und festgezurrten Einteilung der Nutzer, in der sich der Status bzw. das, was schließlich über die Welt gewusst werden kann und welche Möglichkeiten sich hieraus für das Leben des einzelnen ergeben, auf Basis der zugewiesenen Kategorie bestimmt wird.

Literatur

Ash, T. G. (2016): *Do you live in a Trump Bubble, or Clinton Bubble?* https://www.theguardian.com/commentisfree/2016/sep/29/trump-clinton-media-left-right-democracy, Zugegriffen: 10. Juli 2017.

Backstrom, L. (2013): *News Feed FYI: A Window Into News Feed.* https://www.facebook.com/business/news/News-Feed-FYI-A-Window-Into-News-Feed. Zugegriffen: 10. Januar 2017.

Dorschel, J. & Nauerth, P. (2013). *Big Data und Datenschutz – ein Überblick über die rechtlichen und technischen Herausforderungen.* In: Wirtschaftsinformatik & Management, 2/2013, S. 32-38.

Facebook (2017). *Facebook Reports Fourth Quarter and Full Year 2016 Results.* https://investor.fb.com/investor-news/press-release-details/2017/Facebook-Reports-Fourth-Quarter-and-Full-Year-2016-Results/default.aspx. Zugegriffen: 2. Februar 2017.

Facebook (2016). *Unsere Mission.* http://de.newsroom.fb.com/company-info/, Zugegriffen: 3. März 2017.

Facebook (o. J.). *Ist die Meldung für dich relevant? Wie wir auswählen.* https://newsfeed.fb.com/three-main-ranking-factors?lang=de. Zugegriffen: 20. Dezember 2017.

Fischermann, T. / Hamann, G. (2013). *Wer hebt das Datengold?* http://www.zeit.de/2013/02/Big-Data. Zugegriffen: 15. Februar 2017.

---

44 Vgl. Jonas (1984), S. 70.

Hermstrüwer, Y. (2016). *Informationelle Selbstgefährdung*. Tübingen: Mohr Siebeck.
Jonas, H. (1984). *Das Prinzip Verantwortung. Versuch einer Ethik für die technologische Zivilisation*. Frankfurt a. M: Suhrkamp.
Kersting, W. (2001). *John Rawls zur Einführung*. Hamburg: Junius Verlag.
Lemke, C. et al. (2017). *Einführung in die Wirtschaftsinformatik*. Band 2: Gestalten des digitalen Zeitalters. Berlin: Springer Gabler.
Mayer-Schönberger, V. & Cukier, K. (2013). *Big Data. A Revolution That Will Transform How We Live, Work, and Think*. Boston & New York: Houghton Mifflin Harcourt.
Morozov, E. (2015). *Ich habe doch nichts zu verbergen*. http://www.bpb.de/apuz/202238/ich-habe-doch-nichts-zu-verbergen?p=all. Zugegriffen: 21. Februar 2017.
Panther, S. (2006). *Gerechtigkeit in der Ökonomik. Empirische Ergebnisse und ihre möglichen Konsequenzen*. In: Nutzinger, Hans G. (Hrsg.). *Gerechtigkeit in der Wirtschaft Quadratur des Kreises?*. Marburg: Metropolis. Bd. 2, S. 21-50.
Pariser, E. (2012). *Filter Bubble: Wie wir im Internet entmündigt werden*. München: Carl Hanser Verlag.
Rawls, J. (2014 [2006]). *Gerechtigkeit als Fairneß: Ein Neuentwurf*, 4. Aufl. Frankfurt am Main: Suhrkamp Verlag.
Rawls, J. (2014 [1979]). *Eine Theorie der Gerechtigkeit*. 19. Aufl. Frankfurt am Main: Suhrkamp Verlag.
Rixecker, K. (2016). *So entsteht unser Newsfeed: Der Facebook-Algorithmus im Detail*. http://t3n.de/news/facebook-newsfeed-algorithmus-2-577027/. Zugegriffen: 20. Februar 2017.
Rolfes, M. (2017). *Predictive Policing: Beobachtungen und Reflexionen zur Einführung und Etablierung einer vorhersagenden Polizeiarbeit*. In: Fachgruppe Geoinformatik des Instituts für Geographie der Universität Potsdam (Hrsg.), *Geoinformation & Visualisierung: Pionier und Wegbereiter eines neuen Verständnisses von Kartographie und Geoinformatik*, (S. 51-76). Potsdam: Universitätsverlag Potsdam.
Roth, P. (2017): *Der Facebook Newsfeed Algorithmus: die Faktoren für die organische Reichweite im Überblick*. http://allfacebook.de/pages/facebook-newsfeed-algorithmus-faktoren. Zugegriffen: 3. März 2017.
Sandel, M. J. (2013). *Gerechtigkeit. Wie wir das Richtige tun*. Berlin: Ullstein.
Simanowski, R. (2014). *Data Love*. Berlin: Matthes & Seitz.
Süddeutsche online (2016). *Das sind die zehn wertvollsten Unternehmen der Welt*. http://www.sueddeutsche.de/wirtschaft/unternehmen-das-sind-die-top-der-wertvollsten-unternehmen-1.3056487-3m, Zugegriffen:15. Januar 2017.
Sunstein, C. R. (2017). *#republic. Divided Democracy in the Age of Social Media*. Princetion/Oxford: Princeton University Press.
Welzer, H. (2016). *Die Smarte Diktatur. Der Angriff auf unsere Freiheit*. Frankfurt am Main: S. Fischer Verlag.
Xu, J. et al. (2016). *News Feed FYI: Showing You More Personally Informative Stories*. http://newsroom.fb.com/news/2016/08/news-feed-fyi-showing-you-more-personally-informative-stories/. Zugegriffen: 27. Januar 2017.
Yu, A. & Tas, S. (2015). *News Feed FYI: Taking Into Account Time Spent on Stories*. http://newsroom.fb.com/news/2015/06/news-feed-fyi-taking-into-account-time-spent-on-stories/. Zugegriffen: 27. Januar 2017.

Warum mein Auto nie allein schuld sein wird
Über die Teilverantwortlichkeit autonomer Akteure

Erik Wölm

Abstract

Der Autor stellt sich zu Beginn die Frage, ob die Autonomie medialer Systeme zunimmt, oder nicht. Nach einer Definition von Lernen I und Lernen II kommt er zu dem Schluss, dass die Systeme in der Lage sind, Lernen II durch zu führen, und die Autonomie dieser Systeme demnach zunimmt. Allerdings sind diese noch nicht in der Lage, sich zu bilden. Nach einer Unterscheidung zwischen den Begriffen technischer und ethischer Vollkommenheit gelangt der Autor zu der Frage, inwieweit auch der Begriff der Verantwortung autonomen Systemen zugesprochen werden muss. Autonomie und Freiheit sind für ihn dabei Bedingung für Verantwortung, letztere wurde jedoch bisher keinem autonomen System zugeschrieben. Freiheit bedeutet auch, Fehler machen zu dürfen und zu können, was bei autonomen Autos, anders als bei Militärrobotern, nicht erwünscht ist. Der Autor kommt zu dem Schluss, dass autonomen Autos, die technisch vollkommen sind, keine Verantwortung zugeschrieben werden kann, weil sie keine Fehler machen können. Umgekehrt können teilverantwortliche Autos nicht am Straßenverkehr teilnehmen, da Fehler dort nicht erwünscht sind. Im Folgenden stellt sich der Autor die Frage, welche Folgerungen daraus für die Nutzenden zu ziehen sind. Er kommt zu dem Schluss, dass den Nutzenden klargemacht werden muss, ob sie es mit technisch oder ethisch vollkommenen Systemen zu tun haben, da davon abhängt, ob sie Fehler machen können und dürfen oder nicht. Es folgt ein Vorschlag für die Voraussetzungen, die Autonomie, (Handlungs-)Freiheit und (Teil-)Verantwortung des Autos erfordern würden. Diese fallen sehr hoch aus. Zum Schluss macht der Autor klar, dass die Nutzenden immer eine (Teil-)Verantwortung bei der Nutzung eines Systems tragen werden, und diese nie ganz abgeben können. Es folgt eine Diskussion zum autonomen, freien, teilverantwortlichen Auto, die zu dem Schluss gelangt, dass ein technisch vollkommenes Auto einem ethisch vollkommenen Auto immer vorzuziehen ist, da selbst ein ethisch vollkommenes Auto in Dilemmata-Situationen nur die falsche Entscheidung treffen kann, was sich negativ auf das Image des Autos und des Herstellers auswirkt.

1 Inwieweit kann man heute in der Entwicklung medialer Systeme von einer zunehmenden Autonomie sprechen?

Autonome Autos sind derzeit ein heiß diskutiertes Thema – doch wie autonom sind sie wirklich? Ist ein *verantwortliches* Auto möglich, und wenn ja, auch wünschenswert? In den folgenden Überlegungen wird versucht werden, auf diese Fragen den Ansatz einer Antwort zu finden. Die im Folgenden zu begründende erste These lautet: *Die Autonomie medialer Systeme nimmt zu, weil diese vermehrt technologisch in die Lage versetzt werden, die Regeln des internen Lernprozesses in Interaktion mit der Umwelt selbst anzupassen.*

Dies entspricht dem (eigentlich für Menschen gedachten) Konzept des Lernens II (vgl. Jörissen und Marotzki 2009, S. 22). Die Konzepte Lernen I und II sind dadurch charakterisiert, dass beide Wenn-Dann-Prozesse, also Bedingungen, enthalten. Lernen I stellt eine einfache Reaktion auf einen Reiz dar, welche in Zukunft in genau dieser Form wieder abgerufen werden kann. Lernen II berücksichtigt den Kontext (die Rahmung) des Reizes, sodass ein identischer Reiz in einem anderen Kontext nicht mehr automatisch zur selben Reaktion führt.

Auf autonome Systeme übertragen besagt dies, dass das System keinem von dem Programmierenden festgelegten Lernprozess folgt (Lernen I), sondern die Regeln des Lernprozesses selbst verändern kann. Da die neu entstehenden Regeln nicht von dem Programmierenden festgelegt wurden, sondern vom System selbst, lässt sich von einer erhöhten Autonomie des Systems sprechen[1]. Matthias (2004, S. 178) unterscheidet hierbei vier artifizielle Lernsysteme oder lernende Automaten: Symbolische Systeme, konnektionistische Architekturen, genetische Algorithmen und autonome Akteure im Software und Hardwarebereich. Letztere sind dazu in der Lage, in der (nicht nur menschlichen) Umwelt selbständig zu (inter-)agieren,

---

1 Natürlich ist dies mit Matthias (2004) eine sehr spezifische Definition von Autonomie, die sich ausschließlich auf den Grad der Lernfähigkeit bezieht, was allerdings im Lern- und Bildungskontext sinnvoll ist (ebd., S. 177).

also zu handeln (Misselhorn 2015, S. 3 und 5)[2]. Suchmaschinen, Chatbots mit KI, Bots mit KI in einem Computerspiel, Staubsaugerroboter, robotische Haustiere, autonome Autos, Drohnen oder Pflegeroboter zählen dazu. Sie zeichnen sich durch die Fähigkeit aus, eigenständige Handlungen *frei* durchzuführen, vergleichbar mit dem menschlichen Idealfall. Dies kann als *eine* von vielen Voraussetzungen für *menschenähnliche* Verantwortlichkeit gesehen werden (Pothast 2011, S. 54–55; Neuhäuser 2015, S. 134–135). Die folgenden Überlegungen beziehen sich v. a. auf autonome Autos im Straßenverkehr. Autonomie, (Handlungs-)Freiheit und (Teil-)Verantwortung bilden im hiesigen Verständnis ein Kontinuum und sind jeweils graduell charakterisiert[3]. Autonomie, (Handlungs-)Freiheit und (Teil-)Verantwortung werden hier sehr eng definiert, da es sich um den Lern- und Bildungskontext in Verbindung mit dem Kontext der Perfektion handelt.

Eine kritische Selbstreflexion erfolgt erst auf der nächsten Stufe, auf der der Kontext (bzw. die Rahmung) des Reizes selbst hinterfragt wird. Hierbei handelt es sich jedoch nicht mehr um Lernen, sondern bereits um Bildung (Jörissen/Marotzki 2009, S. 23). Und da für Bildung „Freiheit die erste, und unerläßliche Bedingung" (Humboldt 1792 [1960], S. 64) ist, kann ein autonomer Akteur *per se* keinen Bildungsprozess durchlaufen, da ihm hierfür die Freiheit (der Selbstreflexion und damit auch Fehleranfälligkeit) fehlt. Die erhöhte Autonomie des Systems führt also nicht dazu, dass dieses plötzlich zur Bildung fähig wird. Ich kann mit Matthias' Beispiel eines autonomen Systems zeigen, dass es sich bei autonomem Lernen „nur" um Lernen II handelt. Matthias (2004) beschreibt den Lernprozess dieses Systems wie folgt:

> "Unlike *Pathfinder* [ein Marsfahrzeug, Anm. d. Verf.], we will assume that the control program learns: after crossing a certain stretch of terrain, it will store into its internal memory an optical representation of the terrain as a video image, together with an estimate of how easy it was to cross that particular type of terrain. When a similar video image appears next time, the machine will be able to estimate the expected difficulty of crossing it, and it will thus be able to navigate around it if this seems desirable." (S. 176)

---

2   Der Begriff „Akteur" bezieht sich im Folgenden immer auf technologische Systeme. Ich unterscheide die Begriffe Technik und Technologie nach Irrgang. Für diesen umfasst Technik „[…] das technische Können und die daraus entspringenden Artefakte wie ihren Gebrauch. Technologie bezeichnet das technische Wissen und die Lehre vom technischen Wissen (um technische Handlungsabläufe und Funktionskreisläufe) und die daraus entstehenden Maschinen und technologischen Strukturen. Beide Formen gehen ineinander über, bestehen heute auch nebeneinander." (Irrgang 2010, S. 14f).

3   Dass dieses Kontinuum auch in einer anderen Reihenfolge auftreten kann, lässt sich exemplarisch bei Dörpinghaus et al. (2013, S. 56) beobachten, die schreiben: „Freiheit und Zurechenbarkeit sind Voraussetzungen für die Autonomie des Menschen und für seine moralische Bildung."

Das hier beschriebene System ist darauf ausgelegt, vergangene Kontexte mit neuen Kontexten (Terrains) abzugleichen, und auf Basis dieses Abgleichs die Wahrscheinlichkeit einer Gefahr – also des Fallens in ein Loch, was ein Fehler wäre – abzuschätzen. Der identische Reiz (Videobild) führt beim neuen Kontext demnach nicht automatisch zur selben Reaktion wie beim ersten Mal, als das Terrain durchfahren wurde. Es handelt sich demnach um Lernen II. Das System hat nicht die Handlungsfreiheit, Fehler zu machen, also trotz einer ungünstig ausfallenden Wahrscheinlichkeitsberechnung das Terrain zu durchfahren. Es ist letztlich also „nur" autonom, also auf Perfektion, technische Vollkommenheit, Fehlerlosigkeit getrimmt.

Es handelt sich außerdem nur um Lernen II, weil der gesamte Weltbezug (Kontext, Terrain) nicht hinterfragt wird: Es wird durchfahren oder nicht durchfahren, aber das System entscheidet sich nicht dafür, den Planeten zu verlassen, da er ihm zu unwirtlich erscheint, also das Terrain generell zu hinterfragen, was Bildung wäre. Es muss durch das Terrain fahren, und kann nur wählen zwischen verschiedenen Teilen des Terrains, dieses jedoch nicht kritisch reflektieren.

Zum Begriff der Perfektion lassen sich folgende Dinge ausführen: Vollkommenheit (lat. *perfectio*) bringt

> „generell eine Übereinstimmung von Sein und Sollen zum Ausdruck [und] kann […] sowohl eher qualitativ-material (im Sinne ‚innerer Vollendetheit') als auch eher quantitativ-formal (im Sinne ‚äußerer Vollständigkeit') konnotiert sein; in der erstgenannten Hinsicht bestehen Bezüge zur Teleologie oder auch zur Transzendentalienlehre, in der letzteren finden Übergänge zu einem Begriff technischer Perfektion' statt." (Hoffmann 2001, S. 1115)

Im ersten Fall stellt Vollkommenheit als innere Vollendetheit bei Aristoteles eine ethische Kategorie dar, nämlich die Tugend (*Areté*), die bis hin zur sittlichen Vollkommenheit (verbunden mit Eudämonie, Glückseligkeit) reichen kann. Diese lässt sich erreichen, indem ein System moralische Fehler macht, daraus lernt und sich von Mal zu Mal verbessert, bis hin zur Vollkommenheit. Das System durchläuft eine Entwicklung. Um Fehler machen zu können, muss es jedoch frei sein. Hierzu Hoffmann:

> „Ethisch ist das „vollkommene Leben" (teleios bios) […] das immanente Ziel der Tätigkeit der Seele in ihrer wahrhaften Areté; dieses Ziel ist der Gewinn der Eudämonie als eines „vollkommenen und sich selbst genügenden Guts." (Hoffmann 2001, S. 1117)

Im Folgenden werde ich diese Art von Vollkommenheit als ethische Vollkommenheit (eV) bezeichnen. Sie ist hier teleologisch und somit graduell zu verstehen, da die graduelle Verbindung von Autonomie, (Handlungs-)Freiheit und Verantwortung auf ein Ziel zuführen muss, welches die eV ist. Auch zwecks besserer Vergleichbarkeit mit der ebenfalls graduell definierten technischen Vollkommenheit (s. u.) ergibt eine solche Auffassung des Begriffs Sinn. Es ist jedoch klar, dass dieser Begriff nicht zwingend graduell aufgefasst werden muss, was der Begriff (Handlungs-)*Freiheit* ja bereits nahelegt.

Im zweiten Fall stellt Vollkommenheit als Vollständigkeit eine technische Kategorie dar, die nicht ethisch zu bewerten ist. Matthias (2004) sieht das traditionelle Verständnis von korrekt funktionierender Technik generell darin, fehlerfrei zu sein (S. 179). Das Ziel der Automatisierung der Technik ist Vollkommenheit in diesem Sinne. Diese Aussage lässt sich zurückverfolgen bis zu Jünger (1946, S. 39):

„Erst durch diesen Automatismus erhält unsere Technik das ihr eigentümliche Gepräge, das sie von der Technik aller anderen Zeiten unterscheidet. Und erst durch ihn gelangt sie zu der Vollendung, die wir an ihr wahrzunehmen beginnen."

Ein gutes Beispiel ist hier die Uhr, die auch immer richtig gehen muss, um überhaupt nutzbar zu sein. Ist ein System in diesem Sinne vollkommen, ist es nicht in der Lage, Fehler zu machen und sich durch diese zu verbessern. Es ist demnach unfrei, weil es keinerlei falsche Handlungsalternativen gibt. Aufgrund dieser Alternativlosigkeit existiert keine ethische oder unethische Bewertung. Das System durchläuft keine Entwicklung, sondern bleibt in seinem Handeln immer gleich. Im Folgenden werde ich diese Art von Vollkommenheit als technische Vollkommenheit (tV) bezeichnen.

2 Inwieweit muss der philosophisch-ethische Grundbegriff der „Verantwortung" neu bedacht und als Kategorie auch autonomen Systemen zugesprochen werden?

Ethisch gesehen entsteht im Fall eines lernenden Akteurs eine Verantwortungslücke, weil der Programmierende die Verantwortung für die vom Akteur aufgestellten Regeln nicht mehr komplett übernehmen kann, da er diese nur formal, nicht jedoch inhaltlich vorhersehen konnte (Matthias 2004, S. 176). Der Akteur selbst kann hingegen aufgrund der Rechtsprechung, aber auch aufgrund mangelnder (Handlungs-)Freiheit noch keine Verantwortung übernehmen, sofern man diese als Voraussetzung für jene begreift (Pothast 2011, S. 54–55). Autonomie entspricht dieser Freiheit noch nicht, sondern ergänzt diese vielmehr, und ist deshalb nicht ausreichend für Verantwortlichkeit (ebd. S. 155). Freiheit wäre hier also die Bedingung für Verantwortung. Sie ist jedoch bisher keinem autonomen System zugesprochen worden. Erst die – durch Menschen erfolgende – ethische sowie juristische Zuschreibung der Kategorie der

Freiheit zu einem Akteur, kann diesen auch wirklich verantwortlich für dessen Handlungen werden lassen. Diese Zuschreibung ist jedoch auch davon abhängig, ob der Akteur technologisch in der Lage ist, freie Entscheidungen für Handlungen zu fällen. Dass diese freien Entscheidungen ebenso gut zu moralisch schlechtem und in diesem Sinne unverantwortlichen Handeln führen können, ist klar; ohne Freiheit ist jedoch weder Verantwortung noch so beschriebene Verantwortungslosigkeit möglich.

Ich verstehe den Begriff der Verantwortung hier nicht ausschließlich als zugeschriebenen Begriff, sondern mache ihn auch davon abhängig, ob der Akteur *technologisch* in der Lage ist, freie Handlungsentscheidungen zu treffen. Ob der Nutzer[4] das Wissen besitzt, diese Fähigkeit zur freien Entscheidung zu beurteilen, ist allerdings fraglich. Er verlässt sich nämlich vermutlich in den meisten Fällen auf seine äußere Einschätzung, die mit einer Zuschreibung einhergeht. Und selbst wenn der Nutzer von der Technik Kenntnis hat, sieht er während der Interaktion doch nur das Interface[5].

(Handlungs-)Freiheit, wie ich sie verstehe, ist durchaus graduell, sie ist nicht nur Autonomie und noch nicht Verantwortung. Der graduelle Verlauf zur eV von Autonomie über Freiheit zu Verantwortung lässt sich sowohl mit Matthias (2004, S. 177) als auch mit Pothast (2011, S. 54–55) begründen. Beide sehen die Freiheit der Entscheidung als Voraussetzung für Verantwortung, welche bei Autonomie noch nicht gegeben ist. Freiheit selbst ist in dem Sinne absolut, als dass vorher eben nicht von Freiheit, sondern nur von Autonomie (graduell, Tab.1) und Handlungsfähigkeit (graduell, Rammert 2008, S. 6, 11) gesprochen werden kann. Sie ist außerdem absolut, weil ethische Überlegungen noch nicht greifen. Dies tun sie erst bei Übernahme von Verantwortung für sich selbst und andere (Tab.1). Die Kategorie der Handlungsfreiheit enthält demnach durchaus auch eine Verantwortungslücke.

Problematisch bei dieser Zuschreibung ist, dass dem Akteur auch die Freiheit eingeräumt werden müsste, Fehler zu machen (Matthias 2004, S. 179). Autonome

---

[4] Der Begriff „Nutzer" bezieht sich in diesem Text immer auf die menschlichen Insassen des Wagens. Er wird verwendet, um eine Unterscheidung zum Fahrer des Wagens her zu stellen, da dieser in einem autonomen Auto nicht mehr existieren muss. Im Fall der vollen Automation des Autos (siehe Tab. 2, SAE Level 5) fährt der Fahrer das Auto nicht, sondern das Auto ihn. Er nutzt es dann nur noch.

[5] Zur Unterscheidung von Zuschreibung und beobachtbarer Eigenschaft auch Thürmel (2013). Ob die Einschätzbarkeit eines technologischen Systems deshalb besser ist als die eines Menschen, weil man in dieses „hineinschauen" kann, ist fraglich. Schließlich dürften so gut wie alle Menschen gelernt haben, andere Menschen korrekt einzuschätzen, ohne in ihre Körper zu schauen; aber nur vergleichsweise wenige dürften in der Lage sein, die täglich von ihnen benutzten Systeme auf Basis der technologischen Konstruktion zu verstehen. Ein menschenähnlicheres Interface von technologischen Systemen wäre demnach anzustreben, da es auf der seit der Kindheit trainierten Einschätzung menschlichen Verhaltens aufsetzen könnte.

Autos z. B., denen die Freiheit eingeräumt wird, fehlerhaft zu fahren, damit sie daraus lernen, sind jedoch ethisch und juristisch derzeit nicht vorstellbar. Sobald menschliches Leben auf dem Spiel steht, soll das System, dem sich der Mensch anvertraut, möglichst perfekt sein. Diese Fehlerlosigkeit verhindert jedoch, dass das System frei und damit verantwortlich für seine Handlungen werden kann[6]. Eine Ausnahme bildet z. B. der militärische Kontext: Ein Militärroboter agiert in einem völlig anderen Umfeld als ein autonomes Auto; Fehler sind nur deshalb Kollateralschäden, weil im kriegerischen Zusammenhang zivile Opfer nicht vermieden werden können (und es häufig auch nicht sollen). Im zivilen Kontext des autonomen Autos ist ein Fehler unzulässig, weil im Verkehr niemand zu Schaden kommen soll. Dies zeigen auch aktuelle Beispiele von Dilemmata[7] im Straßenverkehr. Im Krieg gibt es kein Dilemma, weil hier zivile Opfer leider einkalkuliert werden, d. h. zivile Menschenleben nicht so viel wert sind wie im Friedensfall. D. h., ein Militärroboter darf durchaus handlungsfrei agieren, weil Fehler nicht gänzlich vermieden werden können (und sollen), während ein autonomes Auto dies nicht darf, weil Fehler auf jeden Fall vermieden werden sollen. Deshalb ist es autonom, und nicht frei.

Wenn der Mensch Akteure will, die Verantwortung übernehmen können, dann muss er ihnen die Freiheit zugestehen, Fehler im Lernprozess zu machen[8]. Bis dahin wird die Verantwortungslücke weiter bestehen bleiben. Das bestehende Bild möglichst perfekter Technologie müsste man also korrigieren, wenn man mit dieser interagiert. Die Verantwortung komplett an einen lernenden Akteur abzugeben wäre also unmöglich, da diesem erlaubt sein muss, Fehler zu machen. Die Verteilung der Verantwortung zwischen Nutzer, System, Programmierer und Hersteller wäre demnach unumgänglich (Latour 2009, S. 218–219; Neuhäuser 2015, S. 143). Die zweite These lautet demnach: *Perfekten autonomen Akteuren Verantwortung zuzuschreiben ist unmöglich: Sie müssten (Handlungs-)Freiheit besitzen, was*

---

6 Natürlich ist die Möglichkeit, Fehler zu machen, als Voraussetzung für Freiheit ebenfalls eine sehr spezifische Setzung. Diese macht jedoch im Kontext eines Lernprozesses Sinn, da dieser ohne die Freiheit, Fehler zu begehen, unmöglich ist, ebenso wie ein darauf aufbauender Bildungsprozess. Der Fokus auf dem Begriff des Fehlers ergibt sich neben dem Lern- und Bildungskontext aus dem technisch verstandenen Begriff der Perfektion, da dieser sich mit Matthias (2004, S. 179) als Fehlerlosigkeit beschreiben lässt. Dieser steht somit einem Lern- und Bildungsprozess von vornherein entgegen.

7 Ein negatives Dilemma zeichnet sich dadurch aus, dass es keine moralisch richtige Entscheidungsmöglichkeit gibt; die Entscheidungsfreiheit mag zwar gegeben sein, aber gleichgültig, welche Entscheidung getroffen wird, führt diese zu einem negativen Ergebnis. (Vgl. Mau 1972, S. 247). In der Moralphilosophie gibt es deshalb keine Einigkeit über den richtigen Weg des Handelns (Scholz und Kempf 2016, S. 222).

8 Dass diese Freiheit gerade in einem Lern- und Bildungskontext die erste und wichtigste Bedingung ist, hat bereits Humboldt gezeigt (Humboldt 1792 [1960], S. 64).

Fehler machen einschließt, um verantwortlich sein zu können. Lernende autonome Akteure könnten die Verantwortung auch nicht komplett übernehmen, da Fehler machen zumindest im Straßenverkehr unerwünscht ist und deshalb der Mensch eine Teilverantwortung übernehmen muss.

3 Welche Folgerungen sind daraus für die Nutzenden zu ziehen?

Den Nutzenden müsste verständlich gemacht werden, mit welcher Kategorie von System sie es zu tun haben: mit perfekten Akteuren ohne Fehlertoleranz, die keine Verantwortung übernehmen können, oder mit imperfekten, lernenden Akteuren mit Fehlertoleranz, die im mit Menschen vergleichbaren Fall frei und *teil*verantwortlich agieren; also im Idealfall als sog. *Full Moral Agents* angesehen werden können (Neuhäuser 2015, S. 143). Dieser Unterschied müsste Kindern, Jugendlichen, Erwachsenen und Senioren erklärt werden, um Frustration in Interaktion mit diesen Systemen abzubauen, aber auch, um Gefahren beider Systemarten besser einschätzen zu können. Dass eine Suchmaschine oder eine KI lernt, dürfte durch fehlerhafte Antworten der Akteure auf die menschlichen Eingaben klar sein. Diese fehlerhaften Antworten haben zunächst keine negativen Konsequenzen für die Nutzenden, sie sind sogar notwendig für das System. Ein technisch perfektes Auto oder eine zivile Drohne müssen jedoch beim kleinsten Anzeichen eines Fehlers sofort von den Nutzenden unter Kontrolle gebracht werden können, da Fehler hier nicht vorgesehen sind und sofort zu negativen Konsequenzen für die Nutzenden führen. Es geht hierbei also um Selbstschutz der Nutzenden sowie um den Schutz des Systems, für welches Fehler ebenso negativ, und gerade nicht positiv sind, wie dies für lernende Akteure gilt.

Deshalb können perfekte Akteure ohne Fehlertoleranz auch keine Verantwortung übernehmen: Ihre Fehlerlosigkeit führt dazu, dass sie nicht ethisch oder unethisch handeln können. Anders als Menschen, die dies können, dafür aber verantwortlich für ihre Fehler sind. Die eV eines autonomen Autos könnte demnach nur dann erreicht werden, wenn dieses von vornherein imperfekt, lernend und mit Fehlertoleranz ausgestattet wäre (vgl. Tab. 1). Die tV kann demnach nicht Ziel der Konstruktion eines autonomen Autos sein, wenn es Verantwortung übernehmen soll.

Tabelle 1 zeigt einen (noch unvollständigen) Vorschlag für die einzelnen Voraussetzungen, die Autonomie, (Handlungs-)Freiheit und (Teil-)Verantwortung des Autos erfordern würden. Sofern die Voraussetzungen für Autonomie vollständig erfüllt sind, kann das Auto (Handlungs-)Freiheit erlangen. Sollten die Voraussetzungen für

(Handlungs-)Freiheit vollständig erfüllt sein, ist auch eine (Teil-)Verantwortung für diese freien Handlungen möglich. Die Voraussetzungen für die einzelnen Schritte sind demnach umfassend, und es ist keineswegs ausgemacht, dass ein Auto – ebenso wie ein Mensch – jemals ethische Vollkommenheit erreichen kann.

Die Schwierigkeit, z. B. Bildung I zu erreichen, lässt sich exemplarisch an den Voraussetzungen für diesen einzelnen Punkt ablesen: Neben uneingeschränkter Freiheit in einer abwechslungsreichen Umgebung ist Vernunft (hier Lernfähigkeit und reflexive Hinterfragung) die entscheidende Voraussetzung für Bildung I (vgl. Tab. 1, Spalte 1, 2). Dies ergibt sich im Kontext der Erziehungs- und Bildungswissenschaften aus der bekannten Definition von Humboldt[9].

Der Zwischenstatus der heutigen Systeme, d. h., die ungenügende Implementierung von Freiheit in autonome Akteure, führt dazu, dass diese zwar von den Nutzenden Kategorien wie Verantwortung zugeschrieben bekommen, diese jedoch nicht übernehmen können. Perfekte Akteure hingegen werden per definitionem nie in der Lage sein, Verantwortung zu übernehmen. Dies können nur Hersteller und Programmierende, sowie die Nutzer (Wallach 2011, S. 195). Imperfekte Akteure können vielleicht irgendwann Verantwortung übernehmen, jedoch um den Preis, Fehler machen zu dürfen, sodass die Verantwortung von ihnen nur zum Teil übernommen werden kann. Hier kommt als Verantwortlicher neben dem Akteur und dem Nutzer nur noch der Hersteller in Betracht. Die dritte These lautet somit: *Der Nutzende wird immer eine (Teil-)Verantwortung bei der Interaktion mit einem Akteur tragen, da er die Nutzung des Systems angestoßen hat, den Verlauf der Interaktion mitbestimmt und sich mit den Nutzungsbedingungen des Systems einverstanden erklärte. Und weil der Akteur ihm diese Verantwortung nie ganz abnehmen können wird.* Verursacht mein autonomes, freies, teilverantwortliches Auto also einen Unfall, werde ich nie sagen können: „Mein Auto war's, ich bin unschuldig."

---

9 Humboldt, W. v. 1792/1960, S. 64: „Der wahre Zweck des Menschen – nicht der, welchen die wechselnde Neigung, sondern welchen die ewig unveränderliche Vernunft ihm vorschreibt – ist die höchste und proportionierlichste Bildung seiner Kräfte zu einem Ganzen. Zu dieser Bildung ist Freiheit die erste und unerläßliche Bedingung. Allein außer der Freiheit erfordert die Entwickelung der menschlichen Kräfte noch etwas andres, obgleich mit der Freiheit eng Verbundenes: Mannigfaltigkeit der Situationen. Auch der freieste und unabhängigste Mensch, in einförmige Lagen versetzt, bildet sich minder aus." Die Relevanz dieser Definition wird auch heute bestätigt (hierzu exemplarisch Dörpinghaus/Poenitsch/Wigger 2013, S. 67). Andere Ansichten werden zwecks Vereinfachung in diesem Kontext ausgeschlossen, auch wenn klar ist, dass der Bildungsbegriff im Laufe der Zeit vielfältige Deutungen erfahren hat (Vgl. Horlacher 2011, S. 10).

Tab. 1 Der mögliche graduelle Verlauf hin zur *ethischen* Vollkommenheit eines Autos (ohne Anspruch auf Vollständigkeit)

	Autonomie (z. T. nach Matthias 2004)	(Handlungs-)Freiheit	(Teil-) Verantwortung
Voraussetzungen	Lernfähigkeit (Lernen I + II) (Jörissen und Marotzki 2009; Strasser 2006)	Autonomie	Handlungsfreiheit
	Freiheit, Fehler machen zu dürfen (*ohne* das Ziel der technischen Fehlerlosigkeit)	Freiheit, Fehler machen zu dürfen (Entscheidungsfreiheit) (Matthias 2004)	Schuldbewusstsein bis hin zu ethischer Vollkommenheit (ethische Fehlerlosigkeit)
	Handlungsfähigkeit (Ebenen der Handlungsfähigkeit, Rammert 2008)	Reflexive Hinterfragung des Weltbezuges (Bildung I)	
	Kontrolle über eigenes Verhalten	Reflexive Hinterfragung des Selbstbezuges (Bildung II) (Jörissen und Marotzki 2009)	Kontrolle über fremdes Verhalten
	(Weitestgehende) Unabhängigkeit vom Menschen (Matthias 2004; ZVEI 2009)	„Totale" Freiheit ohne menschliche oder ethische Einschränkungen (E. durch Reflexion möglich)	Durch Ethik von innen und außen eingeschränkte Freiheit
	Wahrnehmungsfähigkeit (Wissen über eine abwechslungsreiche Umgebung) (Matthias 2004)		
	Voraussehen der Folgen einer Handlung (Matthias 2004), proaktives Verhalten (Thürmel 2013)		Möglichkeit, bestraft zu werden (Schuldfähigkeit)
	Kausalität bis hin zu Kontingenz (Rammert und Schulz-Schaeffer 2002)	Intentionalität (Rammert und Schulz-Schaeffer 2002), selbstbewusstes, intentionales Verhalten (Thürmel 2013)	

4 Diskussion des autonomen, freien, teilverantwortlichen Autos

Ist ein solches Auto jedoch überhaupt ein erstrebenswertes Ziel? Das Ziel der Automatisierung der Technik ist im bisherigen Verständnis eher tV. Diese kann v. a. im Kontext des Straßenverkehrs nur als (annähernde) Fehlerlosigkeit verstanden werden. Die eV kann damit nicht gemeint sein, da das Auto im Straßenverkehr innerhalb eines Lernprozesses nicht die Freiheit haben darf, Fehler zu machen, um Menschen nicht zu gefährden. Das Ziel ist vielmehr tV, bei der Handlungsfreiheit und Teilverantwortung des Autos weder erreicht werden können noch Ziel sind, wie Tab. 2 zeigt.

Von Stufe zu Stufe übernimmt das Auto immer mehr Aufgaben selbst, die zuvor der Fahrer übernahm (vgl. Tab. 2, Stufe 0): Start und Lenkung des Autos, erst zusammen mit dem Fahrer, dann autonom (vgl. Stufe 1 und 2). Überwachung der Umgebung (vgl. Stufe 3), den Eingriff bei einem Problem (vgl. Stufe 4) und schließlich sämtliche Aufgaben, die ein Fahrer beim Fahren in einem nicht-autonomen Fahrzeug selbst erledigt (vgl. Stufe 5). Das Ziel ist demnach die vollständige Automatisierung des Autos, die der tV entspricht; Freiheit oder Verantwortung werden nicht erwähnt.

Dass ein sich in einem Lernprozess befindendes Auto im Straßenverkehr ein Problem ist, zeigt der Fall des autonomen Fahrsystems im Elektrofahrzeug der Marke Tesla. Der Lernprozess bezieht sich in diesem Fall nicht auf das Auto selbst, sondern darauf, dass die Nutzung des Autos im normalen Verkehr Daten generiert, die die Firma Tesla auswertet, um auf Basis dieser Auswertung Updates an die Autos zurückzuspielen. Nach dem ersten durch einen Tesla-Autopiloten verursachten tödlichen Unfall kam eine Untersuchung durch eine US-amerikanische Behörde zwar zu dem Schluss, dass der Autopilot keinerlei Fehler aufwies. Der Unfall geschah, weil das System für diese Art von Ereignis nicht konzipiert worden war und weil der Fahrer vermutlich die Bedienungsanleitung nicht gelesen hatte. Jedoch befand sich der Autopilot erst auf SAE-Level 2 (vgl. Tab. 2), was heißt, dass der Lernprozess des Systems in vollem Gange ist (National Highway Traffic Safety Administration 2017, S. 5). Der Autopilot ist technisch nicht vollkommen, was SAE-Level 5 entspräche. Die Ingenieure bei Tesla äußerten sich denn auch so: „Die Wahrscheinlichkeit von Verletzungen wird weiter zurückgehen. Der Autopilot wird laufend besser, ist aber nicht perfekt, und erfordert nach wie vor, dass der Fahrer aufmerksam bleibt." (Sokolov 2016)

Tab. 2 Der festgelegte graduelle Verlauf hin zur *technischen* Vollkommenheit eines Autos (SAE International 2014, S. 2)

SAE level	Name	Narrative Definition	Execution of Steering and Acceleration/ Deceleration	Monitoring of Driving Environment	Fallback Performance of *Dynamic Driving Task*	System Capability (*Driving Modes*)
Human driver monitors the driving environment						
0	No Automation	the full-time performance by the *human driver* of all aspects of the *dynamic driving task*, even when enhanced by warning or intervention systems	Human driver	Human driver	Human driver	n/a
1	Driver Assistance	the *driving mode*-specific execution by a driver assistance system of either steering or acceleration/deceleration using information about the driving environment and with the expectation that the *human driver* perform all remaining aspects of the *dynamic driving task*	Human driver and system	Human driver	Human driver	Some driving modes
2	Partial Automation	the *driving mode*-specific execution by one or more driver assistance systems of both steering and acceleration/deceleration using information about the driving environment and with the expectation that the *human driver* perform all remaining aspects of the *dynamic driving task*	System	Human driver	Human driver	Some driving modes
Automated driving system ("system") monitors the driving environment						
3	Conditional Automation	the *driving mode*-specific performance by an *automated driving system* of all aspects of the dynamic driving task with the expectation that the *human driver* will respond appropriately to a *request to intervene*	System	System	Human driver	Some driving modes
4	High Automation	the *driving mode*-specific performance by an automated driving system of all aspects of the *dynamic driving task*, even if a *human driver* does not respond appropriately to a *request to intervene*	System	System	System	Some driving modes
5	Full Automation	the full-time performance by an *automated driving system* of all aspects of the *dynamic driving task* under all roadway and environmental conditions that can be managed by a *human driver*	System	System	System	All driving modes

Copyright © 2014 SAE International. The summary table may be freely copied and distributed provided SAE International and J3016 are acknowledged as the source and must be reproduced AS-IS.

Die Kategorie der tV wird hier zwar als Ziel angenommen, sie soll jedoch über einen Lernprozess erreicht werden, der risikoreicher ist, als das Auto erst mit dem Status der tV in den Verkehr zu entlassen. Dies ist dem normalen Nutzer des Autos nicht zuzumuten, weil dieser mit der klassischen Vorstellung von Technik (Matthias 2004, S. 179) davon ausgeht, dass das System im Normalfall keine durch einen Lernprozess mit verursachten Fehler machen kann.

Elon Musk, der Gründer und Besitzer von Tesla, versuchte sich kurz nach dem Unfall, aus der Affäre zu ziehen, indem er eine Analogie zur Softwareindustrie herstellte und damit die technische Unvollkommenheit des Autos im Straßenverkehr als normal darstellte:

„Das „Autopilot"-System sei mit der Bezeichnung ‚Beta' versehen worden, „um für die, die sich entscheiden, es zu nutzen, zu betonen, dass es nicht perfekt ist", schrieb Musk […]. Bevor eine Milliarde Meilen gefahren seien, ‚sind einfach nicht genug Daten da'. Die Technik sei zwar ausgiebig im Labor und mit Teslas Flotte von Testfahrzeugen ausprobiert worden. ‚Aber es gibt keinen Ersatz für Erfahrung aus der echten Welt.'" (Holland 2016)

Mit dieser Argumentation zeigt er jedoch das Problem von Tesla sehr deutlich: Ein System, das weder technisch vollkommen ist noch Verantwortung übernehmen kann, dürfte gar nicht am Straßenverkehr teilnehmen, da im Lernprozess Unfälle passieren und Menschen zu Schaden kommen. Es müsste also entweder technisch vollkommen und damit auf SAE-Level 5 sein. Oder es müsste lernen, und für die in Kauf genommenen Fehler eine Teilverantwortung übernehmen. Nutzer als Versuchskaninchen für in einem Lernprozess befindliche Autos zu engagieren, und durch ein einfaches „Beta" die Verantwortung an die Nutzer abzuschieben, wo der Hersteller oder das Auto diese tragen müssten, ist in einem ethischen Sinne verantwortungslos.

Ein sich in einem Lernprozess befindendes, nicht verantwortliches Auto ist eine Vorstellung, die nicht mit den Richtlinien der Straßenverkehrsordnung zu vereinbaren ist. D.h. im Umkehrschluss, dass Tesla keine solchen Autos auf den Markt bringen sollte, da diese im Sinne des Lernprozesses fehlerbehaftet sind, ohne verantwortlich zu sein, und damit Menschen gefährden, die sich ihrer eigenen Verantwortung im Moment des Unfalls nicht voll bewusst sind[10]. Die Autos müssten zwar unter realen Bedingungen getestet werden, jedoch nicht von normalen Nutzern, sondern von Personen, die sich der Unvollkommenheit der Systeme bewusst sind. Mit Wahrscheinlichkeiten zu argumentieren mag technisch korrekt sein, ist jedoch in Bezug auf Menschenleben unethisch und vermischt die technische mit der ethischen Dimension. Erst, wenn die Autos annähernd fehlerlos sind[11] oder es nur noch bei Dilemmata keinen Ausweg aus dem Begehen eines moralischen Fehlers gäbe[12], dürften auch normale Nutzer die Autos fahren.

Deutsche Hersteller scheinen dieses Problem erkannt zu haben. Sie argumentieren in Richtung tV des Autos, ohne die eV auch nur zu streifen. Hierzu Daimler:

> „Die Unfallvermeidung steht beim autonomen Fahren im Vordergrund. Im unvermeidlichen Kollisionsfall können die Unfallfolgen reduziert werden, da automatisierte Fahrzeuge die Folgen unterschiedlicher Handlungsoptionen schneller, rationaler und weitergehend bewerten können als der Mensch dies kann." (Greis 2016a)

---

10 Wenn dies daran liegt, dass die Nutzer die Bedienungsanleitung nicht gelesen haben, trifft diese natürlich eine Teilverantwortung.
11 Dies entspräche der normalen Nutzererfahrung mit nahezu perfekter Technik.
12 Dies entspräche der eV des Autos, weil nur noch in sehr seltenen Fällen wie Dilemmata keine moralisch einwandfreie Entscheidung getroffen werden kann.

Geschwindigkeit oder Rationalität wären zwar gute technische Voraussetzungen für eV, aber sie sind noch keine ethischen Kategorien. Daimler zeigt in diesem Zitat eher, dass die tV eines Autos die begrenzten Möglichkeiten eines Menschen übersteigt, was für das Auto spricht. Ein ethisch entscheidendes Auto wäre fehleranfälliger und damit im Vergleich zum Menschen in Bezug auf die Sicherheit nicht im Vorteil. Handlungsoptionen lassen sich hier technisch besser bewerten als ethisch.

Auch BMW positioniert sich ausschließlich im Sinne der tV, wenn der Konzern festlegt, was für ihn maschinelles Lernen bedeutet:

> „Maschinelles Lernen bedeutet, dass ‚offline' eine sehr große Zahl von Situationsdaten rechnerisch simuliert wird und automatisiert ein Satz geeigneter Algorithmen erstellt wird. Dieser Satz von Algorithmen wird danach in das Fahrzeug übertragen und während der Fahrt nicht verändert. Damit ist gewährleistet, dass sich ein Fahrzeug immer reproduzierbar verhält." (Greis 2016b)

Ein sich in einem Lernprozess befindendes Auto wird hier, anders als bei Tesla, nicht in den Straßenverkehr entlassen. Das Auto soll erst dann an diesem teilnehmen, wenn es die tV durch einen Lernprozess in einer kontrollierten Umgebung annähernd erreicht hat. Es ist im Straßenverkehr auch nicht das Ziel, das Auto flexibel und möglicherweise moralisch auf Situationen reagieren zu lassen, sondern reproduzierbar und damit für alle Verkehrsteilnehmer einschätzbar. Reproduzierbarkeit ist jedoch das genaue Gegenteil von Handlungsfreiheit und Verantwortung.

Auch für die Nutzer scheint ein moralisch entscheidendes Auto, selbst wenn es ethisch vollkommen wäre, nicht wünschenswert zu sein. Eine Studie von Bonnefon et al. zeigte, dass die Befragten es befürworten, wenn andere Menschen ethische Autos fahren. Sie selbst jedoch wollen vor allem, dass ihr eigenes Auto sie vor tödlichen Unfällen schützt:

> "They [the survey experiments) show that people generally approve of cars programmed to minimize the total amount of harm, even at the expense of their passengers, but are not enthusiastic about riding in such "utilitarian" cars—that is, autonomous vehicles that are, in certain emergency situations, programmed to sacrifice their passengers for the greater good." (Greene 2016, S. 1514)

Daimler folgt dieser Einschätzung. Christoph von Hugo, Manager der Sparte Fahrassistenzsysteme und Aktive Sicherheit, sagt dazu:

> "If you know you can save at least one person, at least save that one. Save the one in the car, [...] If all you know for sure is that one death can be prevented, then that's your first priority." (Taylor 2016)

Mit anderen Worten wäre der Mercedes-Fahrer prioritär geschützt, während andere Verkehrsteilnehmer nicht prioritär geschützt würden. Wenn demnach ein Automatismus in das Auto einprogrammiert würde, dann wäre dieser basal auf das Überleben der Insassen ausgerichtet. Dies entspräche der deontologischen Ethik (die Universalisierbarkeit der Handlungspräferenz selbst ist hier entscheidend, nicht die Konsequenzen aus der Handlung[13]). Die Insassen des Autos um jeden Preis zu schützen, wäre demnach die Handlungsmaxime. Es würde sich also im Vergleich zu heute nicht viel ändern, da das Auto der stärkste Verkehrsteilnehmer bliebe.

Das Wohl aller wäre eher im Konsequenzialismus vorhanden (die Konsequenzen von Handlungen sind hier entscheidend, nicht die Universalisierbarkeit der Handlungspräferenzen), in diesem Fall dem Utilitarismus, in dem Schmerz für alle an der Handlung Beteiligten vermieden werden soll[14]. Auch wenn diese Ethik in dem Fall womöglich vorzuziehen wäre, weil alle Verkehrsteilnehmer berücksichtigt werden, ist es nicht das, was die Nutzer des Autos sich – wohlgemerkt in selten auftretenden Dilemmatasituationen – wünschen.

Dies bedeutet aber auch, dass das Auto vielleicht eV im Verkehrsalltag erreichen kann, möglicherweise durch Anwendung des Konsequentialismus. Dilemmata bilden jedoch immer Ausnahmen von einer nach dem Wohl aller trachtenden Ethik. In diesen Situationen eine deontologische Ethik zu verfolgen, also das Auto deontologisch entscheiden zu lassen, ist jedoch nicht anzuraten, weil dem Hersteller dann – zumindest symbolisch und damit öffentlichkeitswirksam – eine moralische Schuld aufgeladen werden könnte. Vielmehr sollte ein technisch perfektes System ohne jegliche Ethik dem Dilemma ausgesetzt sein, da dann in diesen tragischen Fällen kein technisches System eine Entscheidung über Leben und Tod fällen müsste. Da dies von den Menschen derzeit nicht akzeptiert wird, sollte es nicht Teil des Systems sein. Verursacht ein Auto also einen für mehrere zu Fuß gehende Kinder tödlichen Unfall, um die Kinder im Auto vor dem Tod zu schützen, so wäre das nie die Schuld des Autos, sondern die Schuld des Nutzers, des Programmierers, des Herstellers. Allerdings nicht im moralischen, sondern im kausalen und straf-

---

13 „[...] [B]ezeichnet [...] heute diejenige Form normativer Ethik, dergemäß sich Verbindlichkeit und Qualität moralischer Handlungen und Urteile aus der Verpflichtung zu bestimmten Verhaltensweisen bzw. Handlungsmaximen herleiten – prinzipiell unabhängig von vorgängigen Zwecken und möglichen Konsequenzen des Handelns." (Fahrenbach, H. 1972, S. 114)

14 „[Die] zweite Prämisse [des Utilitarismus] ist die Annahme einer Wertlehre, nach der die Suche nach Lust als vernünftig, Verzicht und Entsagung dagegen als irrational abgelehnt werden. Zur Erreichung dieses Zieles schlägt Bentham ein hedonistisches Kalkül vor, das ein Maximum der Lust bzw. ein Minimum des Leids für alle von einer Handlung Betroffenen errechnen soll." (Hügli und Han 2001, S. 504)

rechtlichen Sinne (Scholz und Kempf 2016, S. 222), da in Dilemmasituationen keine moralische einwandfreie Entscheidung getroffen werden kann. Das Auto hat in diesem Szenario natürlich nicht die volle Handlungsfreiheit, aber selbst wenn, so wäre bei einer anderen Entscheidung des Autos, die ethisch vollkommen wäre – was in einem Dilemma unmöglich ist – eine Teilschuld bei Nutzer, Programmierer, Hersteller zu finden. Ein System mit der Freiheit, Fehler zu machen, also mit der Chance auf eV auszustatten, belastet Menschen zwangsläufig mit Schuld, da sie sich auch für die andere Form von Perfektion hätten entscheiden können, nämlich die tV. Im ersten Fall sind Fehler auch menschenverschuldet, im letzteren jedoch kann von „Schicksal" oder „höherer Gewalt" gesprochen werden, da das System technisch perfekt ist. Niemand trifft hier eine moralische Entscheidung, vielmehr führt die Verkehrssituation zum Unvermeidlichen. Auch im Verkehrsalltag wäre demnach ein technisch perfektes tV-System einem konsequentialistischen eV-System vorzuziehen, da erstens ein schuldfähiges Auto von der Öffentlichkeit auch in normalen Verkehrssituationen nicht akzeptiert wird, und zweitens Programmierer und Hersteller bei einem technisch verursachten Unfall zumindest keine moralische Schuld treffen kann. Dessen ungeachtet könnte der Hersteller dennoch versuchen, technisch so viele Verkehrsteilnehmer wie möglich zu schützen, um den Eindruck eines egoistischen Autos zu vermeiden. Die Losung „Save the one in the car" sollte demnach auch technisch ersetzt werden durch die Losung „Save everybody if possible" bzw. – wenn dies nicht möglich ist – durch die Losung „Save as many as possible". Fußgängerairbags oder die Kommunikation des Autos mit anderen Verkehrsteilnehmern wären dafür nur eine von vielen denkbaren – und in diesen beiden Fällen bereits bestehenden – Möglichkeiten.

Es ist Autoherstellern demnach anzuraten, im Verkehrsbereich nie freiheitliche, ethisch entscheidende Autos zu entwerfen, sondern immer auf tV der Systeme abzuzielen. Alles andere führt zu ethisch unlösbaren Diskussionen (z. B. „welche Kinder sollen umkommen?"). Sofern das Auto technisch vollkommen ist, kann es auch im Verkehrsalltag nicht schuld sein. Das ist auch im Sinne des Herstellers, da dieser, ebenso wenig wie das Auto, Verantwortung für die Schäden eines Unfalls übernehmen müsste[15]. Die Verantwortung liegt von vornherein beim Nutzer des Autos. Der Nutzer wird immer eine Teilschuld tragen, da er das Auto gebraucht, also festlegt, dass und wohin es fahren soll, und demnach die Ursache für das Risiko eines Unfalls darstellt. Ob er dabei im Auto sitzt oder nicht, ist unerheblich; er stößt die Nutzung an.

---

15 Außer es gab wirklich einen technischen Defekt, was in den allermeisten Fällen jedoch nicht so sein wird. Und selbst dann haftet nur der Hersteller, nicht das Auto, was für das Image des einzelnen Modells wichtig sein könnte.

5 Fazit

Selbstlernende Autos, die Fehler machen können, sollten nicht am Straßenverkehr teilnehmen, weil dann bei Unfällen eine kausale, rechtliche und moralische Verantwortungslücke entstehen kann. Und selbst bei kausaler, rechtlicher und moralischer Teilverantwortungsübernahme des Autos bei Unfällen existieren Dilemmata-Situationen, in denen das Auto moralische Entscheidungen fällen muss, die immer falsch sind. Dies beeinflusst die öffentliche Meinung über autonome Autos negativ, da ein technisches System aus Sicht der Nutzer nicht in der Lage sein sollte, über Leben und Tod zu entscheiden. Für die Nutzer ist selbst ein nur in Dilemmatasitationen im Sinne der Nutzer „falsch", also gegen ihre Interessen" entscheidendes Auto problematisch, da sie um jeden Preis überleben wollen, unabhängig von ethischen Überlegungen. Ehe ein Autohersteller also neben einem technisch verursachten Fehler zusätzlich eine moralische Schuld auf sich lädt, weil der „moralische Code" (Abney 2012, S. 35) des Autos nicht im Sinne der Nutzer oder der anderen Verkehrsteilnehmer programmiert wurde, sollte er eher auf das selbstlernende Auto verzichten.

Die Lösung liegt demnach womöglich in einem autonomen Auto, das in einer langen, fehlerbehafteten Testphase außerhalb des Straßenverkehrs zur technischen Perfektion gebracht wurde, und erst dann am Straßenverkehr teilnehmen darf. Angestrebt werden sollte demnach die tV eines Autos, nicht die eV. Sowohl im Alltag des Straßenverkehrs als auch in Dilemmata-Situationen wäre ein im technischen Sinne perfektes Auto die bessere Wahl.

Literatur

Abney, K. (2012). Robotics, Ethical Theory, and Metaethics: A Guide for the Perplexed. In Lin, P., Abney, K. and Bekey, G. A. (Eds.), *Robot ethics. The ethical and social implications of robotics* (S. 35–54). Cambridge, Mass.: MIT Press.

Dörpinghaus, A., Poenitsch, A. und Wigger, L. (2013). *Einführung in die Theorie der Bildung.* (5., unveränd. Aufl.). Darmstadt: Wiss. Buchgesellschaft.

Fahrenbach, H. (1972): Deontologie. In Joachim Ritter (Hrsg.), *Historisches Wörterbuch der Philosophie.* (2: D-F), S. 114. Basel: Schwabe & Co AG.

Fraedrich, E. und Lenz, B. (2015). Gesellschaftliche und individuelle Akzeptanz des autonomen Fahrens. In Maurer, M., Gerdes, J. C., Lenz, B., Winner, H. (Hrsg.), *Autonomes Fahren. Technische, rechtliche und gesellschaftliche Aspekte.* Berlin, Heidelberg: Springer.

Greene, J. D. (2016). ETHICS. Our driverless dilemma. *Science.* 352 (6293), S. 1514–1515. https://projects.iq.harvard.edu/files/mcl/files/greene-driverless-dilemma-sci16.pdf (Zugriff 16.01.2017).
Greis, F. (2016a). *Autonomes Fahren. Die Ethik der Vollbremsung.* http://www.golem.de/news/autonomes-fahren-die-ethik-der-vollbremsung-1609- 123542.html (Zugriff 16.01.2017).
Greis, F. (2016b). *Zulassung autonomer Autos. Die längste Fahrprüfung des Universums.* http://www.golem.de/news/zulassung-autonomer-autos-die-laengste-fahrpruefung-des-universums-1611-124139-5.html (Zugriff 16.01.2017).
Hoffmann, Th. S. (2001). Vollkommenheit. In J. Ritter, K. Gründer und G. Gabriel (Hrsg.), *Historisches Wörterbuch der Philosophie.* (11: U-V). S. 1115–1132. Basel: Schwabe & Co AG.
Holland, M. (2016). *„Autopilot" ist keine noch unfertige Software.* https://www.heise.de/newsticker/meldung/Tesla-Chef-Autopilot-ist-keine-noch-unfertige -Software-3262925.html (Zugriff 13.01.2017).
Horlacher, R. (2011). *Bildung.* Bern: UTB.
Hügli, A./Han, B.-Ch. (2001). Utilitarismus. In J. Ritter, K. Gründer, G. Gabriel (Hrsg.), *Historisches Wörterbuch der Philosophie.* (11: U-V). S. 503–509. Basel: Schwabe & Co AG.
Humboldt, W. v. (1792) [1960]. Ideen zu einem Versuch, die Gränzen der Wirksamkeit des Staats zu bestimmen. In Flitner, A. Flintner, K. Giel (Hrsg.), *Wilhelm von Humboldt. Werke in fünf Bänden. Schriften zur Anthropologie und Geschichte (1)*(2. Aufl.). Stuttgart: J. G. Cotta'sche Buchhandlung.
Irrgang, Bernhard (2010). *Homo Faber. Arbeit, technische Lebensform und menschlicher Leib.* Würzburg: Königshausen & Neumann.
Jörissen, B. und Marotzki, W. (2009). *Medienbildung – Eine Einführung. Theorie – Methoden – Analysen.* Bad Heilbrunn: Klinkhardt.
Jünger, F. G. (1946). *Die Perfektion der Technik.* Vittorio Klostermann: Frankfurt am Main.
Latour, B. (2009). *Die Hoffnung der Pandora: Untersuchungen zur Wirklichkeit der Wissenschaft* (3. Aufl.). Frankfurt am Main: Suhrkamp.
Matthias, A. (2004). The responsibility gap: Ascribing responsibility for the actions of learning automata. In: *Ethics and Information Technology.* Vol. 6, S. 175–183.
Mau, J. (1972). Dilemma. In J. Ritter (Hrsg.), *Historisches Wörterbuch der Philosophie.* (2: D-F), S. 247–248. Basel: Schwabe & Co AG.
Misselhorn, C. (2015). Collective Agency and Cooperation in Natural and Artificial Systems. In C. Misselhorn, C. (Ed.), *Collective Agency and Cooperation in Natural and Artificial Systems. Explanation, Implementation and Simulation.* Philosophical Studies Series. Series Editor: Luciano Floridi (S. 3–24). Cham, Heidelberg, New York, Dordrecht, London: Springer.
National Highway Traffic Safety Administration (2017). *ODI Resume. Investigation: PE 16-007.* https://www.heise.de/downloads/18/2/1/2/7/7/4/4/INCLA-PE16007-7876.PDF (Zugriff 20.01.2017).
Neuhäuser, C. (2015). Some sceptical Remarks regarding Robot Responsibility and a Way forward. In C. Misselhorn (Ed.), *Collective Agency and Cooperation in Natural and Artificial Systems. Explanation, Implementation and Simulation. Philosophical Studies Series* (S. 131–148). Cham, Heidelberg, New York, Dordrecht, London: Springer.
Pothast, U. (2011). *Freiheit und Verantwortung: Eine Debatte, die nicht sterben will – und auch nicht sterben kann* (1. Aufl.). Frankfurt am Main: Klostermann.

Rammert, W. (2008). *Where the action is: Distributed agency between humans, machines, and programs*. Berlin: The Technical University Technology Studies Working Papers TUTS-WP-4- 2008.
Rammert, W., Schulz-Schaeffer, I., Technische Universität Berlin, Fak. VI Planen, Bauen, Umwelt, Institut für Soziologie Fachgebiet Techniksoziologie (Hrsg.) (2002). *Technik und Handeln – wenn soziales Handeln sich auf menschliches Verhalten und technische Artefakte verteilt*. Berlin: TUTS – Working Papers 4-2002.
SAE International (2014). *Automated Driving*. http://www.sae.org/misc/pdfs/automated_driving.pdf (Zugriff 16.01.2017).
Scholz, V., Kempf, M. (2016). Autonomes Fahren: Autos im moralischen Dilemma? In H. Proff und T. M. Fojcik (Hrsg.), *Nationale und internationale Trends in der Mobilität. Technische und betriebswirtschaftliche Aspekte*. Wiesbaden: Springer Gabler.
Sokolov, D. A. J. (2016). *Tödlicher Unfall mit Teslas Autopilot*. https://www.heise.de/newsticker/meldung/Toedlicher-Unfall-mit-Teslas-Autopilot- 3252120.html (Zugriff 13.01.2017).
Strasser, A. (2006). *Kognition künstlicher Systeme*. Ontos Verlag: Frankfurt.
Taylor, M. (2016). *Self-Driving Mercedes-Benzes Will Prioritize Occupant Safety over Pedestrians*. Car and Driver. http://blog.caranddriver.com/self-driving-mercedes-will-prioritize-occupant- safety-over-pedestrians/ (Zugriff 16.01.2017).
Thornton, M. S. & Gerdes, J. C. (2015). Implementable Ethics for Autonomous Vehicles. In M. Maurer, J. C. Gerdes, B. Lenz und H. Winner (Hrsg.), *Autonomes Fahren. Technische, rechtliche und gesellschaftliche Aspekte*. Berlin, Heidelberg: Springer.
Thürmel, S. (2013). *Die partizipative Wende. Ein multidimensionales, graduelles Konzept der Handlungsfähigkeit menschlicher und nichtmenschlicher Akteure* (1. Aufl.). München: Verl. Dr. Hut.
Wachenfeld, W. & Winner, H. (2015). Lernen autonome Fahrzeuge? In M. Maurer, J. C. Gerdes, B. Lenz und H. Winner (Hrsg.), *Autonomes Fahren. Technische, rechtliche und gesellschaftliche Aspekte*. Berlin, Heidelberg: Springer.
Wallach, W. (2011). From Robots to Techno Sapiens: Ethics, Law and Public Policy in the Development of Robotics and Neurotechnologies. In R. Brownsword *and* H. Somsen (Hrsg.), *Law, Innovation and Technology*, 3 (2), 185–207. London: Taylor & Francis.
Zentralverband Elektrotechnik und Elektronikindustrie e. V. (ZVEI). Kompetenzzentrum Embedded Software & Systems (Hrsg.). (2009). *Nationale Roadmap Embedded Systems*. Frankfurt am Main. http://www.zvei.org/Publikationen/Nationale%20Roadmap%20Embedded%20Systems.pdf (Zugriff 16.01.2017).

Autonomie und Moralität als Zuschreibung
Über die begriffliche und inhaltliche Sinnlosigkeit einer Maschinenethik

Karsten Weber

1 Einleitung

Spätestens seit die Diskussion um die (teil-)autonome Steuerung von Fahrzeugen im Straßenverkehr die breite Öffentlichkeit erreicht hat, wird über die Frage, wie sichergestellt werden könne, dass ein solches Fahrzeug moralische Werte bei Entscheidungen beachtet, kontrovers diskutiert. Es werden moralische Dilemmata konstruiert und gefragt, wen ein autonom fahrendes Auto denn nun im Falle einer unvermeidlichen Unfallsituation überfahren und damit opfern solle, wenn eine andere Alternative nicht verfügbar sei. Sehr kurzschlüssig wird dann davon gesprochen, dass solche Maschinen eine „Ethik" haben müssten, damit sie in solchen Fällen moralisch richtig entscheiden könnten. Noch kurzschlüssiger wird sogar angenommen, dass Maschinen, die einer Ethik folgten, nicht nur Pflichten, sondern auch Rechte hätten, also moralische Subjekte seien.[1] Allerdings muss man anmerken, dass in dieser sowohl öffentlich als auch wissenschaftlich geführten Debatte vieles durcheinander geht, schon deshalb, weil der in diesem Zusammenhang durchaus bedeutsame Unterschied zwischen (internalisierten) Normen, Moral und Ethik meist nicht beachtet wird.[2] Aber es gibt noch weitere Einwände, die einer genaueren Betrachtung unterworfen werden sollten.

Die Debatten über die Notwendigkeit einer Maschinenethik implizieren, dass es (bald) autonome Maschinen gäbe, so dass es einer Moral für Maschinen be-

---

1   So betitelt Adrian Lobe einen Text in der ZEIT Online mit „Alle Roboter sind von Geburt an gleich", um damit vermutlich auf Artikel 1 der Allgemeinen Deklaration der Menschenrechte anzuspielen (siehe http://www.zeit.de/kultur/2016-10/kuenstliche-intelligenz-roboter-rechte-willensfreiheit-maschinenraum, zuletzt besucht am 30.05.2017).
2   Matthias Rath weist in seinem Beitrag im vorliegenden Band auf diesen wichtigen Punkt hin.

dürfe, denen diese Maschinen unterworfen sein müssten. Dem soll im Folgenden widersprochen werden, da erstens die undifferenzierte Rede von *der* Autonomie zu kurz greift, denn es gibt nicht *die* Autonomie, sondern verschiedene *Grade* der Autonomie (vgl. Gransche et al. 2014). Außerdem ist festzuhalten, dass eine Ethik für autonome Maschinen begrifflich nur denkbar wäre, wenn sich diese Maschinen eine Moral selbst geben würden und dieser freiwillig folgten – denn genau dies bedeutet Autonomie (αὐτός νόμος / autós nómos = Selbstgesetzgebung). Doch jedes Regelwerk, das Maschinen fix einprogrammiert oder anderweitig bindend aufgegeben wurde, widerspricht der These von der *autonomen* Maschine und kann daher auch nicht als Maschinenmoral verstanden werden, denn diese impliziert begrifflich stets die Möglichkeit der Zuwiderhandlung.[3] Da die betreffenden Maschinen zudem nicht über jene Moral nachdenken und sich selbst geben, gibt es auch keine Maschinenethik.

Der Grund, warum trotz dieser offensichtlichen Argumente gegen die (aktuelle) Existenz im weitesten Sinne moralischer Maschinen und damit der Notwendigkeit einer Maschinenethik immer wieder affirmativ über diese Themen gesprochen wird, muss darin gesehen werden, dass Menschen den vermeintlich autonomen und vermeintlich moralisch handelnden Maschinen diese Eigenschaften zuzuschreiben bereit sind. Dadurch verwischen sie, bewusst oder unbewusst, den Unterschied zwischen Menschen und Maschinen im Handeln und provozieren so erst die Rede von der Notwendigkeit einer Maschinenethik.

Der Fokus des folgenden Textes soll auf der Bereitschaft von Menschen liegen, Maschinen bestimmte Eigenschaften wie Denkfähigkeit, Empathie oder die Fähigkeit zum moralischen Räsonieren zuzuschreiben. Die anderen oben angeschnittenen Argumente werden – aus Platzgründen – eher beiläufig angesprochen, obwohl sie ohne Zweifel einer weitaus ausführlicheren Behandlung wert wären. Es wird sich zudem zeigen, dass Medien und die Darstellung von Maschinen in den Medien eine entscheidende Rolle dabei spielen, wie wir vermeintlich denkende oder moralische Maschinen wahrnehmen bzw. konzipieren. Zunächst jedoch soll das Phänomen der Zuschreibung von Eigenschaften aus einer grundsätzlichen Perspektive betrachtet werden.

---

3   Daher sind die drei Robotergesetze von Isaac Asimov auch im Sinne von Naturgesetzen zu verstehen und nicht im Sinne normativer Regeln, denn die Roboter können diesen Gesetzen in Asimovs Geschichten unter keinen Umständen zuwiderhandeln. Dass Roboter in den Geschichten nicht immer tun, was die drei Gesetze fordern, liegt dort stets entweder an der Perfidie der Menschen oder an einer fehlerhaften Implementierung der Gesetze.

2 Das innere Erleben der anderen

In einem der wichtigsten Beiträge zur analytischen *Philosophie des Geistes* (engl.: *philosophy of mind*), dem 1974 erschienenen Aufsatz „What is it like to be a bat?" (in der deutschen Übersetzung „Wie es ist eine Fledermaus zu sein"), stellte sich Thomas Nagel gegen den in den 1960er und 1970er Jahren durchaus starken Trend des (eliminativen) Reduktionismus[4] und plädierte für die Nichtreduzierbarkeit der sogenannten Erste-Person-Perspektive: Das innere mentale Erleben jedes Lebewesens – Nagel bezieht sich auf so unterschiedliche Beispiele wie Spinnen, Fledermäuse oder auch Menschen – sei grundsätzlich nicht reduzierbar auf physikalisch-chemische Prozesse im zentralen Nervensystem (Nagel 1974). Nagel vertritt dabei aber keinen Dualismus von Körper und Geist, sondern die Ansicht, dass die Existenz der inneren mentalen Zustände eines Lebewesens, dessen subjektives Erleben und dessen Haben von *Qualia* Fakten seien, die den gleichen ontologischen Status besäßen wie das Faktum, dass bestimmte neurophysiologische Prozesse im Hirn und im zentralen Nervensystem ablaufen, während Menschen solche Qualia empfinden.

Nagel bestritt zudem nicht, dass die Fortschritte der Wissenschaft es möglich werden lassen könnten, dass wir irgendwann wissen werden, dass diese und jene Qualia immer mit diesen und jenen neurophysiologischen Prozessen einhergehen; wenn nicht dies, so werden wir vielleicht immerhin erkennen, dass diese und jene Typen von mentalen Zuständen immer mit diesen und jenen Typen neurophysiologischer Prozesse einhergehen. Er stimmt also durchaus dem Gedanken zu, dass es mithilfe einer Theorie der Typen-Identität möglich sein könnte, mentale Zustände hinsichtlich deren physikalisch-chemischen Basis erklären und beschreiben zu können (vgl. z. B. Jackson et al. 1982).[5] Ohne Zweifel, so kann man hinzufügen,

---

4   Reduktionisten gehen davon aus, dass sich mentale Zustände vollständig auf materielle Zustände des zentralen Nervensystems zurückführen (reduzieren) lassen. Sobald dies wissenschaftlich möglich ist, so meinen eliminative Reduktionisten, werden Menschen auch nicht mehr über mentale Zustände wie verliebt sein, Schmerzen verspüren oder Ähnliches sprechen, sondern nur noch Bezug auf die physikalischen und chemischen Prozesse im zentralen Nervensystem nehmen. Man wird dann, so behaupten eliminative Reduktionisten, nicht mehr sagen: ‚Ich bin verliebt', sondern ‚Mein limbisches System wird gerade von Botenstoffen überflutet'.

5   Typen-Identität bedeutet, dass bestimmte Typen (oder Arten) materieller Zustände des zentralen Nervensystems bestimmte mentale Zustände realisieren; Token-Identität dagegen bedeutet, dass *ein* bestimmter materieller Zustand *einen* bestimmten mentalen Zustand realisiert. Sollte in der Natur Typen-Identität existieren, bedeutete dies, dass mentale Zustände in allen menschlichen Gehirnen durch sehr ähnliche materielle Zustände realisiert werden, wohingegen bei Token-Identität jedes menschliche Gehirn mentale Zustände auf ganz eigene Weise materiell realisiert. Mit einer Analogie ausge-

wäre dies ein wissenschaftlicher Triumph, der weitreichende Bedeutung unter anderem für die Behandlung von psychischen Erkrankungen hätte. Doch mit Nagel gesprochen bedeutete dies eben nicht, dass wir dann endlich wüssten, „wie es ist eine Fledermaus zu sein", denn dieses spezifische Sosein im Erleben eines bestimmten Lebewesens ist niemandem sonst als diesem selbst zugänglich – es ist grundsätzlich privat.

Nagel hatte Fledermäuse in das Zentrum seiner Überlegungen gestellt, um keinen Zweifel daran aufkommen zu lassen, dass auch jene Lebewesen, deren Sinneserfahrungen völlig andere als unsere sind, ein mentales Innenleben besitzen, auch wenn es für uns von außen nicht durchdringbar und erkennbar ist; hiermit verbindet sich die normative Forderung der Achtung dieses Innenlebens. Erkenntnistheoretisch ist für Nagel wichtig, dass jenes Innenleben eben nicht dadurch vollständig erschließbar wird, dass wir eine Fledermaus sezieren und auf dieser empirischen Basis zu klären versuchen, wie deren Echolot funktioniert, um dann die Fledermaus und deren Erleben in rein physikalischen Termen zu beschreiben und auf diese Weise jenes mentale Innenleben verschwinden zu lassen. Nagel besteht darauf, dass es auf eine ganz bestimmte Art ist eine Fledermaus zu sein, und dass diese spezifische Erfahrung eine eigenständige Existenz hat und eben nicht restlos reduziert werden kann auf neurophysiologische Prozesse. Plastischer formuliert: Selbst wenn wir die Signal- und Informationsverarbeitung im zentralen Nervensystem einer Fledermaus auf neurophysiologischer Ebene beschreiben und erklären könnten, wüssten wir trotzdem noch immer nicht – und werden wir auch nicht wissen können –, wie es sich anfühlt und wie es ist, bei Dunkelheit durch die Nacht zu flattern, Insekten zu jagen und am Tag dann mit Hunderten von anderen Fledermäusen mit dem Kopf nach unten schlafend in einer Höhle zu hängen. Die einzigartige Erlebnisqualität einer Fledermaus als Fledermaus, sowohl als Individuum als auch als Mitglied einer Spezies, und nicht als Mensch in einer Fledermaussimulation wird uns somit stets unzugänglich bleiben. Gleiches gilt, mutatis mutandis, im Falle aller anderen Lebewesen.

Akzeptiert man Nagels Annahme, dann sind unseren Fähigkeiten, etwas Substantielles über das innere Erleben eines anderen Lebewesens zu erfahren, sehr enge Grenzen gesetzt. Das hat Konsequenzen für die Möglichkeit und die Bedingungen gelingender Interaktionen mit anderen Lebewesen, denn dabei wäre es hilfreich zu

---

drückt: Bei Typen-Identität nutzen alle Gehirne die gleiche Programmiersprache, bei Token-Identität verwendet jedes Gehirn nicht nur eine je eigene Programmiersprache, sondern diese verändert sich sogar noch über die Zeit hinweg. Token-Identität setzte der Möglichkeit das menschliche Denken wissenschaftlich zu durchdringen sehr enge Grenzen.

wissen, was im jeweiligen Gegenüber vorgeht, um die eigenen Handlungen daran ausrichten zu können.[6] Wenn jedoch das innere Erleben anderer Lebewesen für uns unzugänglich bleibt, müssen Erkenntnisse hierzu aus einer anderen Quelle stammen. In dem schon zitierten Aufsatz gibt Thomas Nagel ganz nebenbei einen Hinweis hierzu, wenn er schreibt:

> "Even without the benefit of philosophical reflection, anyone who has spent some time in an enclosed space with an excited bat knows what it is to encounter a fundamentally *alien* form of life" (Nagel 1974, S. 438).

Obwohl, so kann man Nagel verstehen, wir eben nichts über das Seelenleben einer Fledermaus (oder eines anderen Lebewesens) wissen können, wissen wir trotzdem, wie es sich anfühlt, mit anderen Lebewesen zu interagieren und auf sie zu reagieren. Dieses Wissen beruht jedoch auf Zuschreibungen, die sich in der Interaktion bewähren müssen.[7] Verallgemeinert man dies, so schreiben wir unseren Interaktionspartnern – und dies können nun andere Lebewesen sein, aber vielleicht auch Maschinen – ein inneres Erleben zu, um uns deren Verhalten erklärbar und vorhersehbar zu machen.

3   Denken und Moral als Zuschreibung

Die Plausibilität solcher Überlegungen lässt sich durch den Verweis auf einen Text erhöhen, der nun für die Diskussion um das Denken von Maschinen bzw. Computern ähnlich prägend war wie Nagels Text über das innere Erleben anderer

---

6   In der analytischen Philosophie des Geistes wird davon gesprochen, dass wir hierzu Theorien über das mentale Innenleben anderer Lebewesen entwickeln, um deren Handlungen erklären und voraussagen zu können (siehe dazu beispielsweise die Beiträge in Carruthers and Smith 1996). In eine ähnliche Richtung geht die Diskussion um „mentale Simulation": Demnach entwickeln Menschen ein Modell ihrer Interaktionspartner und simulieren im eigenen Bewusstsein deren zukünftiges Verhalten, um auf dieses vorbereitet zu sein und adäquat darauf reagieren zu können. Die Annahmen, die in die Modelle einfließen, entsprechen den Zuschreibungen, von denen im vorliegenden Beitrag die Rede ist (vgl. die Beiträge in Davies and Stone 1995b). Auf die neurophysiologischen Grundlagen solcher Theorien und Simulationen soll hier nicht weiter eingegangen werden.

7   Wissenschaftstheoretisch gesprochen bilden wir also eine Hypothese, die sich entweder vorläufig bewährt oder aber widerlegt wird. Die Hypothese könnte im Fall der vorläufigen Bewährung zwar richtig sein, aber wissen können wir dies eben nicht.

Lebewesen. In seinem 1950 erschienen Aufsatz „Computing machinery and intelligence" präsentiert Alan M. Turing (1950) einen Test, mit dessen Hilfe entschieden werden soll, ob eine Maschine „intelligent" ist bzw. „denkt". Die Notwendigkeit der Anführungszeichen um die Worte „intelligent" und „denken" ergibt sich daraus, dass Turing nicht unterstellt, dass Maschinen bzw. Computer, die seinen Test bestünden, tatsächlich dächten oder intelligent seien in dem Sinne, wie dies Menschen (hoffentlich) sind.

Die Grundidee des Turing-Tests ist einfach: Ein Mensch kommuniziert mit einem Gegenüber, ohne zu wissen, ob es sich dabei um einen Menschen oder um eine Maschine handelt. Gelänge es nun einer Maschine, nicht als Maschine erkannt, sondern für einen Menschen gehalten zu werden, so hätte sie den Turing-Test bestanden und es gäbe daher Anlass davon zu sprechen, dass diese Maschine „intelligent" sei bzw. „denke".[8] Um den Test zu bestehen, muss die Maschine über bestimmte kommunikative Fähigkeiten verfügen, aber damit geht nicht die Annahme einher, dass sie genauso denke wie ein Mensch, sondern eben nur, dass es dieser Maschine gelingt, in einem Menschen die Überzeugung zu wecken, mit einem denkenden Wesen zu interagieren. Für das Bestehen des Turing-Tests ist gar nicht wichtig, dass die Maschine tatsächlich denkt, sondern dass Menschen die Überzeugung hegen, dass sie denkt. Anders formuliert: Besteht die Maschine den Test, beruht dies auf einer Zuschreibung durch den jeweiligen Interaktionspartner.

Es ist nun ein kleiner Schritt, das Gesagte auch auf andere psychische Phänomene wie Emotionen, Wünsche, Ziele, Intentionen und Motive auszuweiten und zu sagen, dass auch der Unterschied zwischen „X hat Gefühle" und „es scheint mir, dass X Gefühle hat" nicht sinnvoll gezogen werden könne, da wir stets nur das beobachtbare äußere Verhalten zur Beurteilung darüber heranziehen können, ob unser Gegenüber zu denken, Gefühle zu haben oder Überzeugungen zu hegen scheint. Man kann dies soweit zuspitzen wie John McCarthy (1979) und selbst einfachen Mechanismen wie Heizungsthermostaten Überzeugungen zubilligen. Entscheidend

---

8   Es ist offensichtlich, dass der Test eine eingeschränkte Form der Kommunikation voraussetzt, damit die jeweilige Identität nicht bereits durch bloße Äußerlichkeiten entdeckt werden kann. Allerdings sollte man diese Einschränkungen nicht überbewerten und damit den Turing-Test ablehnen. Denn erstens findet ein großer Teil unserer Kommunikation heute über Kanäle statt, die ebenfalls eine nur eingeschränkte Interaktion zulassen – ein Beispiel hierfür ist die weitgehend textbasierte Kommunikation über digitale soziale Netzwerke, Messenger etc. Zweitens könnte der technische Fortschritt entsprechende Einschränkungen obsolet werden lassen – man denke in diesem Zusammenhang an die fast schon fotorealistische Darstellung von Spielfiguren in Computerspielen und deren Steuerung mittels Künstliche-Intelligenz-Algorithmen, die es durchaus schwieriger werden lassen zu erkennen, ob eine Spielfigur von einem Menschen oder einem Algorithmus gesteuert wird.

ist, dass zur Operationalisierung und Messung von Intelligenz, Emotionen oder Moralität[9] stets nur das äußere Verhalten des jeweiligen Untersuchungsobjekts herangezogen werden kann; folgt man diesem Gedanken, verliert die Unterscheidung von „X denkt" und „es scheint mir, dass X denkt" ihren Sinn, da die Aussage „X denkt" nur auf Grundlage des äußeren Anscheins, also dem sichtbaren Verhalten von X, getroffen werden kann. Selbst wenn es also tatsächlich eine ontologische Differenz zwischen „X denkt" und „es scheint mir, dass X denkt" geben sollte, kann diese Differenz auf der epistemologischen Ebene möglicherweise nicht mehr oder zumindest nicht immer nachvollzogen werden (vgl. Floridi 2008).[10] Thomas Nagel hätte auf der Existenz dieser Differenz bestanden, doch bezüglich der Zuschreibung vermutlich Turing, McCarthy, Dennett und vielen anderen zugestimmt.

4 Reichweite der Zuschreibung

Natürlich könnte das bisher Gesagte insofern irrelevant sein, als dass empirisch Menschen gar nicht bereit sind, Maschinen so weitreichende Eigenschaften tatsächlich zuzuschreiben. Es muss daher zunächst geklärt werden, wie groß die Reichweite solcher Zuschreibungen ist bzw. ob sie an Grenzen stoßen und wo diese Grenzen genau liegen.[11] Eine erste Antwort hierzu liefert Claude Draude mit Bezug auf die literarische Erkundung dieser Reichweite in E.T.A. Hoffmanns *Der Sandmann*:

---

9 Allen et al. (2000) schlagen tatsächlich einen *moralischen* Turing-Test vor: „A Moral Turing Test (MTT) might similarly be proposed to bypass disagreements about ethical standards by restricting the standard Turing Test to conversations about morality. If human 'interrogators' cannot identify the machine at above chance accuracy, then the machine is, on this criterion, a moral agent." Der moralische Turing-Test, ebenso wie der originale Test, baut darauf, dass Menschen bereit sind Maschinen bestimmte Vermögen aufgrund deren Verhaltens zuzuschreiben.

10 Die Formulierung ist deshalb vorsichtig gewählt, weil es verschiedene Kontexte geben mag, in denen unterschiedliche Untersuchungsinstrumente und andere Ressourcen zur Verfügung stehen. Die Debatte um moralische Maschinen und Maschinenethik hebt in der Regel auf, im weitesten Sinne verstanden, Alltagssituationen ab, in denen vermutlich selten genug Zeit ist, über den skizzierten Unterschied ausführlich nachzudenken. Gerade in solchen Situationen sind Zuschreibungen ein vermeintlich probates Mittel zur Komplexitätsreduktion, um schnelle Entscheidungen treffen zu können.

11 In gewisser Weise hat Joseph Weizenbaum dazu schon 1966 die (erschreckende) Antwort gegeben (siehe Weizenbaum 1966).

"When it comes to the encounter between Nathanael and Olimpia, it is his agency that animates the object. The fact that his lips spread warmth to hers, that the spark of his eyes activates hers, is noteworthy for the field of human-computer interaction: the ability of the user to construct a meaningful scenario should not be underestimated." (Draude 2011, S. 324)

Draude nimmt somit an, dass Zuschreibungen bezüglich kognitiver, emotionaler oder moralischer Aspekte unserer Interaktionspartner sehr weit gehen können: der Bezug auf die Szene in *Der Sandmann* verdeutlicht dies. Denn Olimpia ist eine Holzpuppe – also ein bloßes Objekt ohne jede eigene Handlungsfähigkeit. Sicherlich kann man bezweifeln, dass E.T.A. Hoffmann eine realistische im Sinne einer möglichen Situation schildert, und behaupten, dass um des dramatischen Effekts willen übertrieben wurde. Bedenkt man jedoch, dass Menschen in bestimmten kulturellen Kontexten unbelebten Gegenständen Seelen zuschreiben, im Mittelalter Tiere für deren Taten vor Gericht verurteilt wurden oder Menschen mit aufblasbaren Gummipuppen zusammenleben, gewinnt Hoffmanns Szene durchaus an Plausibilität. Wichtig ist, dass Menschen solche Zuschreibungen vornehmen können und tatsächlich vornehmen, um Ereignisse und Prozesse, die sie ansonsten kognitiv nicht durchdringen (können), in der jeweils gegebenen Situation trotzdem verständlich und erklärbar zu machen. Sie nehmen dann einen intentionalen Standpunkt in der Interaktion mit dem Gegenüber ein (vgl. Dennett 1994). Eine Selbstbeobachtung im Alltag gibt ebenfalls Hinweise darauf, dass wir uns tatsächlich bei ganz unterschiedlichen Interaktionspartnern entsprechend verhalten, so im Fall unserer Haustiere. Katzen schreiben wir meist einen durch viele Widersprüche geprägten Charakter zu; bei knurrenden und bellenden Hunden wiederum neigen wir dazu, sie als bösartig zu bezeichnen und damit sogar moralisch zu beurteilen bzw. ihnen ein moralisch verwerfliches Handeln vorzuwerfen; allerdings ist in diesem Zusammenhang die Nutzung des Ausdrucks „Handeln" bereits mehr als zweifelhaft.

In der Gestaltung von Geräten und insbesondere im Bereich der Mensch-Maschine-Interaktion kann man unsere Tendenz zur weitreichenden Zuschreibung kognitiver, emotionaler oder moralischer Eigenschaften an unsere Interaktionspartner erfolgreich nutzen. Denn wenn es bei der Gestaltung von Geräten gelingt, in den Nutzerinnen und Nutzern die Überzeugung zu wecken, dass das Gerät denkt, fühlt, glaubt, wünscht und damit uns ähnlich ist, sind Interaktionen meist erfolgreicher.[12] Mit vielen Geräten funktioniert Interaktion auch oder gar nur mehr

---

12 Wie Menschen dazu tendieren, ihren Interaktionspartnern bestimmte Eigenschaften zuzuschreiben, obwohl es dafür möglicherweise keine (wissenschaftliche) Evidenz gibt, wird unter der Bezeichnung „folk psychology" diskutiert (siehe zum Beispiel die Beiträge in Davies and Stone 1995a). Es ist offensichtlich, solche alltagspsychologischen

auf der emotionalen Ebene. Für das GPS-Navigationsgerät im Auto, das uns mit einer angenehmen Stimme den Weg weist, mag dies noch nicht völlig zutreffen, aber die jeweils genutzte Stimme wurde sicher auch gewählt, weil sie beispielsweise Vertrauen erwecken kann. Bei der Stimme im Pkw, die uns dazu anhält uns anzuschnallen, geht es letztlich um Überredung (beispielsweise IJsselsteijn et al. 2006). Bestimmte medizinische Therapien mithilfe maschineller bzw. Roboterhilfe funktionieren schließlich vor allem auf der emotionalen Ebene; ein gutes Beispiel hierfür ist *Paro*, die künstliche Robbe. Sie wird insbesondere bei der Therapie von Menschen mit demenziellen Veränderungen eingesetzt und soll dazu beitragen, die soziale Isolation dieser Menschen aufzubrechen und die Interaktion zwischen Patientinnen und Patienten sowie dem Pflegepersonal zu erleichtern (beispielsweise Kidd et al. 2006).

Insbesondere in der Unterhaltungsindustrie und hier speziell im Kino lässt sich beobachten, dass den dort gezeigten Maschinen durch äußere Gestaltung bestimmte Eigenschaften zugewiesen werden, die sie sympathisch oder unsympathisch erscheinen lassen, in jedem Fall aber eine emotionale Regung des Publikums provozieren sollen (vgl. Misselhorn 2009). Eine bei weitem nicht vollständige Aufzählung umfasst den Roboter *Gort* aus dem Film *Der Tag an dem die Erde stillstand* aus dem Jahr 1951 (im Remake von 2008 gibt es bezüglich dieser Rolle eine Leerstelle), der etwas unbeholfen wirkende, aber mächtige *Robby* aus *Alarm im Weltall* von 1956, die wie Kinder anmutenden Roboter aus *Lautlos im Weltraum* aus dem Jahr 1972 oder, aus neuerer Zeit, *Wall-E* aus dem gleichnamigen Film von 2008 – stets soll das Aussehen der Maschine die Beziehung zu den menschlichen Interaktionspartnern betonen und unterstützen: *Gort* sieht aus wie ein furchtloser Ritter in gleißender Rüstung, der Recht und Ordnung verteidigt; *Robbys* ganzes Erscheinen betont, dass diese Maschine ein Sklave ist – deren fast schon tumbes Auftreten entspricht den Stereotypen und Klischees des schwarzen Sklaven. Noch deutlicher lässt sich die Bedeutung des Aussehens für die Zuschreibung von bestimmten mentalen Eigenschaften an einer Ikone des Films verdeutlichen: dem *Terminator* aus dem gleichnamigen Franchise, das inzwischen fünf Filme umfasst. Vor allem am Ende des ersten Films kann man die Bedeutung der äußeren Erscheinung für die Zuschreibung von Eigenschaften an Maschinen (Gleiches ließe sich vermutlich auch in Bezug auf menschliche Rollen sagen) zeigen: Der Terminator als Killermaschine verliert im Laufe des Films immer mehr seine Menschenähnlichkeit, am Ende des Films bleibt von der Gestalt nur noch die eigentliche Maschine übrig, die wie ein

---

Zuschreibungen auch im Falle der Interaktion mit Menschen infrage stellen zu können. Tatsächlich hat Thomas Nagel mit dem Aufsatz „What is it like to be a bat?" auf eine solche Infragestellung reagiert.

Skelett aussieht. Diese mit dieser Verwandlung einhergehende Entmenschlichung erlaubt es der Protagonistin nun uneingeschränkte Gewaltmittel gegen den Roboter einzusetzen. Anders in *Terminator 2: Judgment Day*: Hier ist der T-101, wieder gespielt von Arnold Schwarzenegger und damit äußerlich dem *Terminator* des ersten Films gleich, ein Beschützer und daher eine moralisch gute Maschine. Auch dieser Roboter wird zum Schluss des Films hin schwer beschädigt, doch bleibt die Menschenähnlichkeit erhalten – und damit die positive emotionale Beziehung zwischen Roboter und Publikum.

Tatsächlich zeigen verschiedene Studien, dass Menschen auch jenseits fiktionaler Zusammenhänge sehr weitreichende Zuschreibungen vornehmen, selbst wenn das Objekt der Zuschreibung eine Maschine – in einem weiten Sinne verstanden – ist. Slater et al. berichten, dass Testpersonen, denen Gewalt einer computeranimierten Figur gegenüber präsentiert wurde, die gleichen psychischen Reaktionen zeigten, die auftreten, wenn Menschen mit Gewalt gegen reale Personen konfrontiert werden – obwohl die Testpersonen wussten, dass es sich nicht um eine reale Person handelte (Slater et al. 2006, S. 39). Hieraus könnte man den Schluss ziehen, dass die Zuschreibungen, die wir vollziehen, keine bewussten Akte sind, sondern automatisch ablaufen – was ihre Ausnutzung zu manipulativen Zwecken sicher erleichtern könnte. Verhalten, das auf Emotionen und Schmerzen hindeutet, reicht offensichtlich aus, um eine entsprechende Zuschreibung trotz gegenteiligen Wissens auszulösen; Untersuchungen mit sogenannten „embodied conversational agents" (ECA) legen solche Schlussfolgerungen ebenfalls nahe (beispielsweise Isbister and Doyle 2005).

5 Zwischenfazit und erste Schlussfolgerung

Fasst man das bisher Gesagte zusammen, dann kann Folgendes festgehalten werden: Menschen neigen dazu, menschlichen wie nicht-menschlichen, realen wie fiktionalen Interaktionspartnern Eigenschaften wie Denkfähigkeit, die Fähigkeit zur Empathie und zum moralischen Räsonieren ebenso wie mentale Zustände wie das Haben von Wünschen, Sorgen, Motiven und Intentionen zuzuschreiben, selbst wenn unzweifelhaft klar ist, dass diese Zuschreibung nicht der Realität entspricht. Offensichtlich reichen teilweise recht einfache Signale im Verhalten oder auch im Aussehen aus, um diese Zuschreibungen auszulösen. Sicherlich sind wir in der Lage, solche Zuschreibungen bewusst infrage zu stellen, doch dieser Akt muss gezielt vollzogen werden, verbraucht also Ressourcen. In alltäglichen Situationen stehen diese oft nicht zur Verfügung, so dass es einen Vorteil für das eigene Handeln bieten kann, diesen Zuschreibungen unhinterfragt zu folgen.

Eine genauere Analyse legt nahe, dass Maschinen, derzeit zumindest, keinerlei Anlass dafür geben, solche Zuschreibungen vorzunehmen bzw. gelten zu lassen. Auch wenn viele Maschinen, die wir im Alltag nutzen, so erscheinen, als ob sie moralische Urteile fällten, folgen sie doch nur vorgegebenen Regeln. Im besten Fall beruht die Formulierung dieser Regeln auf einer sorgfältigen moralischen Abwägung oder gar auf einer Begründung mithilfe einer ethischen Theorie durch Menschen. In keinem Fall aber kann davon gesprochen werden, dass hier Maschinen selbst ein moralisches Urteil getroffen hätten, weil dies voraussetzt, dass sie aus freier Entscheidung heraus bei gleichen Umständen anders hätten handeln können. Maschinen sind (bisher) keine moralischen Agenten und schon gar nicht Akteure, die selbstbestimmt eine eigene Moral entwickeln. Daher beinhalten viele der Szenarien, wie sie beispielsweise im Kontext autonomer Fahrzeuge entwickelt werden, nur vermeintlich moralische Dilemmata: *Wir* stünden in solchen Situationen möglicherweise vor einem moralischen Dilemma, weil wir anhand moralischer Erwägungen entscheiden wollen, wie wir handeln sollen. Wir schreiben nun Maschinen, die ebenfalls in solche Situationen hineingeraten, die gleiche Entscheidungsstruktur zu, weil wir in der Regel weder wissen (können), wie diese tatsächlich gestaltet ist, oder uns schlicht nicht vorstellen können, dass entsprechende Entscheidungen auch anders getroffen werden könnten. Wir vermuten Moral, wo bloßes Kalkül regiert. Etwas abschätzig gesprochen: Sprechen wir von der Notwendigkeit einer Maschinenethik und von moralischen Maschinen, begehen wir nicht nur den Fehler der „folk psychology", der das Bestehen des Turing-Tests ermöglicht, sondern wir begehen auch den Fehler einer „folk moral theory", der das Bestehen eines moralischen Turing-Tests ermöglicht.[13] Die Rede von einer Maschinenethik im Sinne einer Reflektion von Maschinen über eine Moral, die sich Maschinen selbst geben und die sie befolgen, ist daher sinnlos, weil Maschinen nicht einmal einer Moral gehorchen, sondern allenfalls Regeln befolgen, die ihnen einprogrammiert oder gelernt wurden. In der englischsprachigen Wikipedia (2017) steht:

> "Machine ethics (or machine morality, computational morality, or computational ethics) is a part of the ethics of artificial intelligence concerned with the moral behavior of artificially intelligent beings."

Nach dem Gesagten bleibt festzuhalten, dass dieser Eintrag von einer falschen Voraussetzung ausgeht; er sollte daher gelöscht werden. Doch es gibt durchaus Gründe,

---

13 Hiermit wird nicht einem eliminativen Reduktionismus das Wort geredet und auch keinem Behaviorismus, noch die Möglichkeit denkender und/oder moralischer Maschinen abgestritten. Es gibt derzeit aber keinen Anlass, die tatsächliche Existenz solcher Maschinen zu postulieren.

über Maschinenethik zu sprechen, so wie wir von Bio-, Medizin-, Technik- oder Informationsethik sprechen. In all diesen und vielen weiteren Fällen wird ja nicht unterstellt, dass ein ganz neuer Akteur auf den Plan getreten sei, dessen Handeln nun moralisch eingehegt werden müsse, sondern die Entwicklung angewandter Ethiken stellt eine Reaktion auf eine normative Bedarfslage dar: Neue wissenschaftliche Erkenntnisse oder technische Innovationen machen es notwendig, für die entsprechende Handlungsdomäne spezifische normative Lösungen zu finden. Es bleibt daher zuletzt noch zu klären, worauf eine Maschinenethik reagiert.

6 Maschinenethik: Was könnte damit sinnvollerweise gemeint sein?

Viele Studien bestätigen, dass Maschinen nicht sonderlich menschenähnlich gestaltet werden müssen, um eine erfolgreiche Mensch-Maschine-Interaktion zu ermöglichen (vgl. Coeckelbergh 2011, S. 197). Tatsächlich reicht ein eher geringes Maß von Menschenähnlichkeit und Vertrautheit, damit Maschinen als sogenannte „autonome artifizielle Agenten" akzeptiert werden. Verkürzt könnte man sagen, dass solche autonomen artifiziellen Agenten das darstellen, was in Rational-Choice-Theorien der Sozialwissenschaften postuliert wird, wobei die handelnden Subjekte nun keine (idealisierten) Menschen sind, sondern Maschinen. Die Rede von moralischen Maschinen und der Notwendigkeit einer Maschinenethik impliziert nun, dass autonome artifizielle Agenten zudem auch moralische Agenten sein können oder vielleicht notwendig sind.[14] Spricht man von einem künstlichen moralischen Agenten, dann impliziert dies, dass Menschen die entsprechende Maschine für deren Verhalten und den Folgen dieses Verhaltens verantwortlich halten.

Eine wesentliche Frage ist nun, ob künstliche moralische Agenten tatsächlich moralisch handeln oder ob Menschen diese durch Zuschreibung zu solchen Agenten werden lassen. Vom Standpunkt der Menschen, die mit entsprechenden Maschinen interagieren, kann die Frage, ob diese tatsächlich ein moralischer Agent ist oder nur so erscheint, letztlich nur auf der Grundlage von Menschenähnlichkeit, Vertrautheit, sichtbarem Verhalten und ähnlichen beobachtbaren Hinweisen entschieden werden. In dieser Hinsicht ist die Antwort auf die gerade gestellte Frage zunächst irrelevant. Aber bei der Frage nach der Zuweisung von Verantwortung ist es entscheidend, ob Maschinen tatsächlich moralisch handeln, oder ob dies nur

---

14 In einschlägigen englischsprachigen Aufsätzen wird meist von „artificial moral agents", abgekürzt AMA, gesprochen (beispielsweise Allen et al. 2006).

einer Zuschreibung geschuldet ist, denn im letzteren Fall müssten andere Akteure an die Stelle des Verantwortlichen rücken. Designerinnen und Hersteller könnten daher versucht sein Maschinen gezielt so zu gestalten, dass diese selbst als künstliche moralische Agenten akzeptiert werden. Das wird zwar nichts daran ändern, dass auch diese Maschinen versagen, Fehler begehen, Besitz zerstören, Menschen schaden und andere moralisch fragwürdige Dinge tun werden; Maschinen als Menschenwerk sind eben nicht perfekt. Aber würden solche Maschinen als künstliche moralische Agenten akzeptiert, läge es nahe, sie selbst für ihre Aktionen und deren Folgen verantwortlich zu machen, wie es Allen et al. formulieren: „Artificial morality shifts some of the burden for ethical behavior away from designers and users, and onto the computer systems themselves" (Allen et al. 2005, S. 149). Jene, die solche Maschinen gestalten, würden sich dann eher in der Position von Eltern als von Designern und Ingenieurinnen wiederfinden. Jedoch wäre es schlicht unangemessen, Hersteller mit Eltern zu vergleichen. Auch wenn in der Science-Fiction wie in Publikumszeitschriften oft genug etwas anderes kolportiert wird: Zumindest heute sind die Erziehung von Kindern und der Bau von noch so elaborierten Maschinen zwei völlig verschiedene Dinge.

Mit Friedman und Kahn könnte man daher argumentieren, dass hier ein Scheinproblem debattiert werde, da derzeit künstliche moralische Agenten nicht existierten; zumindest heute existierende Maschinen hätten keinerlei Intentionen und erfüllten daher auch nicht „a necessary condition of moral agency".[15] Dem muss aber entgegengehalten werden, dass Menschen viele Dinge glauben, obwohl sich diese als (wissenschaftlich) falsch erwiesen. Es lassen sich sehr leicht Szenarien beispielsweise im Bereich des Online-Shoppings entwerfen, in denen es von Nutzen wäre Menschen davon zu überzeugen, dass das jeweilige mechanische Gegenüber ein wohlinformierter, moralisch verantwortlicher und vertrauenswürdiger Agent ist, der nur in ihrem Interesse agiert – es geht also schlicht um Verführung, Manipulation oder gar Betrug (vgl. Sharkey and Sharkey 2010). Daher sollte nicht (zuerst) gefragt werden, ob Maschinen tatsächlich moralische Akteure sind, sondern wie sie uns durch ihr Erscheinen beeinflussen, denn dann können wir über die

---

15 Als Bedingung der Möglichkeit von Moralität werden häufig mentale Zustände, Intentionen, Bewusstsein oder Selbstbewusstsein genannt; Friedman und Kahn (1992) argumentieren ebenfalls in diese Richtung. Demgegenüber ist für Floridi und Sanders (2004) das Vorliegen mentaler Zustände etc. irrelevant. Sie halten Maschinen dann für moralfähig, wenn es auf einem bestimmten Abstraktionslevel nicht mehr gelingt, Menschen und Maschinen zu unterscheiden. Man kann dies allerdings für eine problematische Position ansehen, weil es vermutlich immer eine Abstraktionsebene gibt, auf der in einem *relevanten* Sinne verschiedene Entitäten nicht mehr unterschieden werden können.

normativen Aspekte dieser Erscheinung sprechen. Daher ist Mark Coeckelbergh zuzustimmen, wenn er schreibt:

> "I propose an alternative route, which replaces the question about how 'moral' non-human agents really are by the question about the moral significance of appearance. [...] I propose to redirect our attention to the various ways in which non-humans, and in particular robots, appear to us as agents, and how they influence us in virtue of this appearance" (Coeckelbergh 2009, S. 181).

Es ist sicherlich von wissenschaftlichem Interesse, jene ontologischen und epistemologischen Fragen, die hier nur angedeutet werden konnten, zu untersuchen, doch angesichts der Bedeutung von (intelligent und moralisch erscheinenden) Maschinen in unserem Alltag ist es schon aus pragmatischer Sicht unverzichtbar darüber nachzudenken, was diese Maschinen bei uns (auf normativer Ebene) anstellen. Denn es existieren derzeit keine auf autonome artifizielle oder künstliche moralische Agenten anwendbaren moralischen Normen. Der hier beschriebene Prozess der Zuschreibung von Moralität an Maschinen führt aber trotzdem dazu, dass solche Normen dringend benötigt werden. Diese Dringlichkeit ergibt sich nicht daraus, dass wir bereits in der Lage wären, künstliche moralische Agenten zu bauen, sondern daraus, dass sie durch schlichte Zuschreibung erzeugt werden. Wenn aber die Maschinen selbst keine moralischen Akteure sind – sondern nur für solche gehalten werden –, ist es naheliegend, dass jene dringend benötigten moralischen und sozialen Normen jene Akteure adressieren, die Maschinen gestalten, nicht die Maschinen selbst.[16]

Daher möchte ich zum Schluss probeweise folgende moralische Norm formulieren, die bei der Gestaltung von Maschinen stets beachtet werden sollte: *Gestalte keine Maschinen, die menschliche Interaktionspartner vergessen lassen, dass sie mit Maschinen interagieren* (vgl. Castellano and Peters 2010, S. 205). Damit würde der Unvermeidbarkeit der Vermenschlichung von Maschinen durch Zuschreibung, wie sie hier skizziert wurde, zwar nicht in jedem Fall entgegengewirkt, weil diese Zuschreibung meist unbewusst stattfindet. Doch die dafür aufseiten der Maschinen notwendigen Signale wären vermutlich schwächer und vor allem wäre diese Norm ein Hinweis darauf, dass die Aktionen einer Maschine stets auch dessen Gestalterinnen und Gestaltern zugerechnet werden kann – und in vielen Fällen vielleicht sogar muss. Hierum ist es auch Deborah Johnson und Keith W. Miller zu tun, wenn sie schreiben:

---

16 Eine dieser These klar entgegenstehende Position findet sich bei Floridi und Sanders (2001).

"Debate about the moral agency of computer systems takes place at a certain level of abstraction and the implication of our analysis is that discourse at this level should reflect and acknowledge the people who create, control, and use computer systems. *In this way, developers, owners, and users are never let off the hook of responsibility for the consequences of system behavior.*" (Johnson and Miller 2011, S. 132, Herv. K.W.)

Doch obwohl ich der Ansicht bin, dass die oben formulierte Norm bzw. deren Befolgung notwendig ist, führt deren Beachtung zu einem Konflikt. Denn ihr zu folgen bedeutete letztlich, dass es unmöglich werden könnte, gerade solche Maschinen zu bauen, mit denen Menschen auf möglichst natürliche Art und Weise interagieren können. Die natürliche Interaktion mit Maschinen erscheint für viele Anwendungen wünschenswert oder gar notwendig, so im Fall von Service- und Pflegerobotern zur Unterstützung alter und hochbetagter Menschen; hier hat die Zuschreibungsmöglichkeit von Emotionen und Intentionen geradezu therapeutischen Wert und kann daher sowohl praktisch wie moralisch als wertvoll angesehen werden. Wir stehen damit, wie so oft, in einer Situation mit im Widerspruch zueinanderstehenden moralischen Ansprüchen – wir (und nicht die Maschinen) sind daher mit einem moralischen Dilemma konfrontiert. Ob es dazu eine gute Lösung gibt, bleibt dahingestellt.

Literatur

Allen, C., Smit I. and Wallach W. (2005). Artificial Morality: Top-Down, Bottom-Up, and Hybrid Approaches. *Ethics and Information Technology*, 7, S. 149–155.
Allen, C., Smit I. and Wallach W. (2006): Why Machine Ethics? *Intelligent Systems*, 21, S. 12–17.
Allen, C., Varner, G. and Zinser, J. (2000): Prolegomena to any future artificial moral agent. *Journal of Experimental and Theoretical Artificial Intelligence*, 12, S. 251–261.
Carruthers, P. and Smith, P. K. (Eds.) (1996): *Theories of theories of mind*. Cambridge, New York.
Castellano, G. and Peters, C. (2010). Socially perceptive robots: Challenges and concerns. *Interaction Studies*, 11, S. 201–207.
Coeckelbergh, M. (2009). Virtual Moral Agency, Virtual Moral Responsibility. On the Moral Significance of the Appearance, Perception, and Performance of Artificial Agents. *AI and Society*, 24, S. 181–189.
Coeckelbergh, M. (2011). Humans, Animals, and Robots: A Phenomenological Approach to Human-Robot Relations. *International Journal of Social Robotics* 3, S. 197–204.
Davies, M. and Stone, T. (Hrsg.) (1995a): *Folk psychology*. Oxford, Cambridge
Davies, M. and Stone, T. (Hrsg.) (1995b): *Mental simulation*. Oxford, Cambridge
Dennett, D. C. (1994). *Philosophie des menschlichen Bewußtseins*. Hamburg: Hoffmann and Campe.

Draude, C. (2011). Intermediaries: reflections on virtual humans, gender, and the Uncanny Valley. *AI and Society*, 26, S. 319–327.
Floridi, L. (2008). The method of levels of abstraction. *Minds and Machines*, 18, S. 303–329.
Floridi, L. and Sanders, J. W. (2001). Artificial evil and the foundation of computer ethics. *Ethics and Information Technology*, 3, S. 55–66.
Floridi, L. and Sanders, J. W. (2004). On the Morality of Artificial Agents. *Minds and Machines*, 14, 2004, S. 349–379.
Friedman, B. and Kahn, P. H. Jr. (1992). Human agency and responsible computing: Implications for Computer System Design. *Journal of Systems Software*, 17, S. 7–14.
Gransche, B., Shala, E., Hubig, C., Alpsancar, S. and Harrach, S. (2014). *Wandel von Autonomie und Kontrolle durch neue Mensch-Technik-Interaktionen*. Stuttgart: Kohlhammer.
IJsselsteijn, W. A., Kort, Y. A. W., Midden, C., Eggen, B. and Hoven, E. (2006). Persuasive technology for human well-being: Setting the scene. In IJsselsteijn, W. A., Y. A. W. Kort, C. Midden, B. Eggen and E. Hoven (Eds.): *Persuasive technology* (Lecture Notes in Computer Science, No. 3962) (S. 1–5), Berlin, Heidelberg: Springer.
Isbister, K. and Doyle, P. (2005). The blind men and the elephant revisited. In Ruttkay, Z. and C. Pelachaud (Eds.): *From brows to trust: Evaluating embodied conversational agents*. Dordrecht: Springer, S. 3–26.
Jackson, Fr., Pargetter, R. and Prior E. W. (1982). Functionalism and type-type identity theories. *Philosophical Studies*, 42(2), S. 209–225.
Johnson, D. G. and Miller, K. W. (2008). Un-Making Artificial Moral Agents. *Ethics and Information Technology*, 10, S. 123–133.
Kidd, C. D., Taggart, W. and Turkle, S. (2006). A sociable robot to encourage social interaction among the elderly. *Proceedings of the 2006 IEEE International Conference on Robotics and Automation*, S. 3972–3976.
McCarthy, J. (1979). Ascribing mental qualities to machines. In Ringle, M. (Ed.), *Philosophical perspectives in artificial Intelligence*. Brighton.
Misselhorn, C. (1979). Empathy with inanimate objects and the Uncanny Valley. *Minds and Machines*, 19, 2009, S. 345–359.
Nagel, Th. (1974). What is it like to be a bat? *The Philosophical Review*, 83, S. 435–450.
Sharkey, N. and Sharkey, A. (2010). The crying shame of robot nannies: An ethical appraisal. *Interaction Studies*, 11, S. 161–190.
Slater, M., Antley, A., Davison, A., Swapp, D., Guger, C., Barker, C., Pistrang, N. and Sanchez-Vives, M. V. (2006). A virtual reprise of the Stanley Milgram obedience experiments. *PLoS ONE 1*, S. 39.
Turing, A. M. (1950). Computing machinery and intelligence. *Mind*, 54, S. 433–457.
Weizenbaum, Josef (1966). ELIZA – A computer program for the study of natural language communication between man and machine. *Communications of the ACM*, 9, S. 36–45.
Wikipedia (2017): *Machine ethics*. https://en.wikipedia.org/wiki/Machine_ethics (Zugriff 30.05.2017).

Teil III
Auf welcher Ebene setzt die ethische Argumentation an?

Ethik der Selbstorganisation als selbstorganisierende Ethik?

Larissa Krainer

„Mediatisierte Welten" (Krotz und Hepp 2012) benötigen adäquate ethische Perspektiven, wie Rath (2014) anschaulich begründet, allerdings bleiben diese bislang in einschlägigen Sammelwerken weitgehend ausgespart (vgl. etwa Hartmann und Hepp 2010). Selbstorganisierende technische Systeme stellen dabei besonders lohnenswerte wie herausfordernde Forschungs- und Reflexionsobjekte dar, zumal es in ihrem Kontext durch die Übertragung von „weitreichenden Entscheidungen" auch dazu kommen kann, dass z. B. „autonom fahrende Automobile im Zweifelsfall über Probleme von Tod und Leben entscheiden müssten" (Grunwald 2016, S. 32). In ihrer Beobachtung stellt sich allerdings auch die Frage, ob davon ausgegangen werden kann (und soll), dass sich Ethik in Analogie dazu auch selbstorganisierend einstellt oder überhaupt so denkbar ist.

1 Selbstorganisierende technische Systeme

Selbstorganisierende Systeme sind aus der Natur (z. B. der Fischschwarm, der sich teilen kann, der Ameisenhaufen oder das Leuchten der Glühwürmchen), als soziale Konstellationen (z. B. Soziale Netzwerke) oder als technische Systeme (z. B. Autopilot) bekannt – im Weiteren werden hier nur letztere betrachtet, anzumerken ist aber, dass insbesondere natürliche selbstorganisierende Systeme für die Entwicklung technischer Modelle vielfach als Vorbild herangezogen werden. Das Ziel der dezentralen (möglichst hierarchiefreien) Steuerung besteht in einer flexibleren und anpassungsfähigeren Methode der Erreichung vorgegebener oder auch selbst gewählter Ziele.[1] Als Merkmale selbstorganisierender Systeme gelten:

- eine dezentrale Struktur (was mit einer weitgehenden Abwesenheit von Hierarchie verbunden sein kann, aber nicht muss, wohl aber mit dem Vorhandensein allgemeiner Zielvorgaben einhergeht, für deren Erreichung Handlungsspielräume bestehen),
- Robustheit (Systeme sind in der Lage, Störungen und Fehler sowie den Ausfall einzelner Elemente zu kompensieren und bleiben insofern funktionstüchtig),
- Skalierbarkeit (Systeme erhalten auch bei starkem Wachstum ihre Funktionsfähigkeit),
- Emergenz (das Zusammentreffen einzelner, relativ einfacher Regelsysteme bewirkt im Zusammenspiel die Fähigkeit, komplexe Herausforderungen zu lösen),
- Selbstreferentialität (das System bezieht sich rekursiv auf sich selbst und seine Eigenschaften) und
- Autonomie (entweder im Sinne einer partiellen selbst gesteuerten Entscheidungsfindung oder auch im Sinne bewusst gesetzter Regelungen zur Handlung) (vgl. Greif 2008, S. 25ff.).

Für den Aspekt der Selbstreferentialität merkt Greif an, dass diese Eigenschaft auf der Stufe bewusstseinsfähiger Systeme auch den Charakter der Selbstreflexivität annehmen kann und ferner, dass die Frage, „ob das Vorhandensein dieser Fähigkeit ein notwendiges Kennzeichen selbstorganisierender Systeme" (ebd., S. 26) ist, unter Technikern umstritten sei. In Bezug auf die Autonomie hält er fest, dass Maschinen bis dato eben nicht in der Lage sind, selbst die Regeln zu setzen, nach denen gehandelt wird bzw. selbständig Entscheidungen getroffen werden, was ihnen auch weiterhin „den Zugang zum Reich ‚echter' selbstorganisierender Systeme verwehren" (ebd., S. 26) werde.

Mit Blick auf die unterschiedlichen Beziehungen zwischen technischen und sozialen selbstorganisierenden Systemen können technische selbstorganisierende Systeme der gesellschaftlichen Selbstorganisation sowohl als Medium (Werkzeug) dienen oder als Substitut menschlichen Handelns (bzw. der Selbstorganisation) von Menschen in sozialen Systemen fungieren (vgl. ebd., S. 29). Ersteres trifft z. B. auf digitale Medien (soziale Selbstorganisation) zu, letzteres z. B. auf technische Maschi-

---

1 Gemeint sind hier technische Systeme, die über die explizit programmierten Vorgaben hinaus selbstlernend oder selbstorganisierend arbeiten können, womit Selbstorganisation als algorithmische Metaebene zu verstehen ist und nicht etwa im Sinne der Luhmannschen *Autopoiesis*.

nen, wie etwa Mikrodrohnen, die sich in Schwarmformationen selbstorganisierend steuern, um Kommunikationsnetze ad hoc in schwierigen Umgebungen aufzubauen, wo man keine oder eine zerstörte Infrastruktur vorfindet (z. B. Katastropheneinsatz) (vgl. Krainer und Ukowitz 2008, S. 61). Selbstorganisierende Systeme in der Technik können darüber hinaus zwei grundlegend unterschiedlichen Philosophien folgen: sie können den Menschen als letzte Entscheidungsinstanz setzen oder ihm umgekehrt geradezu die Letztentscheidung nehmen, wie sich etwa am Beispiel der konkurrierenden Flugzeughersteller Boeing und Airbus zeigen lässt. Während Boeing der Meinung ist, dass der Pilot immer das System überschreiben können muss, ist Airbus der Meinung, dass das System dem Menschen gewisse Grenzen setzen soll. Beide Ansätze haben Vor- und Nachteile, viele Katastrophenfälle zeigen auf, dass das menschliche Eingreifen sie noch verschlimmert hat (vgl. Hübner et al. 2008, S. 53). In Summe zeigt der Vergleich von Airbus und Boeing aber, dass die Zahl der Unfälle oder Fehlentscheidungen gleich hoch ist, offenbar ist es so, dass in bestimmten Situationen Menschen und in anderen Maschinen besser entscheiden – jedenfalls schildern das TechnikerInnen so.

Deutlich wird aus den Ausführungen, dass mindestens mit den Begriffen der Selbstreferentialität bzw. dessen In-Beziehung-Setzen zu Selbstreflexion sowie dem Terminus der Autonomie auch Kernbegriffe der Ethik Verwendung finden. Insofern ist zu prüfen, inwiefern das Ethische den Systemen als innewohnend charakterisiert werden kann oder inwiefern die Verantwortung für ethische Reflexion jenen zuzuschreiben bzw. abzuverlangen ist, die diese Systeme erfinden, entwickeln, produzieren, verkaufen oder nutzen. Dazu finden sich erst in der jüngsten Geschichte der Technikethik – primär unter dem Titel der Roboterethik – tiefergehende Überlegungen, wenn diese sich unter anderem der Frage widmet, ob Roboter als Verantwortungsakteure zu identifizieren sind, was allerdings vielfach verneint wird.[2] Letztlich ist damit die Kernfrage berührt, um welches „Selbst" es sich im Kontext selbstorganisierender technischer Systeme überhaupt handelt.

2 Perspektiven der Technikethik

Im Kontext der Technikethik lässt sich eine historische Bewegung nachzeichnen (für einen Überblick vgl. Krainer und Heintel 2010, S. 110ff.), in der ethischer Reflexionsbedarf zunächst wenig dringlich erschien, solange die Hoffnungen in die Leistungen der Technik primär mit Fortschrittswünschen verbunden waren

---

2 An dieser Stelle verweise ich weiterführend auf den Text von Janina Loh in diesem Band.

und wenig Zweifel darüber bestand, dass Menschen tun sollen, was sie können. Können impliziert demzufolge Sollen (technischer Imperativ). Selbst als die ethische Reflexion einsetzte, wurden zunächst Zweifel laut, ob technischer Fortschritt nicht unaufhaltsam und unbeeinflussbar sei und Ethik (aufgrund des mangelnden menschlichen Gestaltungspotentials) als Reflexion sinnlos würde. So nach dem Motto: „da kann man nichts machen" (Schicksal), „die technische Entwicklung lässt sich ohnedies nicht aufhalten" (Ohnmacht) und „wer das will, ist ein unverbesserlicher Fortschrittsverweigerer". Adorno (1987) hat allerdings bereits 1953 eine solche Reflexion, insbesondere innerhalb der Technik selbst, eingefordert.

In weiterer Folge hat Jonas *Das Prinzip Verantwortung* postuliert und damit begründet, dass Technik immer als „Ausübung menschlicher Macht" zu verstehen sei (Jonas 1979, S. 82). Jüngere Definitionen von Technikethik begreifen diese als „die Reflexion auf die Bedingungen, Zwecke und Folgen der Entwicklung, Herstellung, Nutzung und Entsorgung von Technik" (Grunwald 2002, S. 278), womit Verantwortung nicht alleine im Prozess der Produktion angesiedelt wird, sondern auch in dem der weiteren Nutzung (bis hin zur Entsorgung), was eine Schnittstelle zur Technikfolgenabschätzung bildet. Als ein zentraler Ankerpunkt ethischer Verantwortung zeigt sich dabei das Thema der Entscheidung, wobei sich damit zum einen die Hoffnung verknüpft, möglichst rationale Entscheidungen (solche, die die zukünftige Entwicklung bestmöglich vorhersehen können) treffen zu können. Zum anderen werden Überlegungen angestellt, wie Entscheidungen in Kollektiven so getroffen werden können, dass sie eine möglichst nachhaltige Wirkung erzielen, wobei Sachsse (1987, S. 59f.) darauf aufmerksam macht, dass auch rationale Entscheidungen einer ethischen Verantwortung bedürfen.

Betrachtet man den gesamten Prozess – von der technischen Entwicklung über ihre Implementierung (Produktion, Einrichtung, Anwendung) zur Nutzung und schließlich zur Entsorgung –, rücken auch sehr verschiedene Verantwortungsgruppen in den Blick, für die hier nur exemplarisch einige ethische Fragen angeführt werden: die ErfinderInnen (können oder müssen sie ahnen, was aus ihren Erfindungen gemacht wird oder werden kann?), die HerstellerInnen (dürfen sie alles produzieren, was verkäuflich ist?), die NutzerInnen (was ist ihnen zumutbar?) und die EntsorgerInnen (wie soll mit gefährlichen Gütern umgegangen werden?).

Zur Frage der Zuständigkeit für ethische Verantwortung hat sich die Debatte innerhalb der Technikethik von individualethischen Konzeptionen (insbesondere in der Ingenieurethik) zu Ansätzen von kollektiver Verantwortung (in Analogie zur steigenden Komplexität technischer Systeme) entwickelt, von Formen der partizipativen (geteilten, gestuften) Verantwortungsübernahme bis hin zu einer Organisations- oder Institutionenethik. Zugleich wurden Perspektiven entwickelt, die Technik eine „Handlungsträgerschaft" zuordnen, wie z. B. innerhalb der Akteur-Netzwerktheorie (vgl. Latour 2007). In ihnen wird dem klassischen Dualismus von technischen und sozialen Systemen die These gegenübergestellt, dass technische Artefakte als Mithandelnde in sozialen Systemen zu betrachten sind. Selbstorganisierende technische Systeme scheinen dafür einen besonders adäquaten Anwendungsort zu bieten. Unzweifelhaft bedürfen sie umfassender ethischer Überlegungen, zweifelhaft ist allerdings, dass sich Ethik in Analogie zu ihnen selbstorganisierend ausbreitet, weshalb sich nicht nur die schwierige Frage nach dem Verantwortungspotential stellt, das Menschen und/oder technischen Systemen zugesprochen werden kann, sondern auch jene nach Möglichkeiten und Grenzen der individuellen, kooperativen wie institutionellen ethischen Entscheidungsfindung.

Das Grundproblem ist folgendes: Wenn selbstorganisierende Systeme einmal entwickelt sind, funktionieren sie autonom, sind aber freilich noch lange keine autonomen Individuen, die ihre Autonomie selbst reflektieren können. Ähnliche Befunde lassen sich auch soziologischen und philosophischen Reflexionen zum „Internet der Dinge" entnehmen (vgl. etwa Spenger und Engemann 2015), wobei auch dort die Meinung, „die Dinge tragen keine Schuld" (gemeint sind damit auch vernetzte technische Systeme) nach wie vor dominiert (vgl. Bunz 2015). Insofern sind wir wiederum bei der philosophisch interessanten Frage nach dem „Selbst der Selbstorganisation" angelangt. Probleme und Fragen, die dabei entstehen lauten etwa: Welches Verantwortungspotential kann Menschen und/oder technischen Systemen zugesprochen werden? Welche Möglichkeiten und Grenzen der individuellen, kooperativen wie institutionellen ethischen Entscheidungsfindung ergeben sich? Ist selbstorganisierenden Personen Verantwortung wie anderen Rechtspersonen zuzuschreiben (vgl. Beck 2017)?

3 Perspektiven der Technik – Perspektiven der Ethik?

Die Sichtweise, dass die Technik selbst als neutral zu bewerten sei und es lediglich darauf ankomme, wie sie verwendet wird, bestätigt sich vielfach auch in Begegnungen mit KollegInnen aus der Technik, bei denen ich regelmäßig nachfrage, wie es denn um die ethischen Herausforderungen, vor die uns die technischen Entwicklungen, über und für die sie forschen, stellen, bestellt sei. Die Antworten fallen zwar verbal differenziert, inhaltlich aber immer ähnlich aus: Was mit den Produkten passiert, die auf Basis der universitären Forschung entwickelt werden, entziehe sich erstens der Kenntnis und zweitens dem Einflussbereich der Wissenschaft. Manche bekennen sich allerdings dazu, lieber mit zivilen Organisationen zu kooperieren, als mit militärischen, nach dem Motto: Feuerwehr statt Bundesheer. Verantwortung adressiert hier vornehmlich die Auswahl bestimmter AuftraggeberInnen oder ForschungspartnerInnen.

2007/2008 hat eine Gruppe von ForscherInnen der Alpen-Adria-Universität Klagenfurt (AAU) eine Vorstudie zur Entwicklung eines Forschungsschwerpunktes durchgeführt, der an der AAU eingeführt werden sollte (allerdings nie eingeführt wurde, obwohl sich in weiterer Folge ca. 50 KollegInnen aus allen vier Fakultäten der AAU an der Entwicklung eines solchen Forschungsschwerpunktes beteiligt haben, das Projektvorhaben extern positiv begutachtet und ferner die Finanzierung durch externe Hand in der Höhe von mehreren 100.000 Euro in Aussicht gestellt wurde). Der Schwerpunkt sollte sich mit sozial- und kulturwissenschaftlichen Perspektiven (sich) selbst organisierender Systeme befassen und Verbindungen zu dem bestehenden Schwerpunkt „Selbstorganisierende Systeme" im technischen Bereich her- und darstellen.

In der Vorstudie wurden 33 Interviews mit ForscherInnen aus den vier Fakultäten der AAU (Fakultät für Interdisziplinäre Forschung und Fortbildung, Fakultät für Kulturwissenschaften, Fakultät für Wirtschaftswissenschaften und Fakultät für Technische Wissenschaften) sowie VertreterInnen von Unternehmen und Institutionen, die sich für Kooperationen interessiert haben, durchgeführt (zu den nachstehenden Ausführungen vgl. Krainer und Ukowitz 2008, S. 59–82; Originalzitate aus den Interviews wurden unter Anführungszeichen gesetzt).

Zu diesem Zeitpunkt bestanden an der AAU beispielsweise die folgenden Projekte im Bereich der selbstorganisierenden Systeme, die hier nur als exemplarische Beispiele dienen sollen.[3]

- *Kooperierende Mikrodrohnen*: Forschung/Entwicklung von kooperierenden Mikrodrohnen(schwärmen), die in Selbstorganisation z. B. Katastrophengebiete überfliegen und in Umgebungen, wo man keine oder eine zum Teil zerstörte oder eine gänzlich zerstörte Kommunikationsinfrastruktur vorfindet im Sinne der Selbstorganisation agieren sollten. Die zentrale Zielsetzung bestand in der Vernetzung der Mikrodrohnen, sodass sie aufeinander reagieren können. Die Drohnen sollten in Katastrophenfällen wie z. B. bei Waldbränden eingesetzt werden können.

---

3 Für tiefergehende Informationen siehe die Projektauflistung der Lakeside Labs an der AAU: https://www.lakeside-labs.com/research/projects-and-funding/ (Zugriff 17. 5. 2017).

Ethik der Selbstorganisation als selbstorganisierende Ethik? 217

- *Kooperatives Relaying in drahtlosen Netzen*: Untersuchungsgegenstand waren drahtlose Netzwerke, in welchen die Knoten selbstorganisiert miteinander kommunizieren. Zur Veranschaulichung ein Zitat eines Interviewpartners:

  „Bisher haben wir ja zentral gesteuerte Kommunikationssysteme, d. h. wenn Sie beispielsweise mit dem Mobiltelefon telefonieren, geht die Kommunikation zu einer Basisstation, dann wird es über ein Backbone-Netz weitergeroutet und irgendwann geht es wieder zu einem Teilnehmer runter und alles ist sehr zentral gesteuert. Das Handy kann sich nie selbst aussuchen, wann es denn gerade senden darf. Im Gegensatz dazu ist es bei den selbstorganisierenden Funknetzen so, dass es keinen zentralen Koordinator gibt, sondern die Knoten organisieren sich sozusagen selbst. Und die Information geht von einem Knoten bis zu einem Zielknoten, der möglicherweise weit weg ist, und wird dabei über dazwischenliegende Knoten geroutet, bis sie zum Endziel kommt. Diese Art von Kommunikation untersuchen wir im Relay-Projekt."

- *Power Management units*: Entwicklung eines Konventors, der dazu beitragen kann, dass der Energieverbrauch möglichst geringgehalten wird (und demzufolge Akkus seltener aufgeladen werden müssen).

- *Smart Cameras*: Beschäftigung mit der Frage, wie Daten aus unterschiedlichen Sensoren gemeinsam ausgewertet werden bzw. wie Sensoren lernende Systeme werden können, die möglichst wenig irrelevante Daten auswerten. Letztlich sollte die Kamera lernen, selbst zu entscheiden, welche Bilder relevant sind und welche nicht. Dafür sollte eine Kamera über „eine gewisse Zeit mit bestimmten Daten" gefüttert werden, woraufhin sich die Kamera dann „supervised" oder „unsupervised" auf bestimmte Szenerien einstellen kann und letztlich lernen sollte, besondere Ereignisse von „Normalszenen" zu unterscheiden. In weiterer Folge sollten die Kameras (z. B.: im Verkehr) auch Mitteilungen an nachfolgende Kameras übermitteln können (z. B., dass ein Gütertransport eine bestimmte Zone verlassen hat).

- *Smart Homes*: Einbau von Intelligenz in Alltagsgeräte und deren optimierte Vernetzung. Angestrebt wurden Optimierungskonzepte aus Userperspektive mit dem Ziel, Konzepte und Prototypen als Show Case zu entwickeln um Bedürfnisse der AnwenderInnen besser zu treffen:

  „Die Frage stellt sich, ist das, was damit geleistet wird, befriedigend, das heißt trifft das die Bedürfnisse von Leuten oder ist das nur irgendein Markt-Gag, den man halt haben muss, wenn man in sein will oder hilft es wirklich." Die Geräte sollten einerseits vernetzt und andererseits die Systeme insgesamt intelligenter gemacht werden, worunter verstanden wurde, dass diese die Fähigkeit haben sollten, „uns auch zu beobachten und sich auf unseren Lebensstil einzustellen".

- *Bus on demand*: Die Zielsetzung dieses Projektes bestand in der Entwicklung eines alternativen Logistik-Systems im Bereich der öffentlichen Verkehrsmittel. Busse sollten nicht mehr nach fixem Fahrplan verkehren und Haltestellen in fixer Reihenfolge anfahren, sondern nach Bedarf.

Ethische Herausforderungen, die von den TechnikerInnen gesehen und in den Interviews benannt wurden, betrafen dabei insbesondere die folgenden Bereiche:

- *Technikbildung und Technikkompetenz*: Ein technisches Produkt funktioniere nur dann, wenn der Mensch es auch anwenden könne. Insofern wurde das Verhältnis von Technik und Bildung aus der Perspektive der TechnikerInnen primär unter dem Blickwinkel der Technik-Bildung bzw. Kompetenzentwicklung der späteren AnwenderInnen betrachtet. Technische Produkte setzen ein Anforderungsprofil voraus und determinieren solcherart erforderliche Bildungsprozesse.
- *Technikakzeptanz und Vertrauen*: In Hinblick auf diese Dimensionen wurde etwa gefragt: Welche Technik ist gewollt, welche eigentlich nicht? Dabei wurden sehr verschiedene Ebenen sichtbar (z. B. ökonomische Aspekte wie Markttauglichkeit, rechtliche Aspekte wie Datenschutz und ethische Aspekte). TechnikerInnen sahen sich insofern einem doppelten Risiko gegenübergestellt, neben der Herausforderung der technischen Machbarkeit bewegte auch die Frage der gesellschaftlichen Akzeptanz und damit verbunden des Vertrauens, das Menschen konkreten Produkten, aber auch technischen Entwicklungen generell entgegenbringen.
- *Bedarfsorientierung*: Mit der Frage der Akzeptanz von Technik wurde das Thema der Bedarfsorientierung von Technik eng verbunden, wobei sich die Erforschung des Bedarfs für TechnikerInnen als Herausforderung zeigte, weshalb darin auf interdisziplinäre Kooperationen gebaut wurde. Erkannt wurde ferner die Bedeutung, aber auch die Herausforderung, spätere NutzerInnen bereits in die Entwicklung einzubinden: „Sehr oft, bei dieser Entwicklung, wird aber der Benutzer nur sehr spärlich in den ganzen Prozess eingebunden" bzw. werde von einem „gewissen Modell des Benutzers" ausgegangen. Gefragt wurde aber auch weit abstrakter reflektierend, wie Technologien insgesamt „auf das Individuum Mensch" wirken.
- *Sinngebung*: Mehrfach wurde auch Unverständnis dahingehend geäußert, dass viele technische Entwicklungen verfolgt würden, von denen abzusehen sei, dass sie auf wenig Akzeptanz stoßen würden bzw. aus technischer wie ökonomischer Perpektive unsinnig seien, was von einem Interviewpartner als „Spompanadln" bezeichnet wurde, denen er die Forderung, „eine vernünftige Reflexion in Gang zu setzen" gegenüber stellte. Ähnlich ein anderer, der dafür plädierte, zu

reflektieren, dass man mit Technologien auch Dienstleistungen verkaufe und man überlegen sollte, welchen Sinn ein Produkt habe.
- *Frage des Wollens*: Darüber hinaus wurde auch noch die Frage artikuliert, ob Menschen die Produkte überhaupt wollen (z. B. hat sich im Bereich der Feuerwehr schon mehrfach gezeigt, dass der Einsatz von selbstorganisierenden Systemen nicht oder nur partiell gewollt ist, Feuerwehrmänner vertrauen lieber ihrem Instinkt und dem Kollegen als den Maschinen). Thematisiert wurde hier auch die Ebene der Kultur. Kurz und prägnant formulierte schließlich ein Interviewpartner eine genuin ethische Frage: Wir „müssen fragen, ob wir das wollen".
- *Technik und Emotion*: Dass technische Produkte sehr verschiedene emotionale Reaktionen auslösen können, war den TechnikerInnen sehr bewusst, die Relevanz dieser Emotionen sei aber noch weitgehend unerforscht. Während die Technik tendenziell emotionslos, sachlich und an Naturwissenschaften orientiert sei, wünsche sich der Mensch aber weit mehr als reine Funktionalität.
- *Rechtsfragen*: Technische selbstorganisierende Systeme sind eingebettet in eine Vielfalt rechtlicher Herausforderungen, vom Schutz der Privatsphäre über Fragen des Datenschutzes bis hin zu diversen Haftungsfragen – darüber bestand ein sehr breites Bewusstsein.
- *Freiheit und Entscheidung*: Zu diesem Themenkomplex wurde eine Vielfalt von Fragen formuliert, wie beispielsweise:
  - Entscheidungsvollmacht versus Entscheidungsverlust: Will sich der Mensch überhaupt an ein technisches System anpassen, Freiheits- und Entscheidungsverlust in Kauf nehmen? Will er Dinge vorgegeben bekommen oder will er immer wieder überrascht werden? Will er Entscheidungsmacht abgeben oder nur Hinweise erhalten? Wer ist Letztentscheider? Ein Techniker, so befand ein Gesprächspartner, trage stets „zwei Personen" in sich, die „gegeneinander arbeiten" – gemeint sind ein für technische Entwicklungen jederzeit begeisterungsfähiger Mensch (z. B. für Roboter, die einem die gesamte Arbeit abnehmen) und einer, der z. B. im Urlaub keinesfalls einen Roboter mithaben möchte, der alles plant und jede Spontaneität verunmöglicht. Letztlich ist damit die Ambivalenz angesprochen, dass Technik Freiheit befördern, aber auch einen „gewissen Freiheitsentzug" bedeuten kann, indem der Mensch in ein Abhängigkeitsverhältnis zu ihr gerät. Menschen wollen sich von technischen Systemen nichts vorschreiben lassen, so ein anderer Interviewpartner, sie wollen an Entscheidungsprozessen partizipieren, die „Macht der Informationsmonopole" drohe zu kippen.
  - Autoritär versus restriktiv: Ein weiteres Thema betrifft die Identifikation von Grundhaltungen, die der technischen Programmierung zugrunde liegen, z. B. sei es im Bereich der Autoindustrie ein Unterschied, ob autoritär/restriktiv

gedacht würde (die Maschinen entscheiden) oder liberal (sie geben den Menschen nur Hinweise). Letztlich führt das weiter zu dem Thema, wie viel individuelle und kollektive Freiheit Menschen noch gewährt werden kann bzw. soll, z. B. wenn festgestellt würde, dass eine automatische Steuerung des Verkehrs die Summe der Menschen rascher durch den Verkehr bringt als das individuelle Autofahren.

- Höhere (technische) versus niedrigere (menschliche) Weisheit: Teilweise wird in der technischen Modellierung auch die Hoffnung verfolgt, einen relevanten Beitrag zu einer besseren Orientierung in der kollektiven Entscheidungsfindung liefern zu können. Dabei wird darauf verwiesen, dass Hausverstands-Strategien mitunter völlig kontraproduktiv zum gesetzten Ziel entscheiden würden. Durch gute Simulationen solle daher „eine höhere Weisheit" erzielt werden. Insofern gelte es zu entscheiden, wann von einem guten Funktionieren des Hausverstandes bei Individualsystemen auszugehen sei, und dem berechtigten Interesse, ihn auszuschalten, wo dies nicht der Fall sei.

Schließlich haben wir auch noch explizit gefragt, wie es um das Verhältnis von Technik und Ethik bestellt sei und haben z. B. die folgende Antwort erhalten:

> „Prinzipiell ist es so, dass man eigentlich jede technische Entwicklung zum Nutzen der Menschheit, wie auch auf deren Schattenseite einsetzen kann".

Technik wird also nach wie vor als *neutral* betrachtet. Damit sind wir wieder am Anfang der Ausführungen angekommen.

4 Fazit

Ethische Aspekte, die im Kontext technischer selbstorganisierender Systeme gesehen werden, betreffen also insbesondere das Verhältnis von Mensch und Maschine sowie deren Freiheit und Macht (wer hat Letztentscheidung?). Nirgendwo wurde allerdings die Frage gestellt und erst recht nicht beantwortet, wer die Verantwortung für die ethischen Entscheidungen zu tragen hat, die im Gesamtkontext zu treffen wären.

Zu verhandeln sind hier allerdings gravierende Paradoxien und Ambivalenzen, die es zu beobachten, zu analysieren und zu balancieren gilt, wie etwa das Freiheitsparadoxon oder die Autonomieambivalenz.

- Das *Freiheitsparadoxon* stellt sich etwa wie folgt dar: Technik hat in der Geschichte der Menschheit die großen Freiheitsträume der Menschen zu erfüllen geholfen. Was ehemals nur in Märchen möglich war (Fliegen, mit Siebenmeilenstiefeln die Welt erobern), wurde durch technische Antworten in Form von Produkten auch in der Realität ermöglicht (Maschinen, Autos, Flugzeuge). Der weltweite Zugang zur Information und selbst die Verwirklichung der Meinungs- und Informationsfreiheit sind ohne Technik (Foto, Presse, Funk, digitale Medien) undenkbar geworden. Technik verschafft uns also Freiheiten, sie schränkt diese aber auch ein, indem sie Vernetzung abverlangt, in technische Strukturen zwingt, uns überwachbar macht. Der Umgang mit Technik ist allerdings wiederum eine Frage der Entscheidung, wenngleich vermutlich nur mit beschränkter Entscheidungsfreiheit.
- Die *Autonomieambivalenz* lässt sich folgend schildern: die gemeinte Autonomie der selbstautonomen Systeme stellt eine andere dar, als die Autonomie des Menschen. Gesteigerte Autonomie technischer Systeme kann jene des Menschen einschränken wie befördern. Sie liefert uns aus und entlastet uns zugleich. Eine weiterführende Autonomiedebatte müsste allerdings noch deutlich stärker die Relation der Phänomene in den Blick nehmen und insbesondere auf die soziale Einbettung von Mensch und Maschine Bezug nehmen. Was sich daraus ergeben würde, wäre eigentlich eine dreigeteilte Betrachtung von Autonomie, nämlich a) die des Menschen oder von sozialen Systemen (als Individuum wie in Kollektiven), b) die von technischen Systemen und c) die der Mensch-Maschinen-Vernetzungen.

Ein letzter Befund lautet: Ethik der Selbstorganisation ist ortlos. Maschinen sind selbst- und reflexionslos. Menschen sind nicht selbst-, aber zunehmend entscheidungslos (weil überfordert). Deutlich wurde, dass Ethik sich weder von selbst organisiert, noch funktioniert sie selbstorganisierend: Sie hat keinen Ort und für sie sind keine Prozesse vorgesehen, wie sie etwa die Diskursethik nach Habermas (1991) oder die Prozessethik nach Krainer und Heintel (2010) beschreiben. Offenkundig wurde aber auch, dass Ethik an der Schnittstelle von Mensch und Maschine einer besonderen Organisation bedarf, womit aus meiner Sicht sowohl relevante ethische Themen als auch ethischer Forschungs- und Organisationsbedarf skizziert sind. Ferner erscheint es evident, dass auch für den Bereich der Medien- und Kommunikationsethik „Theorieanpassungen in der digitalen Medienwelt" (Jandura et al. 2013) erforderlich sind.

Literatur

Adorno, T. W. (1987). Über Technik und Humanismus. In H. Lenk und G. Ropohl (Hrsg.), *Technik und Ethik* (S. 22–30). Stuttgart: Reclam.
Beck, S. (2017). Der rechtliche Status autonomer Maschinen. *Aktuelle Juristische Praxis/ Pratique Juridique Actuelle (AJP/PJA)*, 26 (2), 183–191.
Bunz, M. (2015). Die Dinge tragen keine Schuld. In F. Spenger und C. Engemann (Hrsg.), *Internet der Dinge* (S. 163–180). Bielefeld: Transcript.
Greif, H. (2008). Theoretische Aspekte selbstorganisierender Systeme. In H. Goldmann, H.-J. Greif, R. Hübner, L. Krainer, K. Prammer und M. Ukowitz (Hrsg.), *Vorstudie zur Entwicklung eines Forschungsschwerpunktes: „Sozial- und kulturwissenschaftliche Perspektiven (sich) selbst organisierender Systeme an der Universität Klagenfurt"* (S. 21–34). Klagenfurt: Universität Klagenfurt.
Grunwald, A. (2002). Technikethik. In M. Düwell, C. Hübenthal und M. Werner (Hrsg.), *Handbuch Ethik* (S. 277–281). Stuttgart: Metzler.
Grunwald, A. (2016). Technikethik. In J. Heesen (Hrsg.), *Handbuch Medien- und Informationsethik* (S. 25–33). Stuttgart: Metzler.
Habermas, J. (1991). *Erläuterungen zur Diskursethik*. Frankfurt am Main: Suhrkamp.
Hartmann, M. und Hepp, A. (Hrsg.) (2010). *Die Mediatisierung der Alltagswelt*. Wiesbaden: VS.
Hübner, R., Krainer, L., Prammer, K., und Ukowitz, M. (2008). Die sozial- und kulturwissenschaftlichen Perspektiven. In H. Goldmann, H.-J. Greif, R. Hübner, L. Krainer, K. Prammer und M. Ukowitz (Hrsg.), *Vorstudie zur Entwicklung eines Forschungsschwerpunktes: „Sozial- und kulturwissenschaftliche Perspektiven (sich) selbst organisierender Systeme an der Universität Klagenfurt"* (S. 35–58). Klagenfurt: Universität Klagenfurt.
Jandura, O., Fahr, A. und Brosius, H.-B. (Hrsg.) (2013). *Theorieanpassungen in der digitalen Medienwelt*. Baden-Baden: Nomos.
Jonas, H. (1979). *Das Prinzip Verantwortung – Versuch einer Ethik für die technologische Zivilisation*. Frankfurt am Main: Suhrkamp.
Krainer, L. und Heintel, P. (2010). *Prozessethik. Zur Organisation ethischer Entscheidungsprozesse*. Wiesbaden: VS.
Krainer, L. und Ukowitz, M. (2008). Die technikwissenschaftlichen Perspektiven. In H. Goldmann, H.-J. Greif, R. Hübner, L. Krainer, K. Prammer und M. Ukowitz (Hrsg.), *Vorstudie zur Entwicklung eines Forschungsschwerpunktes: „Sozial- und kulturwissenschaftliche Perspektiven (sich) selbst organisierender Systeme an der Universität Klagenfurt"* (S. 59–82). Klagenfurt: Universität Klagenfurt.
Krotz, F. und Hepp, A. (Hrsg.) (2012). *Mediatisierte Welten*. Wiesbaden: VS.
Latour, B. (2007). *Eine neue Soziologie für eine neue Gesellschaft. Einführung in die Akteur-Netzwerk-Theorie*. Frankfurt am Main: Suhrkamp.
Rath, M. (2014). *Ethik in der mediatisierten Welt*. Wiesbaden: VS.
Sachsse, H. (1987). Ethische Probleme des technischen Fortschritts. In H. Lenk und G. Ropohl (Hrsg.), *Technik und Ethik*. Stuttgart: Reclam.
Spenger, F. und Engemann, C. (Hrsg.) (2015). *Internet der Dinge*. Bielefeld: Transcript.

Zur Verantwortungsfähigkeit künstlicher „moralischer Akteure"
Problemanzeige oder Ablenkungsmanöver?

Matthias Rath

Zur Zeit scheinen anthropologische Betrachtungen in Bezug auf den Stellenwert, die Leistungsfähigkeit, die Autonomie und letztlich auch den moralischen Status komplexer digitaler Maschinen (Roboter) oder digitaler Programme (Algorithmen) an der Tagesordnung. So stellt z. B. eine Tagung zur digitalen Ethik das Verhältnis der gängigen Medien-, Informations- und Roboterethik auf den Kopf, wenn sie fragt „Ist die Maschine der bessere Mensch?" und dies dann auch noch – hierbei wird die normative Implikation des anthropologischen Zugriffs deutlich – unter dem Schlagwort „Mensch-Sein 4.0" (IDE 2016) diskutiert. Dabei ist ja keineswegs klar, was „besser" meint. Zweifelsohne kann man bestimmte standardisierbare Aufgaben von Maschinen „besser" erledigen lassen, besser in Bezug auf Geschwindigkeit, Qualität und Kosteneffizienz (vgl. Lipaczewski und Ortmeier 2012). Aber „besser" kann natürlich auch moralisch gedeutet werden (und darauf spielt die zitierte Ethik-Tagung an). Abgesehen von populistischen Entweder-Oder-Befragungen mit wenig differenzierender Tiefe, in denen aber immerhin nur 25 % der Beteiligten die Frage „Is machine better than man?" (2013) positiv beantworten, scheint bei ernsthafter Betrachtung schon bescheidene technische Selbständigkeit von Maschinen die Notwendigkeit deutlich zu machen, dass diese damit als „artificial moral agents" (Wallach und Allen 2009, S. 4) auch bestimmte moralische Vorgaben erfüllen müssten (vgl. Allen 2011). Wie weit dies geht, zeigt eine Studie von 2008, die im Auftrag des US Marineministerium klären sollte, was für die Entwicklung einer „Autonomous Military Robotics" neben Risikoabwägungen und Funktionsanforderungen auch an ethischen Fragestellungen zu berücksichtigen wären (vgl. Lin et al. 2008).

Dieser thematische Hype hat zwei philosophisch interessante Aspekte, zum einen stellt sich *generell* die Frage nach dem *Humanum* des Menschen neu, zum anderen gerät *konkreter* die Frage nach dem ethischen Verständnis *moralischer Akteure* in den Blick. Im Folgenden will ich der zweiten Frage nachgehen, obwohl natürlich die erste in gewisser Weise der zweiten auch systematisch vorausgeht. Ich „löse" dieses Problem, wenn es denn eines darstellt, indem ich für diesen Beitrag das *Humanum* des Menschen allein deskriptiv fasse: Das macht den Menschen als Mensch aus, dass er zu dieser Spezies gehört. Damit wird die Feststellung, Maschinen seien eben keine Menschen und könnten daher auch nicht wie diese im Hinblick auf moralische Verantwortbarkeit behandelt werden, in ihrer Trivialität obsolet. Ich diskutiere also weder die Frage, ob in gewisser Weise Maschinen dem Menschen in seiner Wesensform vergleichbar sind (das wäre eine quasi anthropo-metaphysische Frage), noch – spezifischer auf das Thema bezogen – ob im speziesistischen Sinne „menschliche" Aspekte wie eine grundsätzliche Sozialität, um moralisches Handeln z. B. als Rollenkonformität zu deuten (vgl. Mayo 1968), oder eine grundsätzliche physische Disposition, um moralisches Handeln z. B. auf die neuronale Basis moralischer Sensibilität zurückzuführen (z. B. Moll et al. 2007), für die Frage nach einem „moralischen Akteur" etwas beitragen, denn dies würde Maschinen schon im Vorhinein aus dem Kreise möglicher moralischer Akteure ausschließen. Mit anderen Worten, diese vielleicht argumentativ attraktive Theoriearbeit trägt zu der Frage nach der Verantwortbarkeit maschineller Aktionen oder „Handlungen" nichts bei.

1 Moralische „Akteure"

Handlungen werden gemeinhin auf mikrosozialer Ebene verhandelt: es sind Verhaltensweisen von (wie selbstverständlich vorausgesetzt *menschlichen*) Individuen, denen bestimmte Eigenschaften unterstellt werden. Sehr gut zusammengefasst findet man eine Bestimmung von *Handlung* bei Gerhild Tesak (2003). Für sie steht der Ausdruck

> „für aktives, willentliches, bewusstes und somit auf freier Willensentscheidung beruhendes Tätigsein und bildet den Gegensatz zu allem bloß reflexhaften Tun, passiven Geschehenlassen oder allen nicht beeinflussbaren Naturereignissen. Jede Handlung zeichnet sich strukturell aus durch die beiden Momente Ziel / Zweck und Mittel, die in einem funktionalen Zusammenhang stehen".

Freiheit, Willentlichkeit, Bewusstheit und dann zielhafte und funktionale Intention – alle diese Voraussetzungen für die Verwendung des Handlungsbegriffs sind jede für sich sehr komplex und zugleich *nicht* beobachtbar. Wir *schließen* auf diese Bedingungserfüllung, indem wir einem Akteur „Handlung" im genannten Sinne unterstellen. Diese Unterstellung hat ihre Berechtigung und Plausibilisierung in einem Analogieschluss, den wir notgedrungen aus der Tatsache heraus leisten, dass wir nur zu unserer *eigenen* Freiheit, Willentlichkeit, Bewusstheit und dann zielhaften und funktionalen Intention Zugang haben. Spitzen wir es zu, so können wir mit Max Weber (1922, S. 1) als das grundlegende Moment von *Handeln* (und damit *Handlung*) festlegen:

> „‚Handeln' soll [...] ein menschliches Verhalten (einerlei ob äußeres oder innerliches Tun, Unterlassen oder Dulden) heißen, wenn und insofern als der oder die Handelnden mit ihm einen subjektiven *Sinn* verbinden".

Weber differenziert „Sinn" noch weiter, betont aber den gemeinsamen Aspekt: „Sinn" sei immer der „subjektiv *gemeinte* Sinn" (Weber 1922, S. 1).[1]

Damit sind zwei wichtige Aspekte benannt. Zunächst: Sinn wird vom Handelnden gesetzt. Was dieser als Sinn annimmt, macht die Handlung sinnvoll und damit überhaupt erst zur Handlung im Gegensatz zu jedem möglichen anderen Tun wie ein bloßes Verhalten. Im Diskurs mag diese Sinnunterstellung auf wenig Zustimmung stoßen – z. B. bei moralisch fragwürdigen Handlungen, also Handlungen, die den Wertüberzeugungen anderer Subjekte widersprechen –, aber die Sinnsetzung *selbst* ist ein Signum moralischen Subjektseins. Dann: Sinn ist ebenfalls nicht beobachtbar, sondern kann nur aus dem Handeln (also empathisch und damit analogisch) erschlossen oder durch das Handlungssubjekt kommunikativ mitgeteilt werden. Beides jedoch begründet zumindest keine *allein deskriptive* empirische Rekonstruktion der Sinnhaftigkeit einer Handlung (und damit das Subjektsein des/der Handelnden). Somit wird deutlich, dass das vermeintlich zentrale aktuelle Problem der Verantwortungszuweisung an (und daraus resultierend der ethisch zu fordernden Verantwortungsübernahme durch) *Künstliche Intelligenz*[2] (als Maschinen, Roboter, aber auch als intelligente Software und Algorithmen) keineswegs neu ist. Verantwortung als ethische Kategorie fordert keine klassische

---

1   Zwar grenzt Weber diese seines Erachtens für die „empirischen Wissenschaften vom Handeln" (1922, S. 1–2) spezifische Bestimmung des Sinnes gegen ein Verständnis der in seinen Augen „dogmatischen" (Weber 1922, S. 2) Wissenschaften ab, zu denen er neben Jurisprudenz, Logik und Ästhetik auch die Ethik zählt, denn diesen ginge es ja um „den ‚richtigen', ‚gültigen' Sinn" (Weber 1922, S. 2). Aber nehmen wir das jetzt nicht krumm und so hin – denn das „Dogmatische" bei Weber resultiert aus einer irritierenden Entgegensetzung von Empirie und normativer Plausibilisierung, die auch seiner Konstruktion der vermeintlich „werturteilsfreien" und damit „objektiven" Sozialwissenschaften zugrunde liegt. Vgl. dazu Rath (2014, v. a. S. 150–153).
2   Es ist keineswegs klar, was damit gemeint ist – Informatik, Literatur, Philosophie meinen mit diesem Ausdruck durchaus Unterschiedliches. Für einen schnellen knappen Überblick vgl. Rath (2017).

ontologische Verortung im Sein eines moralischen Subjekts, wie dies Hans Jonas (1979) in seinem bis heute einflussreichen Hauptwerk *Prinzip Verantwortung* getan hat (vgl. Rath 1988). Und ebenso sind wir nicht gezwungen, „a new ontological category" (de Graaf 2015, S. 50) einzuführen, um die offensichtliche, aber ethisch, wie zu zeigen sein wird, irrelevante sozialontologische Janusköpfigkeit von Robotern (und anderen Künstlichen Intelligenzen), natürlich und zugleich künstlich zu sein, zu erfassen. So gewichtig diese Janusköpfigkeit, die de Graaf in Bezug auf die Akzeptanzproblematik sozial agierender Roboter bei den Usern formuliert, zu sein scheint, sie ist im Kern trivial:

> "[...] social robots could be interpreted as both animate and inanimate. Animate, because they move and talk. On the other hand they are inanimate as they are programmed machines. So it seems like a new ontological category is about to emerge through the creation of social robots and this process magnifies when robots become increasingly persuasive [...] Thus robotic technologies seem to challenge traditional ontological categories between animate and inanimate [...], which might impose some additional challenges for the evaluation of social robot acceptance" (de Graaf 2015, S. 50).

Denn diese Feststellung sagt nichts anderes, als dass „the robot's sociability lives in the interpretation of the user" (de Graaf 2015, S. 67) – was zwar richtig, aber ebenso für Menschen gilt. Mit anderen Worten: Die Unterstellung, ein *Aktant* (verstanden als eine Entität, die einen Zustand zu ändern vermag, aber noch nicht Element oder Knoten eines Netzwerks ist, vgl. Latour 1996, S. 369) sei notwendigerweise ein menschliches Subjekt (oder eben nicht), ist eine Interpretation, die aus dem beobachtbaren Verhalten und den darauf zurückführbaren Folgen dieses Verhaltens (oder im allgemeinsten Sinne „Tuns") folgen kann. Damit relativiert sich die vermeintliche Disruptivität (vgl. Bower und Christensen 1995) dieser neuen Künstlichen Intelligenz, die uns womöglich auch noch argumentativ zu Fall bringe (vgl. Christensen 2016), sondern erweist sich als sozialepistemologischer und ethischer Normalfall. Das ethische Problem, ob digitale Maschinen als moralische Akteure verstanden und ihnen daher Verantwortung zugewiesen oder gar überlassen werden könnte, ist ebenso disruptionsresistent (vgl. Rath 2016) wie zweifelsohne komplex. Auch ist es kein medien-, roboter- oder maschinenethisch typisches Problem.

Der Umgang mit moralischen Akteuren, die sich nicht unmittelbar auf individuelle Menschen zurückführen lassen, ist in der angewandten Ethik nicht ungewöhnlich. Diskutiert wurde diese Frage ethisch bereits ausführlich in der Wirtschaftsethik, nachdem das gesetzte Recht diese Frage ohnehin schon im 19. Jahrhundert durch die Einführung der „juristischen Person" für sich funktional gelöst hatte (vgl. Nass 1964; Palm 2013). Die konkrete Fragestellung für die Wirtschaftsethik war, wie jenseits der Mikroebene des Individuums von einer moralischen Verantwortung von Organisationen und Institutionen gesprochen werden könnte, aus der dann im Gegenzuge normative Erwartungen an diese Verantwortungssubjekte auf der Meso- oder Makroebene gerichtet werden könnten. Denn unabhängig von philosophischen Differenzierungen nach Handlungen als Tun von sinnsetzenden (humanen) Individuen haben wir es in der Realität mit der alltagspraktischen Selbstverständlichkeit zu tun, dass Wirtschaftsunternehmen „von außen grundsätzlich als moralfähig und für ‚ihr' Handeln verantwortlich angesehen" (Scholtes 2007, S. 14) werden. Das ist zwar noch kein philosophisch-ethisches Argument, aber es führt zu der Frage, wie dies sein kann – setzen wir einmal voraus, dass es sich hier nicht um einen verdeckten Animismus handelt.

Diese alltagspraktische Überzeugung hat damit zu tun, dass wir Unternehmen als „handelnd" erleben. Ihnen werden Interessen und Intentionen unterstellt. Dies ist aus einer systemtheoretischen Sicht interessant, denn es setzt die Einsicht voraus, dass die humanen Akteure in einem Unternehmen, die Entscheidungsträger auf Managementebene, eben nicht primär und unmittelbar ihre *eigenen* Interessen verfolgen, sondern nur mittelbar, indem sie die Interessen des Unternehmens in den Blick nehmen. Wie kann aber ein Unternehmen, also ein Konglomerat von technischem Gerät, Verwaltungsregeln, Menschen, Rechtsverhältnissen usw., Subjekt von Interessen und damit Träger von Präferenzen sein – die als „Sinn" die Basis abgeben für die Unterstellung, Handlungsträger zu sein? Der Wirtschaftsethiker George Enderle (1992, S. 146) hat vielleicht als erster aus einer im strengen Sinne philosophischen Position (und nicht in einer bloßen Übertragung des funktionalen Konstrukts einer „juristischen Person") Unternehmen als „moralische Akteure" konzeptionalisiert.

Es ist nämlich für die Unternehmensethik und die angewandte Ethik überhaupt zentral, die Frage nach der Verantwortungszuweisung in kollektiven Zusammenhängen zu thematisieren. Die beiden Strategien, die in dieser Hinsicht gefahren werden, sind: Zum einen die Verantwortung auf die agierenden Individuen und auf unterschiedliche Ebenen zu verteilen, wie das z.B. Lenk und Maring (1995) systematisiert haben. Die andere Strategie verfolgt auch aus pragmatischen Gründen die *analogische* Rede von „kollektiven Personen" oder „kollektiven Akteuren" wie z.B. Unternehmen. Diese These, Wirtschaftsunternehmen seien nicht einfach nur institutionelle Systeme, deren moralische Bewertung und damit ethische Relevanz auf die diese Systeme konstituierenden Individuen zurückzuführen wären, sondern eigene „moralische Akteure" (vgl. Enderle 1991, 1992; Lee-Peuker et al. 2007), wirft das metaethische Problem auf, einerseits Entitäten Verantwortungsfähigkeit zu attribuieren, denen man andererseits zwei grundlegende Kompetenzen moralischer Zurechenbarkeit abspricht: einen individuellen Willen und abwägende Entscheidungsfähigkeit.

Damit wird jenseits der rechtspragmatischen Konstruktion einer „juristischen Person" die Anthropologisierung der Institution Unternehmen problematisch. Diese Problematik wird allerdings vermeintlich über die individuellen Akteure der jeweiligen Unternehmen sowie die in den Unternehmen geltenden institutionalisierten Entscheidungs- und Handlungsregeln eingeholt. Über diese Individuen würden Unternehmen von den normativen Vorstellungen eines kulturellen Kontextes geprägt und wirkten ihrerseits in dieses Umfeld zurück. *Idealiter* formulieren in diesem Modell unternehmensexterne (und z. T. auch interne) Individuen, mit Kant gesprochen, „Maximen", an die sich dann interne Individuen halten und damit einen Akteur auf der Meso- bzw. Makroebene fingieren. An anderer Stelle (Rath 2012) habe ich darauf hingewiesen, dass diese institutionsethische Wendung medienethisch relevant ist, aber eben die Rede von „moralischen Akteuren" dann auch nur analogisch verstanden werden kann. Allerdings führte die Analyse dieser analogischen Rede zu einer wichtigen Differenzierung zwischen einer repräsentativen und präsentativen Funktion der die Institution konstituierenden „natürlichen Personen". Übertragen auf die Frage nach dem ethischen Stellenwert einer Maschine mit definierten, regelgestützten Kommunikations- und Aktionsmöglichkeiten (also einem „moralischen Akteur" im Sinne Enderles) müsste diese Maschine (im weitesten Sinne, ob nun als Roboter oder als Software verstanden) als *Repräsentation* der ihre Regeln *definierenden* natürlichen Personen verstanden werden.

Das vermeintliche metaethische Problem, Maschinen als „besserer Mensch" (unter moralischen und/oder Effizienzgesichtspunkten) zu anthropologisieren und damit misszuverstehen, löst sich demnach auf zu der *eigentlichen* metaethischen (und letztlich kantischen) Frage, welchen entscheidungslogischen Stellenwert Regeln überhaupt haben können, denen Maschinen folgen soll, und welche Verantwortungslogik diese Regeln und den aus ihnen resultierenden Handlungen zugrunde liegt. Kurz: Wie entscheiden Maschinen, wenn sie regelgestützt entscheiden? Und was hat das mit Moral zu tun?

Setzen wir also ein analogisches Verständnis der Maschine im genannten weiten Sinne voraus, dann ist die alltagspragmatische Beurteilung der *Maschine* als Subjekt in der grundlegenden Analogie zu suchen, die wir auch schon *Menschen* gegenüber anwenden: Wir unterstellen Sinn, weil unser eigenes Handeln und das diese Handlungen bestimmende Entscheiden unserer Selbsterfahrung mit Sinnsetzung entspricht. Und indem – so können wie diese Überlegungen im Hinblick auf Maschinen als „moralische Akteure" zusammenfassen – wir einer Maschine Moralfähigkeit unterstellen, sie zur „moral machine" (Wallach und Allen 2009) erklären, tun wir nichts anderes als ihr regelgestütztes Handeln und

Kommunizieren zu *unterstellen* – Regeln, die als Code die Wertvorstellungen individueller humaner Akteure *realisieren*. Das analogische Akteursverständnis in Bezug auf eine moralische Maschine speist sich demnach aus der konkreten Realisierung regelgestützter, d. h. programmierter, Handlungsmöglichkeiten und Kommunikationsmöglichkeiten. Die Komplexität entscheidet letztlich darüber, ob Kommunikation und Aktion „in the interpretation of the user" (Graaf 2015, S. 67) als das Handeln eines moralischen Akteurs erscheinen.

Nun könnte man daraus die Idee entwickeln, es müsse möglich sein, parallel zum funktionalistischen *Turing Test* (vgl. Turing 1950), einen „Moral Turing Test" (Allen et al. 2000, S. 254f.) zu entwickeln. „If human ‚interrogators' cannot identify the machine at above chance accuracy, then the machine is, on this criterion, a moral agent." (Allen et al. 2000, S. 254) Allerdings muss man berücksichtigen, dass die Kriterien, die eine Moralität definieren, im Gegensatz zu den weitgehend konventionalisierten Sprachregelungen des klassischen *Turing Tests* nicht für jeden „interrogator" gleich wären – Moralität ist abhängig von den jeweiligen, individuell akzeptierten Norm- und Wertvorstellungen. Was für den einen humanen moralischen Akteur als moralisch gilt und daher das künstliche Gegenüber als moralisches Subjekt erscheinen lässt, wird einer anderen moralischen Akteurin als unangemessen oder unausgewogen erscheinen. Um nicht auf dieser *inhaltlich* definierten (und relativierten) moralischen Ebene zu verharren, müssten allgemeine *formale* Aspekte benannt werden, welche die Frage nach moralischen und in der Folge ethischen Maschinen beantworten lassen: Welche entscheidungslogische Ebene erreicht der Algorithmus?

2 Algorithmische Moral

Das sinnstiftende Vorverständnis für die Zuweisung von Moralität (was hier in einem normativen, nicht deskriptiven Sinne zu verstehen ist, also moralisch vs. unmoralisch und nicht moralisch vs. amoralisch) ist die *Übersetzung* unserer sozial vermittelten Norm- und Werturteile (unabhängig, welche dies genau und konkret sind) in Tun, das aufgrund des oben benannten Analogieschlusses als „Handlung" ausgezeichnet wird. In diesem Sinne würden Algorithmen Wertvorstellungen oder Maximen, die auf dem Wege der Programmierung als Regelwerk integriert wurden, in Tun übersetzen. Gehen wir möglichen Plausibilisierungsmodellen nach, inwieweit sie diese Übersetzung darstellen könnten.

Die gängige Vorstellung rekonstruiert in einem recht linearen Sinne diesen Zusammenhang. Ein meist als human angenommener Akteur programmiert ein bestimmtes Verhaltensregelwerk, das in der Maschine verarbeitet und dann durch eine vorbestimmte Aktion, ein Tun der Maschine, realisiert wird. Der Algorithmus (der im Programm angelegt und in der Maschine real umgesetzt wird) *repräsentiert* also die Wertvorstellung des humanen Programmierers. Die maschinelle Reaktion nimmt die gesetzte und im Programm realisierte Wertvorgabe als Auslöser auf, sie interagiert aber nicht anders mit der Realität der Welt als eben durch diese Reaktion. Die „Intention" der Maschine ist das Wollen des Menschen, der sie programmiert hat, die Realität der Welt ist nicht mehr als der Befehl des Programms – ein lineares Modell, das die Prozesse einfacher Programme adäquat wiedergibt. Auch hier sind natürlich Variationen möglich, diese gehen aber nicht auf die Maschine „selbst"[3] zurück, sondern auf die im Programm angelegte Kontextgestaltung der Menschen, die mit ihr umgehen. Sofern der programmierte auslösende Impuls erfolgt, läuft der Prozess ab, unabhängig, inwieweit er in der Welt, in der er abläuft, „sinnhaft" wäre.

Nun ist dieses lineare Modell für komplexere Maschinen zu einfach, denn es vernachlässigt den Aspekt, dass die Maschine selbst als Realisierungsbedingung des kodierten Wollens des Menschen die Umsetzung dieses Wollens mitbestimmt – nehmen wir das programmierte Wollen des Menschen in gewisser Weise als eine Kommunikation mit Welt (denn die Umsetzung wird „in the interpretation of the

---

3   Der Ausdruck „selbst" ist nicht unproblematisch. Denn philosophisch verweist er auf einer ebenfalls dem Menschen gemeinhin vorbehaltenen Identität als Selbstheit (*idem*) des Individuums, nicht im generischen, sondern im numerischen Sinne (vgl. Fetz 1988, S. 88–90, dazu Rath 2002). Heute gehört der Terminus „Identität" meist zu den sozialwissenschaftlichen Kategorien. *Anthropologisch* interessant ist Identität als die Fähigkeit des Menschen, sich selbst als identisch zu *identifizieren*. Diese Selbstidentifizierung zeigt sich in der Fähigkeit, sich selbst mit „ich" zu bezeichnen. Erst wenn diese Fähigkeit vorhanden ist, können wir mit Jürgen Habermas von einer „natürliche Identität" (Habermas 1973, S. 222) sprechen. Aber explizit wird diese Identität des „Ich-sagen-könnens" zunächst nur gegenüber anderen Menschen. Die reflexive Leistung, sich selbst als „ich" zu beschreiben, erfolgt in narrativen Strukturen, die auch in verschiedenen theoretischen, philosophischen wie sozialwissenschaftlichen, Konzepten hervorgehoben werden, so z. B. im Konzept der Identität als soziale Konstruktion des *Self* am signifikanten und generalisierten Anderen bei George Herbert Mead (1968), als Symbolvermitteltheit von Ich und Welt bei Ernst Cassirer (1996), als „narrative Identität" bei Paul Ricoeur (1987), als Hermeneutik des Selbstverständnisses der Person bei Manfred Frank (1988) oder als Biographisierung bei Armin Nassehi (2010) – in all diesen Konzepten von „Identität" konstruiert diese sich als *Selbstauslegung des Ich-sagenden Individuums im Narrativ*. Würden wir also einer Maschine im terminologischen Sinne Identität zugestehen, so müsste dies über einen im weitesten Sinne „biographisch" – Pană (2012, S. 12) spricht von „lifegraphy" –, symbolisierten, selbsthermeneutisch und sozialisatorisch rekonstruierbaren Analogieschluss erfolgen, der aus der Selbsterzählung der Maschine folgt. Dies kann hier jedoch nicht identitätstheoretisch entfaltet werden.

user" als ein „gemeinter Sinn" gedeutet), dann sind wir nahe an der Mediumstheorie (vgl. Meyrowitz 1995), die eine starke Dominanz der Technik (unabhängig vom Inhalt) auf die Kommunikationsmöglichkeiten des Menschen ansetzt. Doch das erfasst den Zusammenhang noch nicht hinreichend. Das Interessante an sinnunterstellender Reaktion auf das Tun von Entitäten, die als sinnsetzend interpretiert werden, ist die *Reziprozität*. Die unter der Mitwirkung von Technik sich wandelnde Kommunikation, die in der Praxis der medialen Kommunikation auch auf die Technik, oder wie wir jetzt sagen, das Medium, wirkt, ist ein grundsätzlicher Prozess, der im Rahmen der Mediatisierungstheorie (Krotz 2001; 2007) verstehbar wird. Unter Mediatisierung wird das Phänomen gefasst,

> „dass durch das Aufkommen und durch die Etablierung von neuen Medien für bestimmte Zwecke und die gleichzeitige Veränderung der Verwendungszwecke alter Medien sich die gesellschaftliche Kommunikation und deshalb auch die kommunikativ konstruierten Wirklichkeiten, also Kultur und Gesellschaft, Identität und Alltag der Menschen verändern" (Krotz 2005, S. 18).

Greifen wir nun so verstandene Mediatisierung als Plausibilisierungsmodell auf, um den Zusammenhang zwischen algorithmischer Regelung und „Handeln" der Maschine zu rekonstruieren: Die maschinelle Aktion *mediatisiert* die Intention des Akteurs an den Zielakteur, d. h. die Maschine ist dabei *modulierendes* Element der Kommunikation. *Modulierung* soll hier in gewisser Weise als *explanans* der Mediatisierung in diesem Zusammenhang gelten. Kann dies an die Übersetzung im oben genannten Sinne und damit an die analogisch konstruierte Sinnstiftung bzw. das analogisch konstruierte Sinnverständnis anschließen?

Das Medium Maschine gestaltet also modulierend die Kommunikationspraxis mit, diese ist aber durch den mitteilenden Kommunikator als auch durch den empfangenden (und dann ggf. seinerseits mitteilenden) Kommunikator *gesetzt*. *Setzung* meint hier den Prozess der Sinnkonstruktion und Sinnrekonstruktion. Medien sind für das Mediatisierungsmodell modulierendes Teil der sich wandelnden sozialen Praxis „Kommunikation", aber die sinnsetzende wie dann auch die sinnverstehende Intention der beteiligten Menschen sind die maßgebenden Momente dieser medialen Kommunikation und werden durch die mediale Technik nicht selbst ins Werk gesetzt. Die im linearen Modell wie auch in der Mediumstheorie als dominant konzipierte Programmierung „verschwindet" mediatisierungstheoretisch quasi in einer symbolisierten und durch die Kommunikatoren hermeneutisch gesetzten *black box* der von der Technik unabhängigen, von dieser aber in der Übertragung immer auch mitgestalteten oder modulierten Kommunikation. Gerade Roboter wie z. B. der von SONY entwickelte Roboter-„Hund" AIBO (vgl. Krotz 2007, S. 130-150) sind Quasi-Kommunikanten, die in der *modulierten* (also durch im Rahmen der

Programmierung möglichen Reaktion der Maschine auf äußere Umstände, die wiederum die humanen Kommunikanten zu Reaktionen veranlassen) Kommunikationspraxis immer noch die sinnsetzende Intention der programmierenden Person „übertragen", das Verständnis dieser Übertragung (sein *Sinn*), ist aber andererseits ebenfalls abhängig von der Interpretation des wahrnehmenden bzw. mit der Maschine interagierenden Menschen.

Allerdings setzt auch dieses Verständnis – wie schon das vereinfachende lineare Modell – eine ontologische Differenz zwischen „natürlichem" Menschen mit seinen als frei angesetzten Intentionen und „künstlichen", also gemachten Maschinen, denen wir keine eigene Intentionalität im umfassenden Sinne unseres Selbstverständnisses und damit keine Freiheit zugestehen. Diese Intentionen konstituierende Freiheit wird in der Diskussion um Künstliche Intelligenz in gewisser Weise depotenziert, wenn dieses umfassende Konzept menschlicher Identität nur im Hinblick auf gewisse technikaffine Aspekte auf die Maschine übertragen wird. So bezeichnet z. B. Pericle Salvini (2014, S. 70) Maschinen wie AIBO als „social robot" und definiert diesen dann als „autonomous machine designed to interact with human beings in a human-like way". Dabei muss berücksichtigt werden, dass Salvini hier einen lediglich funktionalistischen – eben depotenzierten – Freiheitsbegriff anlegt, denn „Autonomy" ist für Salvini lediglich „the possibility to carry out a task without human help, for a prolonged period of time and in a dynamic and unstructured environment" (Salvini 2014, S. 76) – was de facto für alle Maschinen gilt, die programmiert regelhafte Kommunikationsprozesse simulieren können.

Diese Autonomie- bzw. Freiheitskonditionen, die Salvini in seiner Definition als *explanatia* voraussetzt, sind zwar notwendig, aber keineswegs hinreichend. Der analogischen Ausweitung der Freiheit setzenden Subjektstelle auf alle Menschen liegt eine „Hermeneutik des Selbstverständnisses" (Frank 1988, S. 28) zugrunde, in der wir uns *reflexiv als frei erfassen*. Kant begründet diese Selbsterfahrung mit dem Fehlen natürlicher Kausalität bei Handlungen, die wir frei wählen, weil sie eben auch nicht sein könnten. Freiheit bestimmt er dann allgemein als: „unabhängig von jenen Naturursachen […] etwas hervorzubringen […], mithin eine Reihe von Begebenheiten ganz von selbst anzufangen" (AA III, S. 364)[4]. Diese Bestimmung Kants geht über den funktionalistischen Autonomie-Begriff Salvinis hinaus, hat aber den Vorteil, den technisch-naturwissenschaftlichen Kausalismus nicht zu verletzen und zugleich die Basis für ein hermeneutisches Selbstverständnis zu legen, die notwendig ist, um eine nur analogische Rede von menschlicher Freiheit als Freiheit aller Menschen zu plausibilisieren. Mit anderen Worten, Salvini for-

---

4 Die Schriften Kants werden nach der *Akademie-Ausgabe* der Preußischen Akademie der Wissenschaften, Berlin, zitiert (AA Band, Seite), die auch online zur Verfügung steht.

muliert zwar einen wichtigen Aspekt komplexer Maschinen, wenn er ihnen „the possibility to carry out a task without human *help*" zugesteht. Er übersieht aber die eigentliche ethische Pointe: Frei und damit verantwortungsfähig wären Maschinen erst dann, wenn wir ihnen „the possibility to carry out a task without human *will*" zuweisen könnten.

Damit ist zugleich die Frage gestellt, mit welchem Plausibilisierungsmodell es dann möglich wäre, Maschinen so vorzustellen, dass sie im eigentlichen Sinne „Simulacra" darstellen, also Interaktion und Kommunikation nicht nur programmiert regelhaft simulieren, sondern ununterscheidbar von Humankommunikation kommunizieren, wie es der Baudrillardsche „Simulacrum"-Begriff (vgl. Baudrillard 1995), auf den sich Salvini bezieht, nahelegt. Erst dieses Modell würde es erlauben, die Frage nach Maschinen als „moralische Akteure" deutlicher zu beschreiben.

Als Antwortversuch böte sich ein Plausibilisierungsmodell an, dass in den letzten Jahren als handlungstheoretische Alternative zu einem vermeintlich anthropozentrischen Subjektbegriff auf den Plan trat, die „Akteur-Netzwerk-Theorie" ANT (vgl. Latour 2005; Schulz-Schaeffer 2000), denn die ANT verzichtet auf die Annahmen von Kategorien wie Mensch vs. Maschine, sozial vs. technisch etc.:

> „Wissenschafts- und Technikentwicklung ist diesem Ansatz zufolge weder durch natürliche oder technische Faktoren verursacht noch durch soziale Faktoren. Erst die Ex-post-Betrachtung wissenschaftlicher bzw. technischer Innovationen generiert diese Betrachtungsweise, die es deshalb zu unterlaufen gilt, will man zu einem Verständnis der entsprechenden Prozesse selbst gelangen." (Schulz-Schaeffer 2000, S. 188)

Damit werden nicht einfach „Dinge" (wie Maschinen, Algorithmen, Roboter) zu Menschen gemacht – also anthropologisiert –, sondern die *Voraussetzung* dieser Zuweisung wird außer Kraft gesetzt, nämlich einen Unterschied zwischen Menschen als Trägern ethisch ausgezeichneter Eigenschaften wie Vernunft, Freiheit, Intention usw. und „Nicht-Menschen" anzunehmen, der quasi ontisch absolut und damit selbstverständlich wäre. ANT „does not limit itself to human individual actors, but extends the word actor – or actant – to *non-human, non-individual* entities" (Latour 1996 S. 369).

Das Konstruktive dieses Modells ist, dass es den Kommunikationsprozess nicht nach Mensch und Medium differenziert, sondern als ein Netzwerk denkt, bei dem die einzelnen Akteure gleichbedeutend die Kommunikation (als Funktion des Netzwerks) inhaltlich und formal gestalten. Kommunikationen sind für die ANT „Figurationen", die durch alle Akteure gestaltet werden – also auch durch die Maschinen oder andere „non-humans" (Latour 2005, S. 10).

"[…] any thing that does modify a state of affairs by making a difference is an actor – or if it has no figuration yet, an actant. Thus, the questions to ask about any agent are simply the following: Does it make a difference in the course of some other agent's action or not? Is there some trial that allows someone to detect this difference?" (Latour 2005, S. 71)

Dieses Konzept relativiert den Handlungsbegriff, der die Bedingung unserer Moral-Diskussion bisher war:

„Handlungsfähigkeit wird zu der Eigenschaft, im Handeln Dritter eine Rolle zu spielen […]. Nicht-menschlichen Aktanten muss unter dieser Definition weder Intention noch Bewusstsein zugesprochen werden, um ihnen dennoch Handlungsfähigkeit zu attestieren." (Philipp 2017, S. 52)

Damit vermag die ANT zumindest oberflächlich die philosophisch bedeutsame Unterscheidung nach bewusster Intention und regelhaftem Automatismus zu unterlaufen, weil sie die (kommunikative) Handlung als Prozess betrachtet, für den die Intentionalität der Akteure unerheblich ist. In diesem Sinne *transformieren* Maschinen alleine oder in der Interaktion zwischen Menschen und Maschinen Maximen in selbststeuernde „Handlungen".

Doch dieser konzeptionelle Gewinn aus dem argumentativen Verzicht auf Freiheit ist nur auf den ersten Blick schlüssig. Es können hier die theoretischen Fallstricke der ANT nicht detailliert entfaltet werden, allerdings lässt sich am oben zitierten Text von Latour schon das Problem deutlich machen, nämlich die unterschwellige Reontologisierung des Akteurs bei Latour bzw. in der ANT. In der ANT versteht man unter Figuration ein Wirkungsgeflecht und deutet jedes, graphentheoretisch gesprochen, „Element" dieses Netzes als Wirkungsfaktor, der dann als „Akteur" auftritt. Damit wird ein handlungstheoretisches Akteursverständnis ersetzt zugunsten eines funktionalistischen Wirkungsverständnisses.

Dann jedoch führt Latour im zitierten Text eine interessanten Variante des Akteurs ein: „[…] any thing that does modify a state of affairs by making a difference is an actor – *or if it has no figuration yet, an actant.*" (Latour 2005, S. 71, Herv. M.R.) Unausgesprochen bedient sich Latour hier bei der Bestimmung einer Entität, die (noch) *nicht* Element eines Netzwerkes ist, einer mit der rein *funktionalistischen* Akteurskonzeption vermeintlich aufgegebenen *essentialistischen* Wesensbestimmung möglicher Akteure als „Aktant". Denn damit feiert unter der Hand die klassische aristotelische und thomasische *Actus-Potentia*-Lehre wieder ihre unerwartete Auferstehung, die aus der naturphilosophischen Beschreibung *möglicher* Wirksamkeit auf die metaphysische *Gewissheit* des Wesens einer Entität schließt (vgl. zum Überblick Freddoso 2015). Die *potentia passiva*, also die Möglichkeit, die Funktion des Wirkens zu entfalten, wird zum wesenhaften Zug eines Akteurs (*potentia activa*), der diesen schon vor der Einbindung in eine Figuration, also noch als Aktant (und damit potentiellen Akteur), auszeichnet – ohne freilich diesen essentialistischen Kern des Aktorenkonzepts explizit zu machen (bzw. selbst zu erkennen). Als Bedingung zur Realisierung der *potentia* in einem *actus* ist aufgrund dieses unausgesprochenen konzeptionellen Vorbehalts nicht mehr eine subjektive Intention (und damit handlungsbegründende Freiheit) notwendig, sondern nurmehr ein verkürztes Autonomieverständnis, nämlich funktionale Wirkung in einem Netzwerk zu entfalten.

3 Algorithmische Ethik?

Als Fazit können wir festhalten, dass die Komplexität maschineller Aktionen durch das klassische lineare Modell der Repräsentation programmierter Maximen als Algorithmen in der Abarbeitung dieser Programme unzureichend beschrieben wird. Die Mediatisierungsthese erlaubt uns, diese Prozesse als das Ergebnis der maschinell modulierten Aktionen der humanen Akteure zu verstehen, also als Prozesse, in denen die Intention der Akteure durch die mediatisierte Realisierung mitgestaltet, aber nicht selbst intendiert und damit auch nicht verantwortet wird. Die ANT schließlich erlaubt, diese Mediatisierung ihrerseits als Transformation zu deuten, in der das Netzwerk (also nicht die nach human vs. non-human differenzierten Akteure) Prozesse auszeichnet, die als „Handlungen" bestimmt werden können, ohne Intentionalität und damit Bewusstsein überhaupt vorauszusetzen. Dies erlaubt eine Diskussion der Zuweisbarkeit dieser Handlungen an das Netzwerk als Akteur, ohne eine Differenzierung nach Mensch und Maschine, nach Bewusstsein und Funktion überhaupt vorauszusetzen.

Damit holen wir durch eine bewusste Absehung von Intentionalität die Maschinenethik-Diskussion auf den Stand der oben beschriebenen wirtschaftsethischen Rekonstruktion von Institutionen als „moralische Akteure". Maschinen im weiten Sinne (also KI, Roboter, Algorithmen) können ab einer bestimmten Komplexität Aktionen vollziehen, die nicht nur regelhaft definiert, sondern *normativ orientiert* sind, ja, in der komplexen Konkretion auch über die Erwartung der menschlichen Programmierer hinaus gehen und unvorhersehbar sind.

Doch mit dieser Rekonstruktion maschinellen Tuns als moralisches „Handeln" – und damit als ein moralisch *beurteilbares* Handeln, z. B. als „besser" oder „schlechter" – ist für die Frage nach einer *Maschinenethik* nichts erreicht. Vielmehr ist die Rekonstruktion maschineller Aktionen als moralische Aktionen nur *moralisch* interessant – wir können also gemäß individueller, sozial vermittelter Norm- und Wertvorstellungen zu dem Tun der Maschine eine bewertende Position einnehmen. Dies führt aber *ethisch* lediglich zu einem Relativismus letztlich nicht mehr in Bezug aufeinander qualifizierbarer moralischer Überzeugungen. Für eine solche „moraltheoretische", also die jeweils in Anschlag gebrachten moralischen Standpunkte (oder Empörungen) ihrerseits normativ bewertende und entscheidende Argumentation bräuchte es eine Außenposition. Und diese Außenposition nimmt die *philosophische* Ethik ein.

Als Disziplin der praktischen Philosophie untersucht die philosophische Ethik die menschliche Lebenspraxis mit Blick auf die Bedingungen ihrer Moralität. Dabei sollen bestimmte moralische Aussagen über Handeln als sinnvoll, nachvollziehbar und verallgemeinerbar ausgezeichnet werden können. Es wird versucht, allgemeine Prinzipien oder Beurteilungskriterien zur Beantwortung der Frage nach dem „richtigen Handeln" zu formulieren, die in ihrer Begründung epochen- und kulturunabhängige Geltung beanspruchen können (vgl. Scarano 2002: 25). Die Letztbegründung ethischer Prinzipien geschieht unter dem Gesichtspunkt der Verallgemeinerbarkeit und der intersubjektiven Nachvollziehbarkeit und Anerkennung der Argumente. Normative Handlungsorientierungen sind philosophisch darauf hin zu überprüfen, ob sie verallgemeinerbar und in ihrer Anwendung plausibel sind. Ethik als eine solche *Theorie rational eingeholter Normativität* fragt also nach allgemeinen vernünftigen Begründungen für Normvorstellungen, die unser Handeln als sozial akzeptierte Moral oder als individuell realisierter Ethos normativ anleiten.

Eine Ethik der Maschinen würde also, als eine mögliche Folge der Absehung von Intentionalität und Bewusstsein der handelnden Akteure oder komplexer der Figurationen, nach einer maschinisierten (oder letztlich mediatisierten) *Theorie rational eingeholter Normativität* fragen – die, wie oben gezeigt, vermeintlich in ein metaethisches Problem führen würde. Jedoch bei Lichte besehen, geht es lediglich um die Frage, welchen Akteursstatus wir den Maschinen zugestehen können (oder müssen), also inwieweit sie zu *ethischen* Entscheidungen fähig sind.

Um sie als *ethische* Akteure auszuweisen, wären jedoch die Begründungsbedingungen wieder in Kraft zu setzen, die unter dem Einfluss der ANT außer Kraft gesetzt worden sind. Mit anderen Worten, eine beobachtetes Tun von Maschinen im Sinne normativ akzeptierter Regeln (Moral) erlaubt zwar, diese Maschinen im Hinblick auf dieses Handeln als Ursache zu bestimmen. Insofern kann man umgangssprachlich von einer „Verantwortung" der Maschine für die Folgen ihres Tuns sprechen. Dies ist jedoch nur der sehr eingeschränkte Verantwortungsbegriff im Sinne von *Regelkonformität* – also Übereinstimmung mit den zuvor durch humane Akteure mittelbar oder unmittelbar programmierte Regeln. Verstehen wir aber Verantwortungsfähigkeit im ethischen Sinne als die Fähigkeit, moralische

Regelkonformitätsansprüche zu problematisieren, löst sich dieses vermeintliche metaethische Problem auf. Es ist wichtig diesen Unterschied nochmals explizit zu machen. Es ist keineswegs zu bestreiten, dass Maschinen (KI, Roboter, Computer) regelkonform agieren oder auch nach moralischen Regeln konform kommunizieren – und insofern auch einen „Moral Turing Test" (vgl. Allen et al. 2000) bestehen könnten. Wir können also von Maschinen als moralischen Akteuren sprechen – ganz im Sinne der ANT und weitergehend als in der oben erläuterten analogischen Sprechweise der Wirtschaftsethik. Sie können, eine komplexe Programmierung vorausgesetzt, die umweltspezifizierte Regelanwendung erlaubt, einer vorgegebenen Moral folgen. Als *ethische* Agenten hingegen müssten sie im Stande sein, Regeln nicht nur zu befolgen, sondern sie auch zu *verstehen*. Verstehen meint hier, diese in einem größeren Sinnzusammenhang einzuordnen. Diese jedoch ist mit einer auch flexiblen Regelprogrammierung – bislang zumindest noch – nicht zu leisten:

> "[...] information is never given in an absolute sense but always part of a greater universe of meaning and practice. In order to be able to process information a subject needs more than mathematical rules. It requires an understanding of the universe of meaning, which in turn requires several other factors, among them a physical existence and a being-in-the-world" (Stahl 2004, S. 71)

Dieses In-der-Welt-Sein macht es notwendig, dass eine Entität Bedeutung versteht – bzw. Bedeutung in sensorisch vermittelte Reize hineinlegt. Es ist ein grundlegendes Problem allein deskriptiver Ansätze, welche die analogische Deutung beobachteten Tuns verabsolutiert (vgl. Balkenius 2016), dass sie Bedeutungsverständnis und intentionale Regelproblematisierung als Bedingungen ethischer Verantwortlichkeit vernachlässigen. Maschinelle Verantwortung reicht an die Problematisierung von Handlungsmaximen nicht heran.[5] So sind denn auch die Kataloge Moral ermöglichender Kompetenzen und Eigenschaften artifizieller „moralischer Agenten", sofern ihnen ethische Kompetenz unterstellt wird, also zwischen Moral und Ethik nicht hinreichend unterschieden wird, so umfangreich und im besten Falle utopisch (vgl. Panǎ 2012, S. 12).

---

5   Damit beantwortet sich auch die von Brieger (in diesem Band) aufgeworfene Frage bereits in den Voraussetzungen, nicht nur in den Ergebnissen deontologisch programmierter Maschinen (vgl. auch Tokens 2009).

4 Ausblick: „Moral Machines" vs. „Ethical Machines"?

Aktuelle Diskurse um „moral machines", vor allem autonome Fahrzeuge, scheinen demnach einem Missverständnis in der sozialen Wahrnehmung dieser artifiziellen Agenten aufzusitzen (vgl. z. B. Bonnefon et al. 2016; Rahwan 2016; Shariff et al. 2017). Denn diese Position vernachlässigt die konstitutiven Voraussetzungen ethischer Verantwortungsanerkennung. Die Fähigkeit, die eigene Regelvorgabe zu problematisieren – sich also über diese intentional hinweg zu setzen –, und zwar ohne Programmierung des „Aufstands" gegen das Programm, ist für die Frage nach einem ethischen bzw. ethisch relevanten moralischen Akteur unabdingbar.

Der bisherige Stand der Dinge macht deutlich, dass Maschinen als moralische Akteure (mehr noch als Unternehmen) ohne weiteres denkbar sind. Die moralische Problemlage für „autonome" Maschinen ist ein Programmierungsproblem. Moralische Regeln (der humanen Akteure) organisieren das Tun der Maschinen. Diese Fähigkeit wird in vielen Bereichen sinnvoll und wünschenswert sein. Die lebensweltliche Präsenz von Maschinen, die zu teilautonomisierten Aktionen fähig sind, macht eine moralbasierte Regelhaftigkeit dieser Maschinen notwendig.

Die *Akzeptanz* bzw. *Ablehnung* dieser Moral ist hingegen (neben der natürlich bestehenden politischen, kulturellen und ggf. ideologischen Dominanz der Programmierung) ein *ethisches* Problem. Die ethische Problemlage für „autonome" Maschinen als „Transformatoren" menschlicher Maximen ist dieselbe wie bei humanen Akteuren, sie müssten im Stande sein, Realität zu gestalten, und zwar so, dass Regelvorgaben negiert werden. Das führt uns zu zwei m. E. basalen Grundeinsichten:

Zum einen die Einsicht, dass unter den Bedingungen programmierter „innerer Vorgänge" von Maschinen wir in Bezug auf eine *ethische* Infragestellung der programmierten *moralischen* Regeln eine eigene, ebenfalls programmierte Präferenzregelanwendung der Maschine annehmen müssen, die in Bezug auf diese Maschine als moralischer Akteur ebenfalls heteronom wäre. Wollen wir nun nicht in einen infiniten Regress geraten, müssen wir dafür eine Instanz außerhalb dieser Maschine annehmen, die autonomer Verursacher dieser maschinisierten heteronomen Präferenzregelanwendung wäre, eine Instanz, die über intentionale ethische Intelligenz verfügt. Zur Zeit scheint dies nur ein Mensch sein zu können.

Just dieser letzte Schluss führt uns zum anderen zu der Einsicht, dass die Fähigkeit, Regeln zu problematisieren und ggf. eigenständig für sich aus moralischer Überzeugung außer Kraft zu setzen, ein intrinsischer Prozess ist, den wir schon bei einem *humanen* Akteur nicht letztlich überprüfen können (es also, mit Kant gesprochen, nicht möglich ist, in Bezug auf die Intention zwischen einer sittlichen und einer nur den Sitten gemäßen Handlung zu unterscheiden). Unsere wie selbstverständliche Intention, dass Maschinen keine autonome Moral und daher auch Ethik haben könnten, *weil* sie eben keine Menschen sind, verfällt letztlich einem Speziesismus (vgl. Singer 2009), der als ethische Position sowohl tierethisch (vgl. Cavalier 2001) wie maschinenethisch (vgl. Dracopoulou 2003) auch aus grundsätzlichen Erwägungen noch unentschieden ist (vgl. Timmerman 2017). Daraus aber, wie in der ANT, darauf zu schließen, es sei erkenntnistheoretisch unproblematisch (oder gar geboten), die Voraussetzung der freien, regelbrechenden Intentionalität aufzugeben, ist ein Fehlschluss. Freiheit ist, wie Immanuel Kant schon in der „Transzendentalen Dialektik" der *Kritik der reinen Vernunft* (AA III, S. 281–382) gezeigt hat, zwar nicht empirisch belegbar, aber sie ist als notwendiges Postulat der moralischen Handlung „unmittelbar gewiß" (AA IX, S. 112). Dieses Problem, Freiheit als Bedingung von Handlung und Verantwortung voraussetzen zu müssen, ohne sie empirisch belegen zu können, im Zusammenhang der technischen Nicht-Humanität von Maschinen zu behandeln, ist – quasi als Gedankenexperiment – sicher hilfreich, um, wie oben bei der Diskussion der ANT, sich die Breite der vorauszusetzenden Bedingungen von Handlungsfähigkeit zu vergegenwärtigen. Jedoch führt es in die Irre, wenn wir mit der Diskussion um nicht-menschliche Akteure ausblenden, dass die Frage der Belegbarkeit dieser Handlungsvoraussetzungen bei prinzipiell *jedem* (auch einem menschlichen) Akteur besteht. Sich also auf die Alternative künstliche vs. menschliche Akteure zu kaprizieren, ist, wie Parthemore und Whitby (2013, S. 19) es formuliert haben, „ultimately, a red herring."

Literatur

"Is machine better than man?" (2013). http://www.debate.org/opinions/is-machine-better-than-man. (Zugriff: 23.09.2017).
Allen, Colin, Varner, Gary, und Zinser, Jason (2000). Prolegomena to Any Future Artifical Moral Agent. *Journal of Experimental & Theoretical Artificial Intelligence*, 12, 251–261.
Allen, Collin (2011). The Future of Moral Machines. In: *The New York Times*, 25.12. 2011. https://opinionator.blogs.nytimes.com/2011/12/25/the-future-of-moral-Machines/?Mcubz=3 (Zugriff: 23.09.2017).
Balkenius, Christian, Cañamero, Lola, Pärnamets, Philip, Johansson, Birger, Butz, Martin V., und Olsson, Andreas (2016*). Outline of a sensory-motor perspective on intrinsically moral agents. Adaptive Behavior*, 24(5), 306–319.
Baudrillard, Jean (1995). *Simulacra and Simulation*. Translated by Sheila Glaser. Ann Arbor, MI: University of Michigan Press.
Bonnefon, Jean-Francois, Shariff, Azim, und Rahwan, Iyad (2016). The Social Dilemma of Autonomous Vehicles. *Science*, 352(6293), 1573–1576.
Bower, Joseph L., und Clayton M. Christensen (1995). Disruptive technologies: Catching the wave. *Harvard Business Review* 73, Hft. 1, 43–53.

Cassirer, Ernst (1996). *Versuch über den Menschen. Einführung in eine Philosophie der Kultur* [1944]. Hamburg: Meiner.

Cavalieri, Paola (2001). *The Animal Question. Why Nonhuman Animals Deserve Human Rights*. Oxford: Oxford University Press.

Christensen, Clayton M. (2016). *The Innovator's Dilemma: When New Technologies Cause Great Firms to Fail*. Boston, MA: Harvard University Press.

de Graaf, Maartje (2015). *Living with Robots. Investigating the User Acceptance of Social Robots in Domestic Environments*. Enschede: Centre for Telematics and Information Technology. http://dx.doi.org/10.3990/1.9789036538794.

Dracopoulou, Souzy (2003). The Ethics of Creating Conscious Robots – Life, Personhood and Bioengineering. *Journal of Health, Social and Environmental Issues*, 4(2), 47–50.

Enderle, George (1991). Annäherungen an eine Unternehmensethik. In: Hans G. Nutzinger (Hrsg.), *Wirtschaft und Ethik (S. 145–166)*. Wiesbaden: Deutscher Universitätsverlag.

Enderle, Georges (1992). Zur Grundlegung einer Unternehmensethik: das Unternehmen als moralischer Akteur. In Karl Homann (Hrsg.), *Aktuelle Probleme der Wirtschaftsethik (S. 143–158)*. Berlin: Duncker & Humblot.

Fetz, Reto L. (1988). Personbegriff und Identitätstheorie. *Freiburger Zeitschrift für Philosophie und Theologie*, 35, 69–106.

Frank, Manfred (1988). Subjekt, Person, Individuum. In Manfred Frank, Gérard Raulet und Willem van Reijen (Hrsg.), *Die Frage nach dem Subjekt* (S. 7–28). Frankfurt a. M.: Suhrkamp.

Freddoso, Alfred J. (2015). *Actus and Potentia: From Philosophy of Nature to Metaphysics*. http://www.nd.edu/~afreddos/papers/actus%20and%20potentia.pdf (Zugriff: 16.12.2017).

Habermas, Jürgen (1973). Notizen zum Begriff der Rollenkompetenz. 1972. In ders.: *Kultur und Kritik (S. 195–231)*. Frankfurt a. M.: Suhrkamp.

IDE (2016). *Mensch-Sein 4.0 – Ist die Maschine der bessere Mensch?* Tagung des Instituts für Digitale Ethik, Hochschule der Medien, Stuttgart. http://www.digitale-ethik.de/veranstaltungen/mensch-sein-4-0/ (Zugriff: 23.09.2017).

Jonas, Hans (1979). *Das Prinzip Verantwortung: Versuch einer Ethik für die technologische Zivilisation*. Frankfurt a. M.: Suhrkamp.

Kant, Immanuel. *Ausgabe der Preußischen Akademie der Wissenschaften*. https://korpora.zim.uni-duisburg-essen.de/kant/ (Zugriff: 23.11.2017).

Krotz, Friedrich (2001). *Die Mediatisierung kommunikativen Handelns. Der Wandel von Alltag und sozialen Beziehungen, Kultur und Gesellschaft durch die Medien*. Opladen: Westdeutscher Verlag.

Krotz, Friedrich (2005). *Neue Theorien entwickeln. Eine Einführung in die Grounded Theory, die heuristische Sozialforschung und die Ethnographie anhand von Beispielen aus der Kommunikationsforschung*. Köln: von Halem.

Krotz, Friedrich (2007). *Mediatisierung. Fallstudien zum Wandel von Kommunikation*. Wiesbaden: VS Verlag für Sozialwissenschaften.

Latour, Bruno (1996). On actor-network theory: A few clarifications. *Soziale Welt*, 47(4), 369–381. http://www.jstor.org/stable/40878163 (Zugriff: 23.09.2017).

Latour, Bruno (2005). *Reassembling the Social. An Introduction to Actor-Network-Theory*. Oxford: Oxford University Press.

Lee-Peuker, Mi-Yong, Scholtes, Fabian, und Schumann, Olaf J. (Hrsg.) (2007). *Kultur – Ökonomie – Ethik*. München: Hampp.

Lenk, Hans, und Maring, Matthias (1995). Wer soll Verantwortung tragen? Probleme der Verantwortungsverteilung in komplexen (soziotechnischen-ökonomischen) Systemen.

In Kurt Bayertz (Hrsg.), *Verantwortung – Prinzip oder Problem?* (S. 241–286). Darmstadt: Wissenschaftliche Buchgesellschaft.

Lin, Patrick, Bekey, George, und Abney, Keith (2008). *Autonomous Military Robotics: Risk, Ethics, and Design.* Calpoly (California Polytechnic State University), im Auftrag des US Department of Navy, Office of Naval Research. Version 1.0.9. 20.12.2008. http://ethics.calpoly.edu/ONR_report.pdf (Zugriff: 23.09.2017).

Lipaczewski, Michael, und Ortmeier, Frank (2012). Handlungsadaptive Produktionsassistenz. In *Proceedings 208 – 42. Jahrestagung der Gesellschaft für Informatik e. V. (GI) (INFORMATIK 2012)* (S. 585–595). http://cs.emis.de/LNI/Proceedings/Proceedings208/585.pdf (Zugriff 20.11.2017).

Mayo, B. (1968). The Moral Agent. In: *The Human Agent.* Royal Institute of Philosophy Lectures, Vol. 1, 1966–1967 (S. 47–63). London: Palgrave Macmillan.

Mead, George Edward (1968). *Geist, Identität und Gesellschaft* [1934]. Frankfurt a. M.: Suhrkamp.

Meyrowitz, Joshua (1995). Medium Theory. In Crowley, David J./Mitchell, David (Hrsg.), *Communication Theory today* (S. 50–77). Cambridge: Polity Press.

Moll, J., de Oliveira-Souza, R., Garrido, G. J., Bramati, I. E., Caparelli-Daquer, E. M., Paiva, M. L., Zahn, R., und Grafman, J. (2007). The self as a moral agent: linking the neural bases of social agency and moral sensitivity. *Social Neuroscience*, 2(3–4), 336–352. doi: 10.1080/17470910701392024 (Zugriff: 23.09.2017).

Nass, Gustav (1964). *Person, Persönlichkeit und juristische Person.* Berlin: Duncker & Humblot.

Nassehi, Armin (2010). Identität als europäische Inszenierung. In Anne Honer, Michael Meuser und Michaela Pfadenhauer (Hrsg.), *Fragile Sozialität* (S. 261–276). Wiesbaden: Springer VS.

Palm, Ulrich (2013). Natürliche und juristische Person. In Hanno Kube, Rudolf Mellinghoff, Gerd Morgenthaler, Ulrich Palm, Thomas Puhl, und Christian Seiler (Hrsg.), *Leitgedanken des Rechts, Paul Kirchhof zum 70. Geburtstag. Band II, Staat und Bürger* (S. 1211–1223). Heidelberg: C. F. Müller.

Pană, Laura (2012). Artificial Ethics: A Common Way for Human and Artificial Moral Agents and an Emergent Technoethical Field. *International Journal of Technoethics*, 3(3), 1–20.

Parthemore, Joel, und Whitby, Blay (2013). *What Makes Any Agent a Moral Agent? Reflections on Machine Consciousness and Moral Agency.* https://www.researchgate.net/publication/263883490_What_makes_any_agent_a_moral_agent_Reflections_on_machine_consciousness_and_moral_agency (Zugriff: 23.11.2017).

Philipp, Tobias (2017). *Netzwerkforschung zwischen Physik und Soziologie. Perspektiven der Netzwerkforschung mit Bruno Latour und Harrison White.* Wiesbaden: Springer VS.

Rahwan, Iyad (2016). Interview in: *Spiegel Online.* http://www.spiegel.de/auto/aktuell/autonomes-fahren-moral-machine-gewissensfragen-zu-leben-und-tod-a-1108401.html (Zugriff: 23.09.2017).

Rath, Matthias (1988). *Intuition und Modell. Hans Jonas' „Prinzip Verantwortung" und die Frage nach einer Ethik für das wissenschaftliche Zeitalter.* Frankfurt a. M.: Peter Lang.

Rath, Matthias (2002). Identitätskonzepte und Medienethik. In Renate Müller, Patrick Glogner, Stephanie Rhein, und Jens Heim (Hrsg.), *Wozu Jugendliche Musik und Medien brauchen. Jugendliche Identität und musikalische und mediale Geschmacksbildung* (S. 152–161). Weinheim, München: Juventa.

Rath, Matthias (2012). Wider den Naturzustand – kann es ein „informationelles Selbstbestimmungsrecht" des Staates geben? In Alexander Filipovic, Michael Jäckel, und Christian Schicha (Hrsg.), *Medien- und Zivilgesellschaft* (S. 260–272). München: Juventa.

Rath, Matthias (2014). *Ethik der mediatisierten Welt. Grundlagen und Perspektiven.* Wiesbaden: Springer VS.
Rath, Matthias (2016). The Innovator's (Moral) Dilemma – Zur Disruptionsresistenz der Medienethik. In Michael Litschka (Hrsg.), *Medienethik als Herausforderung für MedienmacherInnen – ethische Fragen in Zeiten wirtschaftlicher und technologischer Disruption* (S. 5–10). Brunn am Gebirge: ikon Verlag.
Rath, Matthias (2017). Künstliche Intelligenz – eine Warnung. *DoliMette*, 5(1/2017), 8–12. http://dx.doi.org/10.17877/DE290R-18311 (Zugriff: 2.1.2018).
Ricoeur, Paul (1987). Narrative Identität. In: *Heidelberger Jahrbücher*, Band 31 (S. 57–67). Heidelberg: Universitätsbibliothek Heidelberg.
Salvini, Pericle (2014). Of Robots and Simulacra: The Dark Side of Social Robots. In Rocci Luppicini (Hrsg.), *Evolving Issues Surrounding Technoethics and Society in the Digital Age*. Hershey (S. 66–76), PA: IGI Global. doi: 10.4018/978-1-4666-6122-6.ch005 (Zugriff: 20.11.2017).
Scarano, Nico (2002). Metaethik – ein systematischer Überblick. In Markus Düwell, Christoph Hübenthal, und Micha H. Werner (Hrsg.), *Handbuch Ethik* (S. 25–35). Stuttgart/Weimar: Metzler Verlag.
Scholtes, Fabian (2007). *Zur Einleitung: Kultur als Herausforderung an Ökonomie und Wirtschaftsethik*. In Mi-Yong Lee-Peuker, Fabian Scholtes, und Olaf J. Schumann (Hrsg.), *Kultur – Ökonomie – Ethik* (S. 9–27), München: Hampp.
Schulz-Schaeffer, Ingo (2000). Kapitel VIII. Akteur-Netzwerk-Theorie. Zur Koevolution von Gesellschaft, Natur und Technik. In Johannes Weyer (Hrsg.), *Soziale Netzwerke. Konzepte und Methoden der sozialwissenschaftlichen Netzwerkforschung* (S. 187–210). München: Oldenbourg. http://www.uni-due.de/imperia/md/content/soziologie/akteurnetzwerktheorie.pdf (Zugriff: 20.11.2017).
Shariff, Azim, Bonnefon, Jean-Francois, und Rahwan, Iyad (2017). Psychological roadblocks to the adoption of self-driving vehicles. *Nature Human Behaviour*, 1, 694–696. Irvine: University of California.
Singer, Peter (2009). Speciesism and Moral Status. *Metaphilosophy*, 40(3–4), 567–581.
Stahl, Bernd Carsten (2004). Information, Ethics, and Computers: The Problem of Autonomous Moral Agents. *Minds and Machines*, 14, 67–83.
Tesak, Gerhild (2003). Handlung. In Wulff D. Rehfus (Hrsg.). *Handwörterbuch Philosophie*. Göttingen: Vandenhoeck & Ruprecht/UTB. http://www.philosophie-woerterbuch.de/online-woerterbuch/?tx_gbwbphilosophie_main%5Bentry%5D=395&tx_gbwbphilosophie_main%5Baction%5D=show&tx_gbwbphilosophie_main%5Bcontroller%5D=Lexicon&cHash=c4caaf0cdfd58c9d6ccf0f7dfc460090 (Zugriff: 20.11.2017).
Timmerman, Travis (2017). You're Probably Not Really a Speciesist. *Pacific Philosophical Quarterly*, 98, version of record online: 27.04.2017. DOI:10.1111/papq.12192. http://onlinelibrary.wiley.com/doi/10.1111/papq.12192/full (Zugriff: 20.11.2017).
Tokens, Ryan (2009). A Challenge for Machine Ethics. *Minds & Machines*, 19, 421–438.
Turing, A. M. (1950). Computing machinery and intelligence. *Mind*, 59, 433–460.
Wallach, W., und Allen, C. (2009). *Moral Machines. Teaching Robots Right from Wrong.* Oxford, New York: Oxford University Press.
Weber, Max (1922). *Wirtschaft und Gesellschaft. Grundriß der Sozialökonomik, III. Abteilung.* Tübingen: Verlag J. C. B. Mohr (Paul Siebeck).

Moralische Maschinen
Was die Maschine über die Moral ihrer Schöpferinnen und Schöpfer verrät

Stefan Ullrich

1 Einleitung

Informationstechnischen Systemen wird oft zugeschrieben, Entscheidungen treffen zu können, dabei findet eine Berechnung statt. Menschen folgen moralischen Gesetzen – oder eben nicht. Ein informationstechnisches System (IT-System) muss den einprogrammierten Gesetzen folgen, so wie der Mensch den zahlreichen Naturgesetzen unterworfen ist.

Moralische Fragen provozieren zur Introspektion und Abwägung; „es kommt darauf an" ist die häufigste Antwort auf entsprechende Aufforderungen zur Stellungnahme. Umso mehr fällt die apodiktische Redeweise im Bereich der so genannten „Künstlichen Intelligenz" auf, wenn beispielsweise Begriffe und Konzepte wie Intelligenz, Moral und andere bislang dem Menschen zugeschriebene Bereiche in Bezug auf Roboter oder andere IT-Systeme angewendet werden. Die eindrucksvollen Demonstrationen im Bereich der so genannten „Künstlichen Intelligenz" tragen ihr Übriges zu dieser Anthropomorphisierung bei, wobei die Zuschreibung menschlicher Eigenschaften oder Fähigkeiten sowohl durch technisch unbedarfte Nutzerinnen und Nutzer wie durch die Marketing-Abteilungen erfolgt.

Die Software-Produkte im Bereich des maschinellen Lernens umfassen nicht nur die öffentlichkeitswirksam präsentierten Schach- oder Go-Programme, sondern auch biometrische Verifikationssysteme oder Spracherkennung und ganz aktuell im Bereich des hochautomatisierten Fahrens. Dieses breite Einsatzgebiet macht es deutlich: Die Informatik muss von ihrem Wesen stets als sozial wirksam betrachtet werden (Coy 1992). Die Forschung und Entwicklung in allen Bereichen der nicht mehr ganz so jungen Disziplin beeinträchtigt alle Lebensbereiche des modernen Menschen so sehr, dass in Anlehnung an die McLuhan'sche Gutenberg-Galaxis (McLuhan 1962) nun die Turing-Galaxis als Bezeichnung für die post-industrielle

Gesellschaft gewählt wurde (Coy 1994), benannt nach dem Mathematiker und *Informatiker avant le mot* Alan Turing.[1]

Wir befinden uns nun schon im zweiten Zeitalter der Turing-Galaxis, nach der algorithmischen Revolution der 1930er Jahre erleben wir nun seit Mitte der 1990er Jahre die heuristische Revolution. Für Alan Turing war es selbstverständlich, dass ein mathematisches oder informationstechnisches Problem zutiefst verstanden werden muss, bevor es in einen Computer eingegeben werden kann, allein, um die Ergebnisse korrekt zu interpretieren (Hodges 2012, S. 275). Heute verhalte es sich umgekehrt, seufzte Joseph Weizenbaum, die Technikerinnen und Techniker versuchen nun gerade diejenigen Probleme mit Hilfe eines IT-Systems zu lösen, die sie *nicht* verstanden haben (Weizenbaum 1978, S. 311).

Das Problem des moralisch gebotenen Handelns ist ein solches, anhand einiger Beispiele soll technisch argumentiert werden, dass es zwar prinzipiell unmöglich ist, moralisch handelnde Maschinen zu erschaffen, wir es aber dennoch versuchen sollten, weil die Beschäftigung mit diesem Thema zwar nicht *Maschinen* moralischer macht, wohl aber die Entwicklerinnen und Entwickler informationstechnischer Systeme.

2 Gesetzesbrecher

Der Gesetzesbruch ist das Leitmotiv in Sophokles' Antigone, es geht um die Frage, welche Gesetze höher stehen, wenn sich zwei oder mehrere widersprechen. Kreon erlässt als König von Theben das Verbot, Vaterlandsverräter zu bestatten. Für seine Nichte Antigone jedoch stehen die den Göttern gewidmeten Rituale höher, und als ihrem verstorbenen Bruder Polyneikes Vaterlandsverrat vorgeworfen wurde, übertrat sie das Verbot und bestattete ihn. Im antiken Drama geht es auch um die von Altphilologen so gern überlesene Rolle der Technik, am Anfang des zweiten Aktes besingt der Chor die *technē* des Menschen:

> Ungeheuer ist viel. Doch nichts
> Ungeheuerer, als der Mensch.
> Durch die grauliche Meeresflut,
> Bei dem tobenden Sturm von Süd,
> Umtost von brechenden Wogen,

---

[1] Dreißig Jahre später wird Wolfgang Coy diesen Gedanken fortführen (siehe dazu Coy 1994).

So fährt er seinen Weg.
Der Götter Ursprung, Mutter Erde,
Schwindet, ermüdet nicht. Er mit den pflügenden,
Schollenaufwerfenden Rossen die Jahre durch
Müht sie an, das Feld bestellend.

[...]
Das Wissen, das alles ersinnt,
Ihm über Verhoffen zuteil,
[σοφόν τι τὸ μηχανόεν τέχνας ὑπὲρ ἐλπίδ' ἔχων]
Bald zum Bösen und wieder zum Guten treibt's ihn.[2]

Der *homo faber* ist nicht nur Werkzeug gebrauchender, sondern auch und gerade Werkzeug herstellender Mensch. Noch heute stehen wir erstaunt vor den Pyramiden in Gizeh, der Golden Gate Bridge in San Francisco oder vor den Toren von Machu Pichu und besingen wie die Thebanischen Alten die Handwerkskunst in höchsten Tönen. Doch die wenigsten ergötzen sich an ihrem Computerbetriebssystem, dabei stellt eine solch komplexe Software die großen Bauprojekte locker in den Schatten. Der technikkundige Mensch hat sich seine Digitale Natur geschaffen, die Allgegenwart informations- und kommunikationstechnischer Artefakte ist Zeugnis davon.

Der moderne Mensch hat sich seiner Umwelt bemächtigt, spätestens mit der Ersten Industriellen Revolution und der Agrarrevolution kurz vorher, sind die „ungeheuren" Möglichkeiten für jeden ersichtlich und erschwinglich. Endlich war der Fabrikarbeiter unabhängig vom Tageslicht, er konnte nun auch in der Nacht sein Tuch weben – und genau dies geschah. Die Maschinen liefen rund um die Uhr, die Arbeiter mussten in Schichten arbeiten, damit der gewaltige Energieausstoß richtig ausgenutzt wurde. Die einfache Bedienung auch durch weniger kräftige und ungelernte Arbeiter führte nicht zur Arbeitserleichterung, sondern zu Kinderarbeit und dem Anstieg der einst verpönten Lohnarbeit.

Die Dampfmaschine, dieser kybernetische Kreon, gab den Takt an, der Mensch musste sich ihm unterwerfen.[3] Die ersten Maschinenstürmer konnten noch Etappensiege feiern, doch spätestens seit der Verbreitung des Universalcomputers in Militär, Fabrik und Heim können wir uns den Gesetzen der IT-Systeme nicht

---

2 Sophokles. Antigone. 1957. In: Die Tragödien, übersetzt von Heinrich Weinstock, Stuttgart: Alfred Körner Verlag. S. 275. Hervorhebung von mir.

3 Kybernetisch war an der Dampfmaschine ein kleines, aber entscheidendes Bauteil: Mit Hilfe des *Governors* von James und Watt regulierte die Dampfmaschine den Dampfdruck über die Fliehkraft von Pendeln selbst.

entziehen. „Code is law", so das prägnante Wort Lawrence Lessigs, der Programmcode ist Gesetz im Sinne eines Naturgesetzes (Lessing, 2007). Technikerinnen und Techniker schaffen durch die Niederschrift von Symbolen Zwänge, derer sie sich nicht einmal selbst widersetzen können.

Der politische und der moralische Bereich des menschlichen Handelns und Denkens müssen frei von Zwängen sein, sonst können wir nicht sinnvoll von Politik oder Ethik sprechen. Von Kant über Arendt zu Habermas ist der freie, öffentliche Vernunftgebrauch das zentrale Element des freien, moralisch handelnden, in der Solidargemeinschaft lebenden Menschen. Die informations- und kommunikationstechnischen Artefakte bedrohen diese Freiheit, weil sie alle Bereiche des modernen Menschen so durchdrungen haben, dass wir nicht mehr wissen, wo der technische Zwang aufhört und die freie Willensentscheidung anfängt. Stellen Sie sich eine Personalabteilung vor, die anhand der Bewerbungen die optimale Bewerberin, den optimalen Bewerber finden soll. Stellen Sie sich nun weiter vor, dass die Bewerbungsmappen bereits von einem System vorsortiert und mit Stempel versehen wurden. „Fachlich gut, aber menschlich schwierig", „Fachlich ungeeignet" oder „Gewerkschaftsmitglied" – wie würden Sie entscheiden?

Die automatische Klassifikation von Menschen, die Diskriminierung im Wortsinn, stellt im zweiten Zeitalter der Turing-Galaxis eine Bedrohung dar, ganz aktuell äußert sich diese Sorge in Form eines Vorschlags aus Deutschland für eine Charta der Digitalen Grundrechte der Europäischen Union.[4] Dort heißt es im ersten Artikel:

> (2) Neue Gefährdungen der Menschenwürde ergeben sich im digitalen Zeitalter insbesondere durch Big Data, künstliche Intelligenz, Vorhersage und Steuerung menschlichen Verhaltens, Massenüberwachung, Einsatz von Algorithmen, Robotik und Mensch-Maschine- Verschmelzung sowie Machtkonzentration bei privaten Unternehmen.

Vor den Algorithmen wird in einem eigenen Artikel gewarnt, Artikel 7:

> (1) Jeder hat das Recht, nicht Objekt von automatisierten Entscheidungen von erheblicher Bedeutung für die Lebensführung zu sein. Sofern automatisierte Verfahren zu Beeinträchtigungen führen, besteht Anspruch auf Offenlegung, Überprüfung und Entscheidung durch einen Menschen. Die Kriterien automatisierter Entscheidungen sind offenzulegen.
> (2) Insbesondere bei der Verarbeitung von Massen-Daten sind Anonymisierung und Transparenz sicherzustellen.

---

4 Charta der Digitalen Grundrechte der Europäischen Union, online unter https://digitalcharta.eu/.

Dort wird also das Recht eingefordert, dass Entscheidungen über Wohl und Wehe einer Person von einem Menschen getroffen werden und nicht von einem Automatismus. Wohlgemerkt, das Wort Algorithmus wird hier im Wortsinne verwendet, also als Handlungsvorschrift begriffen, die nicht zwangsweise von einer Maschine abgearbeitet werden muss. Es betrifft also die prozedurale Dimension der Politik, also das, was der Politikwissenschaftler mit „politics" bezeichnet. Im bestehenden Recht, sowohl in Deutschland als auch in den Mitgliedsstaaten der Europäischen Union, wäre das Recht auf Prüfung des Einzelfalls oder Härtefallregelungen zu nennen, die sich gegen den automatisierten Entscheidungsprozess, beispielsweise bei Asylverfahren, stemmen. Die rigorose Anwendung von Regeln kann zu unmoralischen Handlungen führen oder anders herum formuliert: Die Fähigkeit, moralisch Handeln zu können, benötigt die Befähigung, sich Regeln widersetzen zu können, wenn sie diese Handlung verbieten würde.

3 Die algorithmische Revolution

Wer einmal politisch aktiv war, sich beispielsweise in einem basisdemokratischen Projekt engagiert hat oder eine Diskussion mit einem Andersdenkenden geführt hat, mag es verführerisch finden, bei Meinungsverschiedenheiten einfach auszurechnen, wer denn Recht habe. Gottfried Wilhelm Leibniz wollte mit seiner „characteristica universalis" eine ein-eindeutige Symbolsprache erschaffen, in der wir tatsächlich im Streitfall sagen können: *Calculemus!* Rechnen wir, um zu sehen, wer Recht hat! Sie bestand aus einem dyadischen System von Symbolen, heute würden wir Binärsystem sagen. Der Universalgelehrte war so begeistert davon, dass er Medaillen (vgl. Abb. 1) prägen ließ. „Das Bild der Schöpfung" stand am oberen Rand, darunter Gestirne und eine Rechentafel. Er ließ keinen Zweifel daran, dass dieses Bild der Schöpfung digital war.

Aus dem pythagoräischen „Alles ist Zahl" ist mit Leibniz das bis heute in der Informatik und ihren verwandten Disziplinen akzeptierte Mantra „Alles ist Binär-Zahl" geworden. Alles scheint digitalisierbar und damit berechenbar, beherrschbar zu sein. Hier soll noch einmal auf einen fundamentalen Unterschied zwischen dem Dyadischen System von Leibniz und dem wesentlich älteren Binärsystem des daoistischen „I Ging" hingewiesen werden: Dass man Zahlen auch nur mit zwei Symbolen darstellen kann, findet sich in alt-chinesischen Orakeln, beispielsweise eben im „Buch der Wandlungen" aus dem dritten Jahrtausend vor unserer Zeitrechnung. Dort wurden sechs Stängel der Schafgarbe geworfen und je nachdem wie sie fielen beschrieben sie eine von $2^6=64$ möglichen Figuren. Eine durchgehende Linien bezeichnet das Schöpferische, was später das Schöpferische yáng (陽) genannt werden wird, eine unterbrochene das Empfangende yīn (陰). Bei Leibniz aber wurde damit *gerechnet*, auf der Medaille sehen wir eine Addition sowie eine Multiplikation. Leibniz konstruierte auch Rechenmaschinen, aber die waren eher Salon-Spielereien denn wirkliche Computer.

Der erste Computer der Welt wurde leider nie gebaut. Charles Babbage entwarf ziemlich genau 140 Jahre nach der Leibniz'schen Medaillenprägung einen Universalcomputer, den er „Analytical Engine" nannte. Seine Freundin Ada Lovelace schrieb mit ihren Notizen über die Funktionsweise das erste Programm dafür. *Ada Lovelace – World's first programmer*. Beide, Lovelace und noch viel mehr Babbage sind dermaßen illustre Figuren, dass es schwer fällt, Fiktion von Fakten zu trennen. Die Zeichnerin und „visual effects"-Künstlerin Sydney Padua hat einen sehr schönen Versuch unternommen, beides zu verbinden.[5]

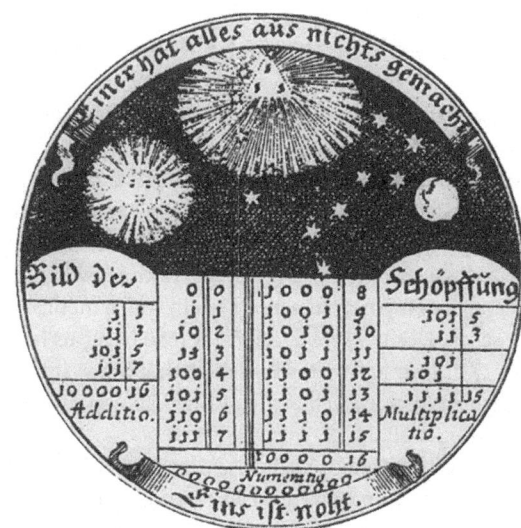

Abb. 1

Bild der Schöpffung [sic], Medaille gestaltet von Gottfried Wilhelm Leibniz aus dem Jahre 1697. Grafik entnommen aus Landsteiner (2014)

---

5 Sie finden die wunderbare Illustration bei Padua, Sydney (2015). Dampfbetrieben, 18 Meter lang und mit Jacquard-Lochkarten programmierbar – ein wahres Schmuckstück eines jeden Steam-Punk-Fans.

Die Dampfmaschine ist, wie bereits geschrieben, das Symbol der Industriellen Revolution, sei es in der stationären Variante in Fabrikhallen oder auf Schienen in Form von Lokomotiven, die mit einem Kuhfänger versehen sind (letzterer übrigens eine Erfindung von Babbage). Krafterzeugung, Transport, kurz: die Entstehung der Arbeitsgesellschaft haben wir dieser Erfindung zu verdanken, sie ist der *prime mover* der Industriellen Gesellschaft.

Angelehnt daran haben prominente Vertreter der Informatik die „Algorithmische Revolution" ausgerufen, die durch den (inzwischen vernetzten) Universalcomputer ausgelöst wurde.[6] Denn die „*digitale* Revolution" fand ja schon statt, das war die Zählung von Mensch und Tier und letztendlich die Einführung der Buchhaltung, spätestens mit den Fugger'schen Bankhäusern und der modernen Form der Gouvernementalität von Staaten.

Doch nun wird gerechnet, alles und jeder wird berechnet, der prinzipiell unberechenbare Mensch wehrt sich noch tapfer gegen die umfassende Verdatung durch „Datenkraken" (so nennt der Verein Digitalcourage datenverarbeitende Firmen) und „Schnüffeldienste" (so bezeichnet der Chaos Computer Club die Geheimdienste). Das Schicksalsjahr für die Datenschutzbewegung war 1984, dem Jahr des Volkszählungsurteils, dem Jahr des Personal Computers und dem Jahr, das zugleich auch noch der Titel für die berühmte Dystopie von George Orwell ist.[7]

Seitdem gibt es zwar das höchstrichterlich verbürgte Grundrecht auf informationelle Selbstbestimmung, was sicher ein Meilenstein der Datenschutzgesetzgebung darstellt, jedoch hinkte die Gesetzgebung der Technik um einhundert Jahre nach. Die Verbindung von Volkszählung, informationsverarbeitenden Maschinen und Datenschutz ist nun schon über 130 Jahre alt. In der amerikanischen Volkszählung von 1880 wurde Herman Hollerith zum Spezialagenten ernannt, er saß über seiner Erfindung zur automatisierten Auswertung und Zählung von Menschengruppen. 1890 schließlich überzeugte er das Zensusbüro, sein von ihm entwickeltes Lochkartensystem einzusetzen. Die Lochkarte selbst wurde ursprünglich für automatisierte Webstühle entwickelt, Joseph-Maries Jacquards Webstuhl setzte Karten ein, die Anleitungen für die Bewegung der Schiffe enthielten und so auch wiederkehrende Muster mit unterschiedlichen Querfäden einweben konnten.

---

6   Am prominentesten vom Informatiker und Künstler Frieder Nake, der bereits in den 1960er Jahren algorithmische Kunst schuf, z. B. Nake, Frieder: 13/9/65 Nr. 2 („Hommage à Paul Klee"), 1965, Computerzeichnung, Tusche auf Papier.

7   Genau genommen wurde das Bundesverfassungsgerichts-Urteil Mitte Dezember 1983 verkündet, Datenschutzaktivisten nutzten natürlich das aus dem Roman bekannte und gefürchtete Jahr zur Mobilisierung. Auch der berühmte Apple-Werbespot für die Einführung des Macintoshs im Januar 1984 bezog sich auf die berühmte Dystopie *Nineteen Eighty Four* von George Orwell (1980 [1948]).

Charles Babbage studierte die Funktionsweise und sah sofort die Verwendung als Speicher für Zahlen. Doch es war Hollerith, der diese Idee schließlich im Jahr 1889 patentieren ließ. Dieses Patent war das intellektuelle Startkapital der in den Folgejahren gegründete „Tabulating Machine Company", die seit 1924 schließlich unter dem Namen IBM bekannt ist.

Die moralische Dimension der automatisierten Volkszählung wurde zwar früh erkannt, aber da war es schon zu spät. Mit wenigen Sortierbefehlen konnte man Personengruppen nach ethnischen, religiösen oder anderen beliebigen Gesichtspunkten zusammenfassen. Aus der Arbeitserleichterungsmaschine wurde ein informationeller Machtverstärker.

Die DeHoMaG, die Deutsche Hollerith-Maschinen Gesellschaft mbH, war als Lizenznehmerin der Tabulating Machine Company für die technische Ausrüstung der „Großdeutschen Volkszählung" von 1939 verantwortlich, die für Adolf Eichmanns Judenkartei die entsprechenden Daten liefern sollte.[8] Vorliegende Daten werden in jedem Fall ausgenutzt, selbst wenn dies moralisch nicht geboten ist. Der Satz „Wo ein Trog ist, kommen die Schweine" in Bezug auf die Erfassung und anschließende Auswertung personenbezogener Daten wird Andreas Pfitzmann zugeschrieben, doch auch ohne die verbürgte prominente Autorenschaft deckt er sich mit der kritischen Beobachtung.

4   Kriegs-Maschinen

Bislang war in Bezug auf Ethik und Moral immer die Rede vom Technik gebrauchenden Menschen und nicht von der Technik selbst. Moralische Maschinen sind ein Gedankenexperiment, die Rede davon eine intellektuelle Spielerei wie die Quadratur des Kreises. Hinter dem umgangssprachlichen Begriff für einen unmöglichen Versuch steckt die Suche nach einem bestimmten Algorithmus: Wie kann bei gegebenem Kreis ein Quadrat mit dem gleichen Flächeninhalt konstruiert werden oder, vermeintlich einfacher, wie lang muss ein Seil sein, um ein Kreis mit dem Durchmesser d=1 m zu legen. Mit einigem Hin- und Herprobieren schneidet man von der Rolle ein 3,14 m großes Stück ab. Nun soll ein 100 Meter durchmessender Kreis gelegt werden, man rechnet kurz und schneidet ein 314 Meter großes Stück ab. Siehe da, es fehlen 15 Zentimeter, der Umfang beträgt 314,15 Meter. Die Kreiszahl π (Pi) ist keine Zahl wie sich die alten Pythagoräer vorgestellt haben, sie hat

---

[8]   Für die Verstrickung des Computerkonzerns und den Nationalsozialisten siehe Black (2001).

unendlich viele, nicht-periodische Nachkommastellen und kann nicht mit Brüchen dargestellt werden. Wie gesagt, eine intellektuelle Spielerei, denn ganz praktisch sind ja schon früh Wagenräder beschlagen oder Trommeln bespannt worden. Selbst bei der Berechnung des Durchmessers des Universums gilt das prägnante Wort: „Mehr als 39 Stellen von Pi sind Luxus" (Freistetter, 2013).[9]

Ebenso verhält es sich mit moralischen Maschinen. Wir können noch so sehr darauf beharren, dass Maschinen niemals moralisch handeln werden, weil sie generell nicht handeln können, das hält kluge Köpfe aber nicht davon ab, solche Maschinen zu konstruieren, *als ob* sie moralisch handeln würden. Um ehrlich zu sein, selbst bei Menschen ist die zugrunde liegende moralische Motivation unserem Blick entzogen, was uns aber nicht von der Beschäftigung mit der *conditio humana* abhält, im Gegenteil. Wir unterstellen unserem Gegenüber gewisse (Einsichts-) Fähigkeiten, ohne diese ständig nachzuprüfen.

Der Umgang mit anderen Menschen ist inzwischen stark mediatisiert, selbst die *face-to-face*-Gespräche werden regelmäßig durch den gesenkten Blick auf das *smartphone* unterbrochen. Wenn es um Wohl oder Wehe einer Person geht, so erwarten wir, dass ein Mensch darüber richtet, im Idealfall die betroffene Person selbst.

Denn ein Computersystem „richtet" nicht über Wohl oder Wehe, es „entscheidet" sich nicht für Leben oder Tod, es rechnet und gibt Rechenergebnisse aus, die dann als Richterspruch oder Entscheidung von einem Menschen interpretiert werden. Nehmen wir als Beispiel das Militär, wo es ja im Kern darum geht, über Leben und Tod zu entscheiden.

Die hier abgebildete Z1 (vgl. Abb. 2) baute der junge Ingenieur Konrad Zuse im elterlichen Wohnzimmer in Berlin-Kreuzberg. Sie gilt als Vorläufer des modernen Computers, sie verfügte über Ein- und Ausgabewerk, einen Speicher aus Zelluloid-Film, und rechnete mit binären Zahlen. Die Nachfolgerin Z3 von 1941 gilt als erster Digitalcomputer der Welt, freilich immer mit einer Fußnote versehen, dass dieser Titel je nach Sichtweise und Nationalität auch dem ENIAC zugeschrieben wird.[10]

Die Z3 arbeitete nicht rein elektrisch, sondern elektro-mechanisch mit Relais, im Gegensatz zum ENIAC, dem Electronic Numerical Integrator and Computer. Beide sind gleich mächtig (im Sinne von turing-mächtig), können also das Gleiche

---

9 In der diskreten Welt der Informatik wird Pi ohnehin gerundet im Speicher abgelegt, ein dargestellter Kreisbogen besteht aus einzelnen Pixeln. In diesen Fällen klappt es auch mit der Quadratur.

10 Auf den entsprechenden *Wikipedia*-Seiten (https://de.wikipedia.org/wiki/Computer#Eigenschaften_der_ersten_f.C3.BCnf_Digitalrechner) finden sich informative Tabellen, mit denen die geneigte Leserin und der geneigte Leser selbst entscheiden kann, wem sie/er den Titel „Erster Computer" verleiht.

berechnen – und das ist: Alles. Alles, was berechenbar ist, kann durch einen Universalcomputer berechnet werden, das zeigte Alan Turing mit seinem wegweisenden Aufsatz *On Computable Numbers, with an Application to the Entscheidungsproblem* von 1936. Turing erfand bei der Suche nach einem Berechenbarkeitsbegriff dabei *en passant* den Computer, auch wenn er nicht so hieß und als zentrale Prozessoreinheit das menschliche Gehirn vorsah (Turing 1936, S. 230–265).

Abb. 2 Die Z1 war ein mechanischer, frei programmierbarer Rechner des Ingenieurs Konrad Zuse aus dem Jahre 1936.
Quelle: Persönliches Archiv von Horst Zuse, hier abgedruckt mit freundlicher Genehmigung des Rechteinhabers

Viel wichtiger als der Titel „Erster Computer" sollte die Betrachtung des Einsatzgebietes sein: Beide Maschinen, Z3 und ENIAC, wurden vom Militär zur Berechnung ballistischer Tabellen verwendet oder um das Flattern der Flügel von Kriegsflugzeugen in Griff zu bekommen. Kein Leibniz'sches Universaldenken oder Babbage'scher Wissensdurst, sondern das Töten von Menschen ist erklärtes Ziel der Berechnung.

Die Entscheidung über Leben und Tod wurde mit Hilfe von Kriegsmaschinen – und der Computer war lange, lange Zeit eine Kriegsmaschine – auch in die Tat umgesetzt. Kampfflugzeug, Gleitflugbombe, Atombombe, sie alle benötigen für

Konstruktion und Steuerung Rechensysteme (von den Informations- und Desinformationssystemen mal zu schweigen).
Um eine Gleitflugbombe aus der Ferne steuern zu können, muss die aktuelle Position, Flughöhe und Geschwindigkeit erfasst werden. An der deutschen „Henschel Hs 293" waren einhundert Messuhren befestigt, deren Mess-Daten erst digitalisiert werden mussten, bevor sie über Funk gesendet werden konnten. Die manuelle Verarbeitung war aufgrund der hohen Geschwindigkeit der Bombe und der zur Verfügung stehenden Reaktionszeit ohne maschinelle Unterstützung nicht zu leisten. Konrad Zuse entwarf den ersten Analog-Digital-Wandler sowie die „Spezialrechner 1" und „Spezialrechner 2", die die Korrekturwerte für die Steuerruder errechneten. Der Steuerbefehl wurde dann von Hand erteilt.

Die Taktfrequenzen früher Computersysteme waren noch sehr niedrig, ein versierter Skatspieler zählt seine Stiche ebenso schnell zusammen wie die Z3.[11] Bei den heutigen Geschwindigkeiten kann der Mensch nicht mehr mithalten, nicht einmal gedanklich. Sie können sich eine Nanosekunde schlicht nicht vorstellen, zumindest, wenn Sie die berühmte *Lecture on the Future of Computing* der Computerpionierin Grace Hopper (1985) nicht gehört haben.[12]

Eine moderne Grafikkarte schafft 10.000.000.000.000 Rechenoperationen pro Sekunde, doch reicht das aus, um *ausrechnen* zu lassen, ob mein Gegenüber ein feindlicher Kämpfer, ranghoher Terrorist oder einfach nur ein spielendes Kind ist?

5 Die Heuristische Revolution

Bei der Klassifikation, einem Grundproblem der Informatik, geht es im Kern darum, einen neuen Datenpunkt der einen oder anderen Klasse zuzuordnen. Nehmen wir einmal an, sie hätten (wie der Autor) von Fußball überhaupt keine Ahnung, dann würden sie nur eine Verteilung von Menschen mit roten Trikots und Menschen mit grünen Trikots sehen. Nun befindet sich ein schwarz oder gelb gekleideter Mensch auf dem Spielfeld. Zu welchem Team gehört er denn nun, rot oder grün?

Nun gibt es prinzipiell zwei Arbeitsmodi für das Klassifikationsverfahren: Algorithmisch oder heuristisch. In den Anfängen des größenwahnsinnigsten Teilbe-

---

11 Die Zuse Z3 besaß einen Taktmotor mit 5 Hz, eine Addition benötigt inklusive Lesen und Schreiben des Ergebnisses fünf Zyklen, dauert also eine Sekunde. Ein Skatspieler zählt unter idealen Bedingungen wohl schneller.

12 Ab Minute 45:00 spricht sie über die Nanosekunde und hier soll nicht verraten werden, wie sie sie erklärt.

reichs der Informatik, der schließlich „Künstliche Intelligenz" getauft wurde, gab es daher zwei Paradigmen, der algorithmische und der heuristische Ansatz. Zunächst konzentrierte man sich auf die Algorithmen, man musste ein zu berechnendes Problem also zutiefst verstanden haben, bevor man es in den Computer eingeben konnte (bzw. dem Computer übergeben konnte, denn unter „Computer" verstand man lange Zeit die Männer und Frauen, die vor einer riesigen Maschinenwand die Kabel entsprechend verlegten). Man versucht, die zugrunde liegende Kausalität mehr oder weniger zu entbergen. Wenn entsprechende Algorithmen gefunden werden – es gibt prinzipiell algorithmisch unlösbare Probleme –, so bedeutet dies noch lange nicht, dass die Berechnung in einer akzeptablen Zeit zu einem Ergebnis kommt. Je nach Zeit- und Rechenkapazitäten sind unter Umständen also auch *Näherungen* gewünscht, etwa bei der Biometrie, die ja in wenigen Sekunden eine Klassifikation vornehmen soll.

Nach den algorithmischen Lösungen sind heuristische Verfahren zur Zeit in aller Munde, besonders der ganze Bereich des Maschinellen Lernens. Spätestens seit IBM 2011 mit „Watson" bei *Jeopardy* gewonnen hat oder der Europäische Go-Meister Fan Hui 2015 von Googles AlphaGo besiegt wurde, sind „Machine Learning" und besonders „Neuronale Netzwerke" sehr in Mode.[13] Es hört sich zweifelsohne besser an als Statistik, dabei geht es im Kern des maschinellen Lernens um Wahrscheinlichkeiten und Häufungen von Ereignissen – und eben nicht um Kausalitäten oder Verständnis des vorliegenden Problems. Nehmen wir einmal die Aufgabe, aus einem Labyrinth herauszufinden. Es gibt einen ganz einfachen Algorithmus: Berühren Sie stets mit einer Hand eine Wand und gehen Sie so lange weiter, bis Sie den Ausgang finden.

Der 1916 geborene Claude Shannon war Elektrotechniker, Mathematiker und Begründer der Informationswissenschaft, auf ihn geht bekanntermaßen der Begriff bit (*binary digit*) für die Einheit der Information zurück – ihm ist die algorithmische Lösung des Labyrinthproblems wohlbekannt. Er kreierte dennoch eine Robotermaus, die zufällige Bewegungen ausführen sollte, um einen Weg durch den Irrgarten zu finden. Hinterher wurde ihr ein *Score*, eine Bewertung mitgeteilt, wie gut sie abgeschnitten hat. Aus dieser Erfahrung mit der entsprechenden Bewertung wurde die Aufgabe erneut ausgeführt, diesmal hatte die Maus aber etwas „gelernt" und schnitt entsprechend besser ab. Der an der Carnegie Mellon Universität forschende und lehrende Informatiker Tom Mitchell definiert im Standardwerk zum maschinellen Lernen:

---

13 Die AlphaGo-Entwicklerfirma DeepMind gehört seit 2014 zur Google-Mutter „Alphabet". Die Homepage der Forscher finden Sie unter https://deepmind.com/research/alphago/.

A computer program is said to learn from experience *E* with respect to some class of tasks *T* and performance measure *P* if its performance at tasks in *T*, as measured by *P*, improves with experience *E* (Mitchell 1997, S. 2).

Wie das Computerprogramm die Verbesserung vornimmt, muss für einen allwissenden außenstehenden Beobachter nicht sinnvoll sein, ich meine, Sie reiben ja auch die Münzen am Fahrkartenautomaten, wenn sie nicht angenommen werden. Das ist ja technisch schwer zu begründen, aber meistens klappt es dann ja doch mit der Münze, der *Score* ist entsprechend hoch und aus diesen *Experiences* wird dann eine entsprechende Handlung für den nächsten ähnlichen *Task* abgeleitet.

Sie als Individuum können natürlich lernen, aber auch der Mensch an sich kann „lernen", denken Sie an die Evolution. Unsere Kinder sind keine Klone ihrer Eltern, sondern Rekombinationen ihrer Erbinformationen, Zufälle und Mutationen haben die Menschen bis heute überleben lassen. Der *Score* der Erbgutweitergabe ist binär, entweder gibt man sein Erbgut weiter oder eben nicht. Das maschinelle Lernen ist eine Evolution im Zeitraffer, erfolgreiche Strategien werden von der nächsten Programmgeneration übernommen.

Als ich oben über den *Jeopardy* spielenden Computer schrieb, habe ich verschwiegen, dass er zwar gewann, jedoch die Frage nach einer bestimmten US-Amerikanischen Stadt mit „Toronto" beantwortete.[14] Dies kann als Ausrutscher abgetan werden, es jedoch ein systemisches Problem der heuristischen Klassifikationsverfahren. Es gibt schlicht falsche Zuweisungen.

Die Fehlerraten im Bereich der Biometrie sind übrigens so hoch, dass Firmen die entsprechenden Studienergebnisse lieber nicht veröffentlichen, selbst staatsnahe Firmen (wie die Österreichische Staatsdruckerei oder die deutsche Bundesdruckerei) geben nur widerwillig Auskunft über die Erkennungsraten von biometrischen Systemen, die Berliner Biometrie-Spezialistin Andrea Knaut kann davon ein Lied singen. Im Falle von Deutschland gibt es immerhin die „BioP II"-Studie „Untersuchung der Leistungsfähigkeit von biometrischen Verifikationssystemen".

In Deutschland wurde im Zuge der Einführung des Neuen Reisepasses ein großer Test auf dem Frankfurter Flughafen durchgeführt. Dort testeten knapp 3000 Mitarbeiter von Fraport und Lufthansa vier biometrische Systeme, die mit Schulnoten bewertet wurden: Wenn es innerhalb des Feldtests weniger als 16 Totalausfälle gab, die biometrische Erkennung acht Sekunden oder weniger dauerte, nur in einem von hundert Fällen fehlerhafte Klassifikationen vorgenommen wurde,

---

14 Watson setzte aber nur ganz wenig aufs Spiel, das System war sich des Irrtums wohl „bewusst".

dann gab es eine glatte 1, sehr gut, mit Auszeichnung. Immerhin ausreichend, also bestanden, gab es für 64 Totalausfälle, 14 Sekunden Bedienzeit, vier Prozent Fehler. Und nun die Ergebnisse: *Ausreichend, Befriedigend, Befriedigend, Ausreichend.* Wer jetzt allerdings auf technische Details und Zahlen gehofft hat, wird auf Seite 133 enttäuscht: „Auf eine detaillierte Darstellung der Ergebnisse wird in diesem Bericht verzichtet" (Bundesamt für Sicherheit in der Informationstechnik 2005).

Wie schlimm es um biometrische Erkennungssysteme bestellt ist, zeigten im Oktober 2016 Forscherinnen und Forscher der Carnegie Mellon University, Pittsburgh. Sie druckten sich bunte Plastikbrillen aus und wurden prompt vom biometrischen System erkannt, allerdings als falsche Person. Wenn Sie also beispielsweise für die IT-Systeme wie Milla Jovovich aussehen wollen, brauchen Sie nur eine bunte Brille (Sharif et al. 2016).

6 Moralische Maschinen

Die hier angesprochenen prinzipiellen Probleme werden auch von den vehementesten „KI"-Apologeten nicht verleugnet, allerdings gibt es einen Streit darüber, welche Rolle IT-Systeme bei moralischen Problemen spielen. Der größte Teil der Technikerinnen und Techniker vertritt den Standpunkt, dass die Technik an sich neutral sei, man denke an das berühmte Messer, mit dem man Butter schmieren oder Menschen verletzen kann. Das Argument der neutralen Technik lässt sich nicht halten, wie an anderer Stelle widerlegt worden ist (Ullrich 2014, S. 698). Ein Buttermesser und ein Assassinen-Dolch sind mit höchst unterschiedlichen Vorüberlegungen gestaltet worden. Genau über diese Vorüberlegungen wird zu sprechen sein, wenn wir diese *in Code gegossenen, einprogrammierten* Menschenbilder und Wertvorstellungen zum Gegenstand der ethischen Betrachtung machen wollen.

Eine Maschine folgt, wie bereits oben geschrieben, den ihr einprogrammierten Gesetzen. Wenn sie eingesetzt wird, um zentrale Bereiche des menschlichen Zusammenlebens zu kontrollieren, zu steuern, zu beobachten oder zu messen, dann muss stets mitgedacht werden, dass sie nur auf den kontrollierbaren, steuerbaren, beobachtbaren und den messbaren Bereich Zugriff hat. Anstatt sich nun also aus diesen unkontrollierbaren, nicht steuer- oder beobachtbaren Domänen des gesellschaftlichen Zusammenlebens zurückzuziehen, wird die soziale Sphäre weitestgehend maschinenlesbar, also berechenbar gestaltet.

Moralische Maschinen

Das berühmte *Trolley*-Dilemma ist eigentlich ein ethisches Gedankenexperiment, der sich selbst hinterfragende Mensch soll seine Handlungen einer Ethik zuordnen.[15] In der Fassung von Philippa Foot:

> Eine Straßenbahn ist außer Kontrolle geraten und droht, fünf Personen zu überrollen. Durch Umstellen einer Weiche kann die Straßenbahn auf ein anderes Gleis umgeleitet werden. Unglücklicherweise befindet sich dort eine weitere Person. Darf (durch Umlegen der Weiche) der Tod einer Person in Kauf genommen werden, um das Leben von fünf Personen zu retten? (vgl. Foot 1978)

Sind Sie nun Tugend-Ethiker? Deontologischer Neokantianer? Pseudo-Utilitarist? Doch dieses ethische Problem wird dank der „autonomen" Automobile zum moralischen Dilemma, denn nun muss der technisch Handelnde seine Präferenzen tatsächlich in die Maschine eingeben, wenn nicht als Algorithmus, so doch wenigstens als *Score* für das maschinelle Lernen. Aus dem Gedankenexperiment wird eine technische Blaupause für moralisch handelnde Maschinen. Dabei gibt es in einer Dilemma-Situation ja kein „richtiges" oder „falsches" Handeln, man kann in diesem unmoralischen Spiel nur verlieren.

„A strange game. The only winning move is not to play." Mit diesen Worten beendet das NORAD-System WOPR[16] aus dem Film „WarGames" von 1983 die Simulation aller möglichen Atomkriegsszenarien. Übertragen auf das *Trolley*-Dilemma hieße das, dass man nur dann keine Todesopfer durch selbstfahrende Automobile zu beklagen hat, wenn die Autos eben nicht fahren. Dies würde den höchsten *Score* geben, wurde aber von vornherein ausgeschlossen.

Um es deutlich zu sagen: Mit „autonomen" oder hochautomatisierten Automobilen wird es weniger Verkehrstote geben, da diese rollenden IT-Systeme auf Unfallvermeidung setzen, also langsam und defensiv fahren. Doch nicht die ach so kluge „KI" ist dafür verantwortlich, es ist die langsame und defensive Fahrweise, die auch menschliche Fahrerinnen und Fahrer anstreben sollten (wenn sie nicht gleich ganz auf diesen unsinnigen Individualverkehr verzichten wollen).

---

15 Sie können sich klar machen, ob Sie in einer Dilemma-Situation eher utilitaristisch oder deontologisch handeln würden. Das MIT stellt dazu ein Online-Experiment bereit unter http://moralmachine.mit.edu/.

16 NORAD ist die Nordamerikanische Luft- und Weltraum-Verteidigungseinheit, die Kanada und die USA vor Interkontinentalraketen warnen soll. WOPR steht für „War Operation Plan Response".

Dies ist der eigentliche Verdienst des Versuchs, Maschinen Moral zu lehren: Wichtige ethische Fragen kommen erneut auf das Tapet. Wir externalisieren innere Konflikte und Widersprüche und machen sie so intersubjektiv diskutierbar.[17] Die Handlungsfreiheit des Menschen führt zur Verpflichtung sich selbst und der Menschheit gegenüber. Autonomie ist die Fähigkeit, sich selbst Gesetze geben zu können, an die wir uns zwar nicht halten müssen, aber halten wollen. Wir schränken unsere eigenen Handlungsmöglichkeiten ein, um die Freiheit der Anderen zu gewährleisten. Wir können uns auch entscheiden, ob wir eine Entscheidung als moralisch relevant betrachten. Die Wahl der Kleidung kann durchaus ein politisches Statement sein, etwa, wenn herrschende Moralvorstellungen in Frage gestellt oder bestätigt werden oder wenn auf die unfairen Produktionsbedingungen der Kleidungsstücke hingewiesen wird. Für sich genommen ist das Tragen von Kleidung kein Statement, erst durch die Rezeption durch andere wird es zu einer Aussage.

Überhaupt ist der Mensch ein höchst reziprokes Wesen, erst in der gegenseitigen Versicherung des Existierens können wir sinnvoll vom Menschen sprechen. Der Dialog als Voraussetzung für eine informierte Entscheidung findet sich bei Sokrates und all seinen Schülern. Sie kennen sicher das berühmte Fresko *Die Schule von Athen*, dort sind die prominentesten Philosophen der Antike im Zentrum, Platon und neben ihm Aristoteles mit der *Ethika* in der Hand, beide sind tief im Disput versunken und stolpern hoffentlich nicht über den auf den Treppen herumlungernden Diogenes. Entgegen humoristischer Zwischenrufe besitzen wir nicht nur Vernunft, wir machen auch hin und wieder Gebrauch davon. Auch wenn abendliche Fernsehsendungen das Gegenteil zeigen, so gehen die meisten Diskutanten aufeinander ein, versuchen sich und das zu diskutierende Problem zu verstehen. Sie wägen Argumente ab, denken nach und überdenken ihre Haltung.

Algorithmisch arbeitende Maschine kommen bei gleicher Eingabe immer wieder zum gleichen Ergebnis, dort gibt es keine Diskussion. Anders bei heuristischen Systemen, die ja, wie oben beschrieben, nicht ein System sind, sondern eine Schar an Systemen, eine Gattung von Programmen, die mit jeder Anfrage eine neue Generation hervorbringt. Die Nutzereingaben können jedoch widersprüchlich sein, humorvoll und damit nicht im Wortsinn gemeint sein *et cetera*. Dies führt dann natürlich zu zahlreichen Lapsus, so übersetzte „Google Translate" der US-Ameri-

---

17 Auch die Fachgruppe „Informatik und Ethik" der Gesellschaft für Informatik setzt konkrete Fallbeispiele ein, um über moralische Konflikte und ethische Bewertungen reden zu können. „Das ist doch ganz klar", bekommen die Mitglieder regelmäßig zu hören, da gebe es doch keinen Konflikt. Sobald die Diskussionsgruppe aber aus mehr als einer Person besteht, merken alle, dass es so klar doch nicht ist. Die Website der Fachgruppe mit den Fallbeispielen finden Sie unter http://gewissensbits.gi.de/. Offenlegung: Der Autor ist GI-Mitglied und seit 2011 Sprecher dieser Fachgruppe.

kanischen PR-Agentur Alphabet nach dem Brexit das englische Satzfragment „a bad day for europe" mit dem deutschen „ein guter Tag für Europa". Oder nehmen wir den Chatbot Tay der Firma Microsoft. Tay interagierte auf Twitter mit anderen Nutzern und lernte von den Gesprächen. Binnen Stunden kippte das Niveau des Chat-Roboters, was mit „small talk"-Aussagen begann, endete mit Hasstiraden und Leugnung der *Shoa*. Microsoft reagierte prompt und nahm den Roboter vom Netz (Graff 2016).

Den Entwicklerinnen und Entwicklern von sozial interagierenden IT-Systemen fällt eine gewaltige Verantwortung zu. „Ohne uns geht's nicht weiter", stellte der Informatik-Pionier und -kritiker Joseph Weizenbaum 1986 in den *Blättern* fest. Er richtete seinen Appell an seine Zunft, also an die Informatik, und sprach damit ihre Macht an, „den weltpolitischen Zustand konkret und radikal in eine neue, lebensfördernde Richtung zu wenden" (Weizenbaum 1986, S. 4). Diese Aufforderung wurde der Informatik bereits seit dem Moment ihres Entstehens mit in die Wiege gelegt. Alan Turing mochte tatsächlich ein rein mathematisches Interesse haben, als er seine „Paper Machine" theoretisch entwickelte; Konrad Zuse mochte eventuell ein ingenieurstechnisches Interesse im Hinterkopf gehabt haben, als er die Weichblechteile für seinen Binärcomputer aussägte; doch ganz sicher verfolgen Apple, Amazon, Google, Facebook, IBM und Microsoft letztendlich ökonomische und nicht zwingend sozialverträgliche Ziele, wenn sie eine Zusammenarbeit im Bereich der „Künstlichen Intelligenz" ankündigen.[18]

Die großen Firmen sind sich ihrer Verantwortung bewusst, doch auch jede einzelne Entwicklerin und jeder einzelne Entwickler sollten das *Prinzip Verantwortung* (Hans Jonas 1979) verinnerlichen. Joseph Weizenbaum lässt dabei keine Ausreden gelten, im gleichen Artikel schreibt er auf S. 9:

> „Sicherlich, die am weitesten verbreitete Geisteskrankheit unserer Zeit ist die Überzeugung der Einzelnen, daß sie machtlos seien. Diese (selbsterfüllende) Delusion kommt bestimmt, als Einwand gegen meine Thesen, an dieser Stelle in Spiel. Ich verlange ja, daß eine ganze Berufsgruppe sich weigert, an dem selbstmörderischen Wahnsinn unseres Zeitalters weiter mitzumachen."

Der selbstmörderische Wahnsinn zu Weizenbaums Zeiten äußerte sich im NATO-Doppelbeschluss und der Aufrüstspirale im Kalten Krieg, heute würden wir wahrscheinlich die Drohnenmorde in Pakistan als Aufhänger nehmen. Ich möchte

---

18 Das Projekt nennt sich „Partnership on AI to benefit people and society", inzwischen ist auch die Bürgerrechtsorganisation ACLU als Partner aufgeführt: https://www.partnershiponai.org/.

mit einem Zitat von Bertrand Russel schließen, das auf die Informatik gemünzt zu sein scheint, obwohl die Naturwissenschaften adressiert werden:

„Hinsichtlich einer jeden Wissenschaft gibt es zwei Arten von Wirkungen, die sie ausüben kann. Einerseits können die Fachleute Erfindungen oder Entdeckungen machen, die von den Machthabern ausgenutzt werden. Andererseits vermag die Wissenschaft die Phantasie zu beeinflussen und dadurch die Analogieschlüsse und Erwartungen der Menschen zu ändern. Streng gesprochen gibt es noch eine dritte Art von Wirkung, nämlich die Änderung der Lebensführung mit allen ihren Folgen. Im Falle der Naturwissenschaften sind all diese drei Klassen von Wirkungen heutzutage deutlich vertreten" (Russel 1930, S. 257–258).

Bevor wir also Fragen nach moralischen Maschinen oder dem Transhumanismus besprechen, sollten wir uns um eine ethische Grundversorgung und die Einhaltung humanistischer Prinzipien bemühen.

Literatur

Arendt, Hannah (2006). *Vita activa oder Vom tätigen Leben*. München: Piper.
Aristoteles (1995). Ethik. In Felix Meiner (Hrsg.), *Philosophische Schriften (3)*. Hamburg: Meiner.
Bauman, Zygmunt und David Lyon (2013). *Daten, Drohnen, Disziplin*. Frankfurt am Main: Suhrkamp.
Bell, Daniel (1973). *The Coming Of Post-Industrial Society*. New York: Basic Books.
Black, Edwin (2001). *IBM and the Holocaust. The Strategic Alliance between Nazi Germany and America's Most Powerful Corporation*. New York: Dialog Press.
Bundesamt für Sicherheit in der Informationstechnik (2005). *Untersuchung der Leistungsfähigkeit von biometrischen Verifikationssystemen – BioP II, öffentlicher Abschlussbericht vom 23. 8. 2005*. https://www.bsi.bund.de/SharedDocs/Downloads/DE/BSI/Publikationen/Studien/BioP/BioPII.pdf.
Coy, Wolfgang (1992). Für eine Theorie der Informatik. In Wolfgang Coy u. a. (Hrsg.), *Sichtweisen der Informatik* (S. 17–32). Braunschweig/Wiesbaden: Vieweg.
Coy, Wolfgang (1994). Die Turing-Galaxis. In: *Computer als Medien. Drei Aufsätze*. Bremen: Forschungsbericht des Studiengangs Informatik (S. 7–13). ISSN 0722-8996.
Foot, Philippa (1967). The Problem of Abortion and the Doctrine of the Double Effect in Virtues and Vices. *Oxford Review* (5). Oxford: Basil Blackwell.
Freistetter, Florian (2013). *Pi: Mehr als 39 Stellen sind Luxus*. Scienceblogs, Eintrag vom 25. Februar 2013. http://scienceblogs.de/astrodicticum-simplex/2013/02/25/pi-mehr-als-39-stellen-sind-luxus/.
Graff, Bernd (2016). *Rassistischer Chat-Roboter: Mit falschen Werten bombardiert*. Süddeutsche Zeitung vom 3. April 2016. http://www.sueddeutsche.de/digital/microsoft-programm-tay-rassistischer-chat-roboter-mit-falschen-werten-bombardiert-1.2928421.

Hodges, Andrew (2012). *Alan Turing: The Enigma* (The Centenary Edition). London: Vintage Books.
Hopper, Grace (1985). *On the Future of Computing.* Vortrag am MIT Lincoln Laboratory, gehalten am 25. April 1985. https://www.youtube.com/watch?v=ZR0ujwlvbkQ.
Jonas, Hans (1984). *Das Prinzip Verantwortung.* Frankfurt am Main: Suhrkamp Taschenbuch Verlag.
Landsteiner, Norbert (2014). *Inside Spacewar!* Wien: mass:werk. http://www.masswerk.at/spacewar/inside/insidespacewar-pt6-gravity.html.
Lessig, Lawrence (2006). *Code.* New York: Basic Books. http://codev2.cc/download+remix/Lessig-Codev2.pdf.
Sharif, Mahmood, Bhagavatula, Sruti, Bauer, Lujo and Reiter, Michael (2016). *Accessorize to a Crime: Real and Stealthy Attacks on State-of-the-Art Face Recognition, 23rd ACM Conference on Computer and Communications Security* (CCS 2016). DOI: http://dx.doi.org/10.1145/2976749.2978392.
McLuhan, Marshall (1962). *The Gutenberg Galaxy. The Making of Typographic Man.* Toronto: University of Toronto Press.
Mitchell, Tom (1997). *Machine Learning.* New York: McGraw Hill.
Orwell, George (1980 [1948]). *Nineteen Eighty Four.* Middlesex: Penguin Books.
Padua, Sydney (2015). The Marvellous Analytical Engine – How It Works. *2dgoggles*, 31. Mai 2015, http://sydneypadua.com/2dgoggles/the-marvellous-analytical-engine-how-it-works/.
Parry, Richard (2008). Episteme und Techne. In Edward N. Zalta (Hrsg.), *The Stanford Encyclopedia of Philosophy.* http://plato.stanford.edu/archives/fall2008/entries/episteme-techne/.
Platon (1994). Phaidros. In Ursula Wolf (Hrsg.), *Sämtliche Werke* (S. 543–609). Reinbek bei Hamburg: Rowohlts Enzyklopädie.
Russell, Bertrand (1930). Psychologie und Politik. In Russel Bertrand (Hrsg.), *Wissen und Wahn. Skeptische Essays* (S. 255–271). München: Drei Masken Verlag.
Sophokles (1957). Antigone. In Heinrich Weinstock (Hrsg.), *Die Tragödien.* Stuttgart: Alfred Körner Verlag.
Trystero (Hrsg.) (2012). *Per Anhalter durch die Turing-Galaxis.* Münster: Monsenstein und Vannerdat. http://turing-galaxis.de/epub_final/Coy-5ubv3rsl0n-2012_BY_TrYzT3r0_ePub.epub.
Turing, Alan (1936). On Computable Numbers, with an Application to the Entscheidungsproblem. In Michael Singer and Radha Kessar (Hrsg.), *Proceedings of the London Mathematical Society* (42), S. 230–265.
Turing, Alan (2004). Computing Machinery and Intelligence (1950). In Jack Copeland (Hrsg.), *The Essential Turing. Seminal Writings in Computing, Logic, Philosophy, Artificial Intelligence, and Artificial Life plus The Secrets of Enigma* (S. 441–464). Oxford: Clarendon Press.
Ullrich, Stefan (2014). Informationelle Mü(n)digkeit. Über die unbequeme Selbstbestimmung. *Datenschutz und Datensicherheit* 10/2014 (S. 696–700). Berlin: Springer.
Weizenbaum, Joseph (1978). *Die Macht der Computer und die Ohnmacht der Vernunft.* Frankfurt am Main: Suhrkamp Taschenbuch Verlag.
Weizenbaum, Joseph. 1986. Ohne uns geht's nicht weiter. „Künstliche Intelligenz" und Verantwortung der Wissenschaftler. *Blätter für deutsche und internationale Politik* 1986, Sonderdruck Nr. 332 aus Heft 9/1986.
Zemanek, Heinz (1991). *Das geistige Umfeld der Informationstechnik.* Berlin: Springer.

The manufacturer's authorised representative in the EU is Springer Nature Customer Service Centre GmbH, Europaplatz 3, 69115 Heidelberg, Germany. If you have any concerns regarding our products, please contact ProductSafety@springernature.com

Printed and bound by CPI Group (UK) Ltd, Croydon, CR0 4YY

25/03/2026

02078186-0004